Génie génétique

RÊVES ET CAUCHEMARS

Enzo Russo
David Cove

Génie génétique
RÊVES ET CAUCHEMARS

Traduction et adaptation française de Gabrielle Reymond

PRESSES POLYTECHNIQUES ET UNIVERSITAIRES ROMANDES

Remerciements

La publication de cet ouvrage a bénéficié du soutien de l'Académie suisse des sciences naturelles (ASSN).

Illustration de couverture

Hybridation in situ fluorescente d'une sonde spécifique aux chromosomes 4 humains (chromosomes métaphasiques et noyaux interphasiques provenant de la culture in vitro de lymphocytes du sang périphérique, sonde marquée par la biotine et révélée par l'avidine couplée à l'isothiocyanate de fluoresceine (FITC), contre-coloration par le 4,6 diamidino-2-phénylindole (DAPI)).
(Document mis à disposition par Dr M. Jotterand et Dr D. Mühlematter, Unité de cytogénétique des hémopathies malignes, Division autonome de génétique médicale, CHUV, 1011 Lausanne.)

Les Presses polytechniques et universitaires romandes sont une fondation scientifique dont le but est principalement la diffusion des travaux de l'Ecole polytechnique fédérale de Lausanne, d'autres universités francophones ainsi que des écoles techniques supérieures. Le catalogue de leurs publications peut être obtenu par courrier aux Presses polytechniques et universitaires romandes, EPFL – Centre Midi, CH-1015 Lausanne, par téléphone au (0)21 693 41 40, par fax au (0)21 693 40 27, ou par E-Mail à ppur@epfl.ch.

Vous pouvez consulter notre catalogue général sur notre serveur Internet http://sente.epfl.ch/webs/ppur/

Original title: «Genetic Engineering. Dreams and Nightmares»
by Enzo Russo and David Cove
Published by W. H. Freeman/Spektrum Akademischer Verlag

Edition française
ISBN 2-88074-304-4

Nous dédions ce livre à nos enfants
ELEANOR LISA
MATTHEW MIRKO SASKIA
SITTAH VALESKA
WILLIAM

et à tous les jeunes
qui désirent œuvrer à un monde meilleur,
dans plus de justice et plus de liberté

PRÉFACE

Le monde change vite. Au cours des vingt-cinq dernières années, notre compréhension de la génétique s'est améliorée de façon spectaculaire. Nous voyons actuellement poindre une révolution, la Révolution Génétique, qui aura un impact aussi grand sur la société que la Révolution Industrielle. Ce livre s'adresse à tous ceux qui souhaitent comprendre cette nouvelle révolution et tout faire pour qu'elle contribue à la réalisation d'un monde meilleur.

Nous sommes nombreux à profiter d'une vie plus facile et plus agréable grâce à la technologie, autrement dit grâce aux applications de la connaissance scientifique. La lumière électrique, la machine à laver le linge ou la vaisselle, l'automobile et les antibiotiques améliorent la qualité de notre vie. Les nouvelles techniques du génie génétique concourent déjà à cette amélioration en utilisant des bactéries pour produire de l'insuline humaine et de nouveaux vaccins; mais cette même technologie pourrait aussi permettre une nouvelle forme de discrimination, fondée sur les gènes; quant aux perspectives d'avenir de changer la constitution génétique des êtres humains, elles paraissent très menaçantes à beaucoup de gens et les inquiètent profondément. La Révolution Génétique va-t-elle faire apparaître un nouveau Frankenstein? Notre espèce se nomme *Homo sapiens sapiens*, mais sommes-nous réellement doublement sages? Peut-être le second «sage» n'est-il qu'une simple tentative de nous rassurer face au doute que nous gardons au plus profond de notre cœur! Seul le temps nous dira si *Homo sapiens sapiens* est réellement sage.

La science n'est en soi ni bonne ni mauvaise. C'est l'usage que l'on fait de la science qui provoque les problèmes éthiques. Le génie génétique n'est qu'une technique; nous devons décider si nous voulons l'employer, ainsi que quand et comment. Ces choix devraient se faire sous la responsabilité de tous. Nous espérons que toutes les citoyennes et tous les citoyens responsables souhaiteront participer aux débats concernant les problèmes soulevés par le génie génétique. Dès lors, si on désire que les décisions soient prises démocratiquement, il est indispensable que le public soit bien informé.

Depuis peu, le génie génétique retient l'attention des médias: de nombreux articles ont paru sur le sujet, ainsi que beaucoup de livres. Certains traitent l'aspect technique du génie génétique, d'autres des problèmes éthiques. Rares sont ceux qui essaient de traiter à la fois les deux aspects d'une manière équilibrée. Peu d'ouvrages tentent d'éclairer l'aspect scientifique et les réalisations possibles de ce domaine à travers une approche qui n'exige pas de formation scientifique spéciale. C'est l'objectif que nous nous sommes fixé dans ce livre, en cherchant à atténuer la crainte mêlée de respect que les gens ont pour la science et en montrant que les principes du génie génétique, de même que ses utilisations, sont compréhensibles à tout un chacun, peut-être avec un effort, mais certainement sans un diplôme universitaire de génétique.

Ce livre se divise en trois parties. Dans la première, nous décrivons les processus impliqués dans le génie génétique et les bases scientifiques utiles à leur compréhension. La deuxième partie du livre présente quelques réussites que le génie génétique a déjà menées à terme et les potentialités qu'il offre pour un proche avenir. La dernière partie considère le génie génétique dans ses relations avec les autres intérêts et les autres activités de la société. Ce livre a donc pour sujet non pas la science elle-même, mais la science et son impact potentiel sur la société.

Nombreux sont les connaissances, les amis et les collègues qui ont discuté de ces questions avec nous, nous aidant ainsi à écrire ce livre. Beaucoup ont lu le manuscrit en entier ou en partie. Nous aimerions tous les remercier ici, et en particulier Josep Casadesus, Anne Cove, Lisa et Branko Cove-Duric, Karl et Heide Doblhofer, Masaki Furuya, Rainer et Marie-Claire Geffcken, Hans et Margaret Graf, Luisa Hirschbein, Claire Klima, Jon Lenton, Giorgio Morpugo, Saskia et Andrew Poller, Pietro Polsinelli, Eve et Martin Quilisch, Ingela, Mirko, Sittah et Valeska Russo, Peter et Stella Witte, Oded Yarden, Jean-Pierre et Gabrielle Zrÿd.

Nous sommes particulièrement reconnaissants envers notre directeur de publication, Michael Rodgers, pour l'aide et les encouragements qu'il nous a dispensés tout au long de l'élaboration de ce livre.

Nous regrettons les erreurs qui auraient échappé à notre vigilance et nous serions heureux d'en être informés.

E.R., D.C.

TABLE DES MATIÈRES

INTRODUCTION

CHANTAL était un superbe bébé. Un peu petite pourtant à la naissance : elle mesurait seulement vingt centimètres et pesait cinq cents grammes. Peut-être que sa mère n'aurait pas dû prendre ce médicament pendant la grossesse ! De toute manière, cela n'a pas eu d'importance : un séjour dans la couveuse sophistiquée de l'hôpital et un traitement à l'hormone de croissance humaine lui ont permis de grandir et de resplendir de santé. Aujourd'hui, c'est une belle jeune fille. L'hormone humaine en question est évidemment produite par des bactéries qui ont reçu, par manipulations génétiques, un gène humain. Chantal a tout de même un problème : elle souffre de diabète ; mais cela ne la tourmente pas non plus. Ce n'est pas si terrible, puisqu'elle se soigne avec de l'insuline humaine, produite bien sûr par des bactéries.

Ce matin, elle savoure son petit déjeuner favori : du pain d'anhysah avec des tomates et du roquonzola. Elle adore le pain d'anhysah, cette nouvelle céréale cultivée en bordure du Sahara, dans des pays devenus d'importants exportateurs de produits agricoles. Cette céréale résiste à la sécheresse et au sel, de sorte qu'elle est facile à produire dans l'ancien désert, maintenant irrigué simplement avec de l'eau de mer. Le pain aux grains d'anhysah est actuellement le régal des gourmets du monde entier. Tout en dévorant son petit déjeuner, Chantal admire la forme géométrique de ses tomates cubiques. Elle en a conservé une énorme quantité dans sa cuisine pendant des mois. Comme elles sont transformées par génie génétique, d'une part, elles sont faciles à empiler et, d'autre part, on peut les récolter à pleine maturité sans qu'elles se ramollissent et sans qu'elles pourrissent pendant leur transport ; de plus, elles sont bon marché, car, grâce aux gènes de résistance qu'elles ont reçus, elles ne craignent ni les insectes nuisibles ni les maladies. Le roquonzola est une autre des merveilles récentes de la biotechnologie ; il est produit à l'aide d'un nouveau champignon, le *Penicillium roquonzola*, qui assure la fabrication d'un fromage alliant le goût du roquefort et le moelleux du gorgonzola, si crémeux.

Après le petit déjeuner, Chantal rend visite à son arrière-arrière-grand-père. Ce dernier lui raconte une fois de plus ses souvenirs de jeunesse, alors que les printemps n'étaient pas silencieux[1], mais bruissaient encore de chants d'oiseaux, tandis que les grenouilles coassaient, que les criquets stridulaient et que les prés se coloraient de fleurs sauvages. Elle ne croit pas à ces contes de fées et songe qu'il est grand temps qu'Arrière-arrière-grand-père renouvelle sa thérapie anti-Alzheimer.

Toutefois, pour l'instant, elle se souvient d'une chanson envoûtante qu'elle aimerait réentendre. Elle se rend donc au Conservatoire du Jardin des Plantes, où de brillants scientifiques ont gardé vivantes des espèces en voie de disparition. Ils y ont même fait revivre certaines espèces déjà éteintes. Ce sont les dodos qu'elle aimerait entendre, en particulier ceux qui ont reçu les gènes du chant du rossignol. La voici qui écoute rêveusement le chant violent mais ensorcelant du dodignol, quand HORREUR! un mammouth la saisit soudain de sa trompe et la projette dans les airs.

Le lendemain, au cours d'une conférence de presse, le Directeur du Conservatoire du Jardin des Plantes dira qu'il est possible d'expliquer scientifiquement cet accident malheureux; que lorsqu'on clone les mammouths, on rend habituellement inactifs leurs gènes d'agressivité; que cette technique est censée ne tourner mal qu'une fois sur un milliard. Il dira qu'il est navré de la mort de Chantal; que statistiquement parlant, cela n'aurait pas dû arriver et que, certainement, cela ne se produira plus jamais; que la mort de Chantal n'est, après tout, qu'un bien petit prix à payer pour les grands progrès accomplis par le Nouvel Age de la Manipulation de la Vie.

Alors, tout cela n'est-il que science-fiction?
Que savons-nous vraiment de la manipulation de la vie?
Que savons-nous de la vie et de la mort?

Le génie génétique n'est pas de la science fiction. Nous savons déjà produire, à l'intérieur de bactéries, l'hormone de croissance humaine et l'insuline humaine. Depuis plusieurs années, ces deux substances sont produites ainsi par les firmes pharmaceutiques. Créer des plantes qui pourraient croître dans un désert arrosé avec de l'eau de mer n'est encore qu'un rêve, mais ce rêve n'est pas irréalisable. Par contre, bien que l'ADN d'une espèce animale éteinte ait déjà été isolé, il ne sera probablement jamais possible de recréer une espèce disparue à partir de son ADN uniquement.

Ce livre est destiné aux lecteurs qui n'ont pas nécessairement une formation scientifique; il se propose de les informer sur les techniques et les utilisations possibles du génie génétique et il voudrait amorcer une réflexion sur les bénéfices et les dangers potentiels de cette nouvelle science.

---

[1] Se réfère au livre de Rachel Carson, «Le printemps silencieux», voir plus loin.

PREMIÈRE PARTIE

Chapitre 1

DE LA VIE ET DE LA MORT

NOUS savons tous ce que c'est que la vie.

La vie est apparue sur notre planète, il y a environ quatre milliards d'années, avec la formation de molécules qui présentaient deux propriétés: la capacité de se dupliquer et la possibilité d'évoluer. De ces premiers balbutiements jaillirent les êtres vivants actuels: cinq milliards d'humains, des milliards et des milliards d'animaux, de plantes, de bactéries et d'autres microbes. La mort, quant à elle, est l'opposé de la vie; la mort est là, quand disparaît la vie.

Mais savons-nous précisément ce qu'est la vie et ce qu'est la mort? Savons-nous comment un organisme vivant est construit, comment il fonctionne, quelles sont les conditions qui rendent la vie possible? Savons-nous ce qui cause la mort, et comment? Voilà pour les questions scientifiques que nous allons explorer dans ce livre, mais il en est aussi d'autres, plus fondamentales. Avons-nous besoin ou envie de savoir ce que sont la vie et la mort? Et si oui, pourquoi?

L'étude de l'histoire humaine nous aide à répondre à ces deux questions. Pourquoi souhaiterions-nous connaître la nature de la vie et de la mort? Nos ancêtres ont découvert qu'il valait mieux vivre dans des cavernes et utiliser le feu pour préparer les aliments. Ils ont appris à distinguer les bonnes baies des mauvaises, les animaux utiles des animaux indésirables. Ils ont domestiqué certains animaux et en ont pris soin pour disposer d'une source sûre de nourriture et pour défendre leurs habitations. Ils les ont utilisés pour les transports, en ont tiré des matériaux pour se vêtir. Ils ont appris à cultiver les plantes comme source de nourriture et de remèdes, ou de poisons.

La raison pour laquelle les êtres humains se préoccupent de comprendre la vie est donc limpide: ils ont essayé de tirer parti des propriétés des êtres vivants dans leur propre intérêt, pour vivre mieux ou pour jouir d'une meilleure santé; et cette lutte pour améliorer la qualité de la vie humaine continue de nos jours. L'humanité souffre encore de nombreux maux. Dans ce livre, nous verrons que les secrets de la vie ont été éclaircis en grande partie et que de nombreux chercheurs pensent que ces découvertes peuvent contribuer à alléger une partie de nos misères. D'autres gens craignent que la science et sa suite de technologies ne créent plus de problèmes qu'elles n'en peuvent résoudre.

La biologie moderne a peu à dire sur la vie spirituelle, sur l'âme ou sur l'esprit. Dans les derniers chapitres, nous aborderons le rôle des gènes dans le comportement humain et nous discuterons l'impact de la génétique et de ses applications sur la vie humaine d'une manière plus générale, mais jusque-là, lorsque nous parlons de la vie, nous voulons dire la vie au sens biologique.

FLÉAUX BIOLOGIQUES DE L'HUMANITÉ

Parmi les fléaux qui frappent l'humanité, certains, comme la famine, sont aussi anciens que la vie elle-même, d'autres sont tout nouveaux, comme le SIDA. Les maux dont souffrent les gens sont très différents dans les pays développés et dans les pays en voie de développement. Les statistiques annuelles (1990) de l'Organisation Mondiale de la Santé (OMS) montrent, pour les causes principales de décès, des différences nettes dans les deux types de pays; rappelons que l'OMS est une agence spécialisée des Nations Unies, dont la tâche essentielle est le maintien de la santé publique au niveau mondial. Sur la population mondiale (actuellement estimée à 5,3 milliards), environ un quart vit dans les pays développés où les trois premières causes de décès sont les maladies circulatoires, le cancer, puis les blessures et les empoisonnements. Les taux de mortalité pour ces trois causes sont respectivement de 5, de 2 et de 0,8 pour 1 000 habitants. Cela signifie que dans un pays comme les Etats-Unis, qui compte 250 millions d'habitants, 1 250 000 personnes meurent chaque année de maladies cardio-vasculaires, 500 000 meurent de cancers et 200 000 de blessures ou d'empoisonnement. Pour la population des pays en voie de développement, qui représente les trois quarts de la population mondiale, les trois causes principales de décès sont les maladies infectieuses et parasitaires, les maladies cardio-vasculaires et, enfin, la mortalité infantile au moment de la naissance ou très tôt après. Le taux de mortalité pour 1 000 habitants est respectivement pour ces trois catégories de 5, de 2 et de 1. Un certain nombre de raisons médicales et sociales expliquent que les maladies infectieuses et parasitaires causent plus de morts (environ 10 fois plus) dans les pays en voie de développement que dans les pays développés. L'une de ces raisons est certainement la malnutrition, qui affecte actuellement plus d'un milliard de personnes et cause plus de deux millions de morts chaque année. La malnutrition n'a pas que des causes sociales ou politiques, mais peut aussi provenir de famines, fréquentes dans ce

Véhicules

Expériences en psychologique synthétique

Valentino Braitenberg

Les véhicules qui sont décrits dans cet ouvrage de fiction scientifique, à la fois séduisant et astucieux, sont les inventions d'un des plus éminents chercheurs en neuro-sciences: ce sont en fait des modèles de cerveaux de plus en plus perfectionnés. Les quatorze véhicules, qui font l'objet chacun d'un chapitre de ce livre, représentent une série de machines hypothétiques au fonctionnement autonome. Chaque machine a un comportement plus compliqué que la précédente. Même s'il n'est pas toujours très civilisé, ce comportement correspond tout à fait à celui observé par les spécialistes des neuro-sciences chez les animaux.

L'auteur est tombé amoureux de ses petites machines et, rapidement, le lecteur partage sa fascination pour elles. Dans le monde ludique de l'analyse ascendante et de la synthèse descendante, nous sommes plongés dans les vicissitudes du destin de ces véhicules qui semblent souvent faite preuve d'intelligence.

Chacun des véhicules présente les caractéristiques essentielles de tous les véhicules qui le précèdent mais il y ajoute une étape d'évolution pour atteindre un seuil de complexité supérieur. Cette évolution fait aussi appel aux accidents ou erreurs de conception qui génèrent parfois des machines bien meilleures. Tout au long de cette évolution, on observe chez ces machines les signes caractéristiques de l'agression, de l'amour, de la logique, les manifestations de la prévoyance, la formaion de concepts, la pensée créative, la personnalité et le libre arbitre.

La section «Notes biologiques sur les véhicules» représente une partie importante de ce livre. A l'aide des outils d'analyse scientifique actuels, cette partie se concentre sur les détails biologiques du monde réel que les véhicules du monde fictif semblent si bien copier.

1991, 180 pages, 16x24 cm, figures et tableaux, broché, ISBN 2-88074-208-0

Table des matières

Quelques mots sur l'auteur...

Valentino Braitenberg est directeur de l'institut Max Planck de cybernétique biologique et professeur honoraire des sciences de l'information de l'université de Tübingen en Allemagne.

type de régions. L'érosion du sol, la sécheresse et la destruction des récoltes par les insectes ou par les parasites des plantes se trouvent en bonne position parmi les facteurs responsables de la famine.

Parmi les maladies infectieuses et parasitaires, le SIDA est peut-être la plus célèbre, mais il n'est pas encore – et nous souhaitons qu'il ne soit jamais – une cause majeure de mortalité à l'échelle mondiale. L'OMS, à la fin de 1990, estimait qu'il y avait environ 1 300 000 cas de SIDA. Toutefois, le nombre de malades qui meurent chaque année de cette maladie est bien inférieur. La même enquête rapporte que plus de 100 millions de personnes sont infectées par un parasite responsable de la malaria, le *Plasmodium falciparum*. On considère aujourd'hui la malaria comme la maladie tropicale la plus grave; elle provoque 1 à 2 millions de morts par année.

D'autres maladies très débilitantes, telle la mucoviscidose, sont causées par la présence d'un gène défectueux et sont donc héréditaires. Dans les populations d'origine caucasienne, la mucoviscidose affecte 1 nouveau-né sur 2 000. Sa conséquence la plus grave est la production d'un épais mucus gênant la respiration et favorisant les infections pulmonaires. Avant 1939, la plupart des bébés atteints mouraient avant l'âge d'une année. Actuellement, une personne atteinte de mucoviscidose vit en moyenne une vingtaine d'années. Le diagnostic précoce de la maladie et les traitements mis au point par les centres spécialisés peuvent augmenter l'espérance de vie de ces patients tout en leur offrant une meilleure qualité de vie. La maladie d'Alzheimer est également une maladie dévastatrice. C'est une maladie dégénérative qui atteint le cerveau et qui entraîne la perte d'un grand nombre de ses cellules. On estime que 10% des personnes ayant dépassé l'âge de soixante-cinq ans sont affectées par la maladie d'Alzheimer. La dépression, la paranoïa et l'anxiété de ces malades, de même que la diminution de leurs capacités intellectuelles, rendent la vie, au mieux, difficile et, au pire, impossible pour les patients et pour leur famille. Il s'ensuit que les malades souffrant de la maladie d'Alzheimer doivent souvent être admis dans des services spécialisés.

Les fléaux biologiques de l'humanité ne comprennent pas seulement des maladies mortelles, mais aussi des maladies qui diminuent le bien-être, comme le simple rhume, une vraie plaie pour chacun d'entre nous, ou des allergies de toutes sortes, qui sont devenues de plus en plus fréquentes ces dernières décennies; on estime que dans les pays développés, une personne sur quatre souffre d'une allergie quelconque.

Il est naturel de s'évertuer à retarder le moment de la mort aussi longtemps que possible et à éviter la maladie et la douleur. Aussi n'est-il pas surprenant que l'humanité ait tenté de maîtriser, dès les temps les plus reculés, les calamités qui la frappaient. Elle a essayé toutes sortes d'approches pour soulager ses maux. Y compris le recours à la religion, l'utilisation des connaissances acquises par l'expérience, ainsi que l'exploitation des découvertes scientifiques, notamment celles des domaines les plus récents de la biologie. Chacune de ces trois approches se fonde sur un credo, mais chacune a le sien propre.

Le judéo-christianisme nous fournit un exemple de l'approche religieuse. L'essence de cette foi réside dans la présence d'un Dieu qui sait ce qui est bon ou mauvais pour chacun. Il établit des règles qu'il faut suivre, sans quoi il faut supporter les conséquences de nos actes. Dans l'Ancien Testament, cette philosophie apparaît clairement dès le tout début. Ainsi lit-on dans la Genèse:

Le SEIGNEUR Dieu prit l'homme et l'établit dans le jardin d'Eden pour le cultiver et le garder. Le SEIGNEUR Dieu prescrivit à l'homme: «Tu pourras manger de tout arbre du jardin, mais tu ne mangeras pas de l'arbre de la connaissance de ce qui est bon ou mauvais car, du jour où tu en mangeras, tu devras mourir».

(Genèse, chapitre 2, versets 15 à 17)

Comme Dieu aimait ses créatures, il dicta à ses prophètes le livre du Lévitique. Dans ce livre se trouvent des règles qui touchent à des aspects très divers de la vie. Il y a des règles sur la bonne manière de se conduire dans les affaires de cœur ou bien sur ce qu'il faut manger ou non. Le dogme central de l'Ancien Testament, et de nombreuses autres religions, dit que, si on suit les commandements de Dieu, tout ce passera bien. Le contraire est vrai aussi. Si vous êtes malade, c'est que vous êtes coupable. Vous avez dû pécher et manquer à la volonté divine! Ce concept est exprimé très clairement dans les psaumes du Roi David:

SEIGNEUR, châtie-moi sans courroux,
corrige-moi sans fureur.
Tes flèches se sont abattues sur moi,
ta main s'est abattue sur moi.
Rien d'intact dans ma chair, et cela par ta colère,
rien de sain dans mes os, et cela par mon péché!
[...]

SEIGNEUR, ne m'abandonne pas,
mon Dieu, ne reste pas si loin.
Vite! A l'aide!
Toi, Seigneur, mon salut!

(Psaume 38, versets 1 à 4 et 22 à 23)

On est malade parce qu'on a péché, mais si on prie, Dieu nous rend santé et bonheur. Le christianisme ne possède pas seulement un dieu, mais aussi des démons; lorsqu'on était possédé par des démons, on était malade. Le Nouveau Testament contient de nombreux exemples de l'effet des démons:

Comme ils sortaient, voici qu'on lui amena un possédé muet. Le démon chassé, le muet se mit à parler. Et les foules s'émerveillèrent et dirent: «Jamais rien de tel ne s'est vu en Israël!»

(Matthieu, chapitre 9, versets 32 à 33)

De nombreuses sectes chrétiennes ont continué pendant plusieurs siècles à soigner les maladies en chassant les démons du corps, certaines le font même aujourd'hui. Bien que certaines sectes chrétiennes refusent encore actuellement toute intervention humaine et ne croient qu'en la prière, la grande majorité des chrétiens actuellement ne s'en tiennent pas aux seules prières lorsque eux-mêmes ou leurs proches sont malades, mais ils vont consulter un médecin et prennent des médicaments. L'acceptation du malheur fait aussi partie de l'enseignement de nombreuses religions. Comme la maladie, ou tout autre événement désagréable, est envoyée pour mettre à l'épreuve la foi, il faut l'accepter sans regimber. Le livre de Job renferme cette philosophie.

Accepter les malheurs qui se présentent, comme la religion recommande de le faire, est peut-être, dans un second temps, la meilleure solution à adopter; en tout cas, l'approche religieuse ne fit pas toujours l'unanimité. Nombreux furent ceux qui considéraient que la famine, la maladie et autres maux avaient des origines naturelles. Ils essayèrent de trouver des solutions à ces problèmes et, parfois, ils y réussirent empiriquement.

L'empirisme s'appuie sur l'observation et l'expérience, avec lesquelles il interagit; il n'est pas fondé sur la théorie. On a amélioré les races animales et les variétés végétales pour les rendre plus utiles, en les sélectionnant et en propageant les individus qui avaient les propriétés les plus intéressantes. L'approche empirique conduisit à une importante amélioration des cultures et des élevages d'animaux domestiques sans qu'on appliquât aucune connaissance scientifique. Le procédé de sélection est encore employé aujourd'hui dans l'amélioration des plantes et l'élevage des animaux, moins à l'aveuglette toutefois que par le passé.

L'approche empirique se fit très tôt une place dans la médecine. On observait que l'extrait d'une plante était efficace dans le traitement d'une maladie, que l'extrait d'une autre plante était meilleur dans un autre cas. La pharmacologie est ainsi née très tôt dans l'histoire humaine ; l'approche empirique y garde actuellement sa place, à côté de méthodes plus scientifiques, telle que la conception assistée par ordinateur (CAO) utilisée pour mettre au point de nouvelles molécules médicamenteuses. Au cours des trente dernières années, on a étudié plus de trente-cinq mille plantes : on en a extrait des substances chimiques dont on a testé les effets contre diverses maladies. Sur des milliers et des milliers de produits chimiques tirés de ces plantes, l'industrie pharmaceutique a trouvé plus d'une centaine de remèdes cliniquement actifs qui sont maintenant utilisés dans le monde entier. On estime qu'il reste plus de 250 000 espèces de plantes qui n'ont jamais été étudiées ; elles constituent une source potentielle très riche de nouveaux médicaments. L'industrie pharmaceutique teste non seulement les produits naturels, mais également des milliers de substances fabriquées en laboratoire ; là, la stratégie des chimistes se fonde sur l'idée que, si une certaine molécule est utile contre une maladie, une molécule légèrement modifiée pourrait être meilleure : elle présenterait par exemple moins d'effets secondaires indésirables. On rêve de trouver un médicament pour chaque tourment.

Déjà dans l'Antiquité, l'approche empirique a semblé inadéquate et on a ressenti le besoin de mieux comprendre le mécanisme de la maladie. Dans le *Corpus Hippocratum*, un recueil de textes sur le diagnostic et le traitement de diverses maladies, que l'école hippocratique a réunis quatre cents ans avant Jésus-Christ, on trouve un chapitre qui est attribué au médecin grec Hippocrate en personne. Dans ce chapitre sont décrits l'origine et le traitement de l'épilepsie. On y affirme tout d'abord que la maladie n'est pas causée directement par les dieux comme on le croit généralement, mais qu'elle a une origine naturelle. Il est dit qu'il existe des veines allant du foie jusqu'au cerveau. Que l'air que nous respirons va des poumons jusqu'au cerveau le long de ces veines. Que l'air dans le cerveau permet à une personne normale de se mouvoir. Que si toutefois l'humeur froide refroidit le sang chaud, l'air ne peut plus pénétrer dans le cerveau et que la personne sombre par conséquent dans l'inconscience. La cause en est, dit Hippocrate, que le cerveau devient anormalement humide.

Il est fascinant de voir quelle preuve il utilisa pour étayer sa conclusion. Il ouvrit la tête d'un mouton présentant des symptômes d'épilepsie et la trouva plus humide que celle d'un mouton normal. Le traitement qu'il suggère est le bon mélange d'humidité et de sécheresse, un traitement chaud et froid. Pour réconcilier cette façon de voir avec la religion, il ajoute que les dieux sont responsables des vents et de la température qui causent l'épilepsie, de sorte que la maladie est indirectement envoyée par les dieux.

L'explication et le traitement d'Hippocrate ne sont certainement pas les meilleurs sur le marché actuellement, mais nous restons frappés de découvrir comment il a su reconnaître que le cerveau était un centre important pour l'épilepsie; comment il a essayé de comprendre cette maladie, de même que d'autres, d'une façon mécaniste, en reliant la cause naturelle avec ses effets; comment il a réalisé qu'il n'y avait pas grande différence entre l'homme et l'animal du point de vue médical; et, enfin, comment il fit des expériences pour savoir si son hypothèse était correcte.

Entre ceux qui croient que la vie peut être expliquée sur la base de lois physiques et chimiques (théorie mécaniste) et ceux qui croient qu'il y a, dans les organismes vivants, une force vitale distincte et indépendante des forces chimiques et physiques (théorie vitaliste), la querelle s'est prolongée jusqu'au siècle passé et n'est pas totalement éteinte de nos jours. Toutefois, la grande majorité des médecins et des biologistes admettent aujourd'hui la théorie mécaniste de la vie.

Le point de vue de la biologie moderne est simple. Si votre montre ne marche pas, il vous faut l'ouvrir et étudier les pièces qui sont à l'intérieur. Une fois que vous avez compris chaque partie, et comment chacune est en relation avec les autres, vous pouvez alors comprendre le mécanisme. Ensuite, vous identifiez la pièce défectueuse (en comparant votre montre avec une autre qui marche) et vous mettez à la place de la pièce abîmée une pièce en bon état.

Chapitre 2

L'ÊTRE VIVANT EST COMME UNE MAISON

LES ÊTRES VIVANTS existent sous toutes sortes de formes: bactéries, champignons, plantes, animaux ou êtres humains. Tous ces organismes peuvent être très différents les uns des autres, ils ont cependant tous un point commun, ils sont vivants. Buckingham Palace, une chaumière normande, un appartement en copropriété et un chalet suisse sont aussi très différents les uns des autres, mais ils ont également quelque chose en commun: ce sont des habitations. Bien sûr, elles ne sont pas vivantes! A ce propos: quelle est la différence entre un être vivant et la matière inerte? La composition chimique constitue entre autres une différence importante.

Plus de 98% des tissus mous des êtres vivants est constitué seulement de carbone (C), d'hydrogène (H) et d'oxygène (O); environ 1% est constitué d'azote (N) et le reste est composé d'environ 25 autres éléments chimiques divers. Par contre, dans le monde non vivant, dont fait partie la croûte terrestre, se retrouvent tous les 100 éléments chimiques connus; l'oxygène et le silicium (Si) y sont les plus abondants; les pourcentages de H et de C y sont très bas[1].

La différence au niveau de la composition chimique entre le monde vivant et le monde inerte est loin d'être essentielle. La différence majeure réside dans le fait que les organismes vivants peuvent se reproduire. Les chiens produisent des chiots; les graines de tomates se développent en de nouveaux plants de tomates; une femme et un homme peuvent avoir un bébé. D'ailleurs, dès sa naissance, il se trouve toujours une tante pour juger ce petit être mignon, puis remarquer que Bébé Valentin a le même nez que son papa, ou éventuellement que son grand-papa paternel, et qu'il a les yeux de sa grand-maman (du côté de sa mère!).

Nous venons d'entrevoir deux principes fondamentaux de la génétique («principe», «loi» sont des termes que les scientifiques

---

[1] Nous avons commencé à utiliser des abréviations. Les abréviations apparaîtront encore souvent dans ce livre, car elles permettent d'exliquer plus brièvement, et de ce fait plus clairement, les principes de la génétique et de la biologie moléculaire.

utilisent pour nommer une relation constante entre des faits ou des phénomènes de la nature, relation qui peut être vérifiée par l'expérience).

OÙ L'ON PARLE DÉJÀ DE GÈNES

Premièrement, les caractères sont souvent transmis des parents à leur descendance. Ce qui caractérise une femme ou un homme et ce qui les distingue d'une plante de tomate saute aux yeux. Mais il y a les divers caractères qui distinguent les deux sexes, féminin et masculin, puis les caractères individuels qui distinguent une femme des autres femmes ou un homme particulier des autres hommes: la forme du corps, la couleur des yeux et des cheveux, le groupe sanguin, etc. On nomme phénotype l'ensemble des caractères d'un être vivant. C'est un terme scientifique assez récent, forgé en 1909 à partir de deux mots grecs, *phainein*, paraître, et *typos*, empreinte. Les parents doivent transmettre à leur progéniture quelque chose qui permette le développement du phénotype. Ce quelque chose doit être très différent chez le chien et chez la tomate. Ce quelque chose devrait par contre être très semblable chez les individus d'une même espèce, puisqu'il est facile de voir la différence entre un chien et une tomate, mais qu'il n'est pas si facile de distinguer individuellement des plantes de tomates les unes des autres. On nomme ce quelque chose le génome, mot formé de **gèn**e et chromos**ome**; ce dernier terme désigne simplement un lot complet de gènes. Les gènes et les chromosomes font l'objet du chapitre 4.

Toutefois, les génomes hérités de nos parents ne déterminent pas notre phénotype à eux seuls. Le milieu dans lequel nous nous développons est également décisif, et il n'est pas toujours aisé de décider dans quelle mesure le phénotype a été influencé par le milieu et dans quelle mesure il a été fixé par le génome. Prenons par exemple la couleur de la peau. Il y a des différences de couleur de peau héréditaires; elles sont en effet dues aux gènes. Les gènes nécessaires à la production de la mélanine – ce pigment qui donne sa couleur foncée à la peau – sont actifs chez les gens à la peau foncée, mais moins actifs chez les gens à la peau claire. Le milieu cependant influence aussi la couleur de la peau. L'exposition au soleil produit le bronzage qui assombrit la peau, car les gènes nécessaires à la production de mélanine sont induits par les rayons du soleil à être plus actifs. Voici un autre exemple, familier à la plupart de ceux qui aiment jardiner: la même sorte de plante peut grandir beaucoup dans une région et demeurer petite ailleurs. En guise de troisième exemple, citons le cas de l'intelligence, sujet qui demeure toujours le centre d'une dispute à la fois scientifique et politique. Nous discuterons le rôle des gènes et du milieu sur le développement de l'intelligence au chapitre 16.

La seconde loi, pressentie par la tante du petit Valentin, dit qu'il faut un mélange des gènes de la mère et des gènes du père. Certains caractères du phénotype de Valentin, comme son nez, proviennent du côté du père, d'autres proviennent du côté de la mère[2], les yeux par exemple.

La mise en commun de l'information génétique provenant des deux parents se nomme recombinaison. Ce que nous venons d'observer pour le génome des organismes supérieurs est également vrai pour les bactéries; à ceci près que si les bactéries ont presque toutes une vie sexuée, cette dernière n'est pas leur mode de reproduction le plus courant. Une bactérie peut produire des milliards de bactéries identiques à elle-même sans échanges sexués. Une autre caractéristique commune aux êtres vivants est leur capacité à grandir et à se développer. Notre Bébé Valentin en est un bel exemple. Neuf mois avant sa naissance, il n'était qu'un œuf fécondé: c'est-à-dire une cellule spéciale de la mère, l'ovule, dans laquelle une cellule spéciale du père, le spermatozoïde, venait tout juste d'injecter son noyau. Nous venons d'affirmer quelque chose qui satisfera de nombreux lecteurs, mais qui risque d'en déranger au moins autant. Que dans le ventre de sa mère, l'ovule fécondé devienne en neuf mois un bébé est un fait biologique. C'est autour de la détermination de l'instant précis où le petit amas de cellules deviendra Valentin, c'est-à-dire un être humain, que la dispute reste âpre encore aujourd'hui. Par notre description, nous n'avions pas l'intention de prendre position sur le plan moral, mais seulement de rapporter des faits biologiques. Nous sommes nous-mêmes divisés sur ce point et, par conséquent, sur le problème moral posé par l'avortement.

SOLEIL ET VIE

Une fois mis au monde, Valentin veut bouger, puis courir, parler, nager et faire trente-six autres choses. Il lui faut donc de l'énergie. Pour Valentin, comme pour tout autre être vivant, animal, plante ou bactérie, l'énergie provient de la capacité de l'organisme à métaboliser les aliments. Le métabolisme est le processus au cours duquel les aliments sont transformés en molécules complexes propres aux cellules vivantes et en énergie; au cours de ce processus, ces molécules complexes peuvent aussi être fragmen-

[2] Nous ne pouvons malheureusement pas choisir quels caractères nous héritons de notre père ou de notre mère. La fille de l'un de nous ne peut pardonner à son père de lui avoir transmis ses genoux!

tées en molécules plus simples. Les animaux utilisent les plantes et les autres animaux comme nourriture. Les plantes vertes peuvent employer simplement des sels minéraux comme le nitrate de potassium (KNO_3), de l'eau (H_2O) et du dioxyde de carbone (CO_2). Dans ces trois formules chimiques simples, nous retrouvons les quatre éléments les plus importants des organismes vivants: C, H, N et O. En utilisant l'énergie du soleil, grâce à leur chlorophylle (pigment vert), et à partir des molécules du dioxyde de carbone et des molécules de l'eau, les plantes vertes produisent un sucre, le glucose ($C_6H_{12}O_6$)[3]:

dioxyde de carbone + eau + énergie → glucose + oxygène

Le sucre (glucose) produit par les plantes vertes est utilisé par tous les autres êtres vivants comme source d'énergie et comme matériau pour construire les molécules indispensables à leur vie. Les sportifs consomment souvent des boissons contenant du glucose quand ils désirent un apport d'énergie rapide. Les plantes vertes peuvent réaliser le processus de fabrication de la molécule de glucose à partir d'eau et de dioxyde de carbone (gaz carbonique), et en utilisant la lumière du soleil comme énergie. Le processus a été nommé photosynthèse, puisque le glucose est synthétisé à l'aide de la lumière (du grec: *phôs, phôtos*, lumière). L'autre aspect important de la photosynthèse est le rejet, par les plantes vertes, d'oxygène (O_2), gaz indispensable à la respiration de tous les êtres vivants. Rappelons en passant que les plantes vertes utilisent le dioxyde de carbone (CO_2) libéré par la respiration. Peu importe ce que vous pensez des divers mouvements Verts, écologiques et politiques: il faut reconnaître qu'ils ont le mérite de nous rappeler l'utilité primordiale des plantes vertes et l'importance des problèmes écologiques qui les concernent! Chaque être vivant vit en équilibre avec une multitude d'autres organismes. Entre eux tous, l'interdépendance est aussi importante que la concurrence. La dépendance des animaux face aux plantes est un exemple révélateur, car s'il n'y avait pas de plantes, il n'y aurait pas d'animaux!

La symbiose et le parasitisme fournissent des exemples plus subtils de l'interaction entre les organismes. On nomme symbiotiques les microbes qui vivent à l'intérieur d'un grand organisme, au

---

[3] ou plus précisément:

$$6\ CO_2 + 6\ H_2O + \text{ENERGIE} \rightarrow C_6H_{12}O_6$$

Il n'y aura pas beaucoup d'équations chimiques dans ce livre. Nous avons donné celle-là, car elle est fondamentale, puisqu'elle résume un processus vraiment essentiel à la vie sur notre planète.

profit des deux partenaires. La célèbre bactérie *Escherichia coli*[4]; (dont le petit nom est *E. coli*), qui vit dans l'intestin des êtres humains, est un exemple d'organisme symbiotique: nous tirons d'elle la majeure partie de la vitamine K dont nous avons besoin. Si, au contraire, le microbe est dangereux pour son hôte et peut le tuer, nous parlons d'un parasite. C'est le cas du parasite responsable de la malaria, *Plasmodium falciparum*; celui-ci fait partie des Protozoaires, animaux microscopiques formés d'une seule cellule plus compliquée d'ailleurs qu'une bactérie.

Nous avons vu qu'il y a toute une gamme d'êtres vivants, tels que les bactéries, les protozoaires, les plantes ou les êtres humains. Mais y a-t-il quelque chose de commun entre les bactéries et nous? Oui: les progrès de la biologie ont montré que nous avons beaucoup en commun avec elles; en fait, certains généticiens ont affirmé que ce qui est vrai pour *E. coli* est vrai pour un éléphant, et c'est certainement vrai au niveau de la chimie de base. La principale différence est que l'éléphant ou, dans ce contexte, un être humain ou une plante de tomate sont formés d'une multitude de cellules. Une plante ou un animal compliqué sont faits d'organes (poumons, feuilles, foie, fleurs, cerveau, sang) et chaque organe est composé d'un grand nombre de cellules. Si vous pouviez couper verticalement une maison en deux, vous verriez les unités qui la composent, c'est-à-dire les chambres. Les diverses parties de la figure 2.1 montrent des coupes, faites à travers des tissus végétaux et animaux, dont on voit la structure cellulaire; on y voit aussi l'intérieur d'une cellule d'*E. coli*.

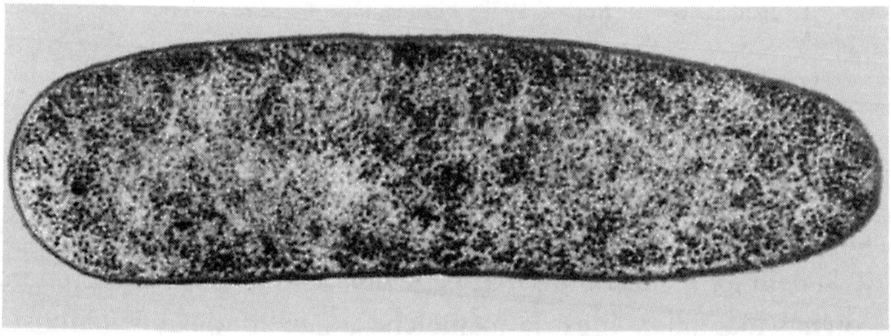

(a)

Fig. 2.1 Photographies, en microscopie électronique, de coupes faites à travers des cellules.
(a) La bactérie *Escherichia coli*. La cellule a environ 2 μm (2 micromètres) de longueur: il en faut donc 500 placées à la suite l'une de l'autre pour faire 1 millimètre (Photo C. N. Neidhardt, 1987).

[4] *E. coli* est célèbre parce qu'il a été beaucoup utilisé par les biologistes, de sorte que sa génétique est actuellement mieux connue que celle de tous les autres organismes. C'est aussi l'organisme le plus employé en génie génétique.

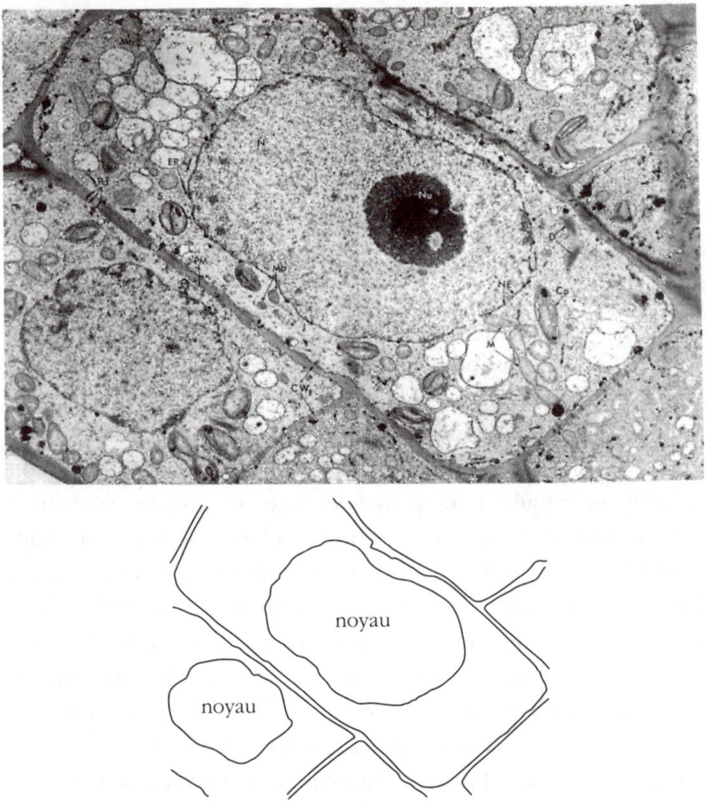

(b)

Fig. 2.1 (suite).
(b) Tissu végétal. Les limites de la cellule et le noyau sont dessinés sur un schéma simplifié. Dans ce type de cellules, le noyau mesure environ 10 µm de diamètre; c'est le compartiment cellulaire qui contient le génome (voir chapitre 3). (Phot. M. C. Ledbetter et K.R. Porter, 1970, *Introduction à l'ultrastructure des cellules végétales*.)

→

Un grand nombre de biologistes pensent que les différentes cellules se ressemblent beaucoup et qu'une fois compris le principe de la cellule, il suffit d'un tout petit rien de plus pour comprendre l'organisme entier. C'est la même chose que si nous cherchions à comprendre la construction et le fonctionnement d'une très vaste maison, aux nombreuses pièces: cuisine, salle à manger, chambres à coucher, salles de bain, salle de billard, piscine, etc. Lorsque nous examinons les chambres, bien que chacune ait sa propre forme, sa propre fonction et sa propre couleur, nous observons qu'une chambre reste une chambre. Une fois que nous avons compris ce qu'est une chambre, nous avons fait un grand pas vers la compréhension de ce qu'est une maison.

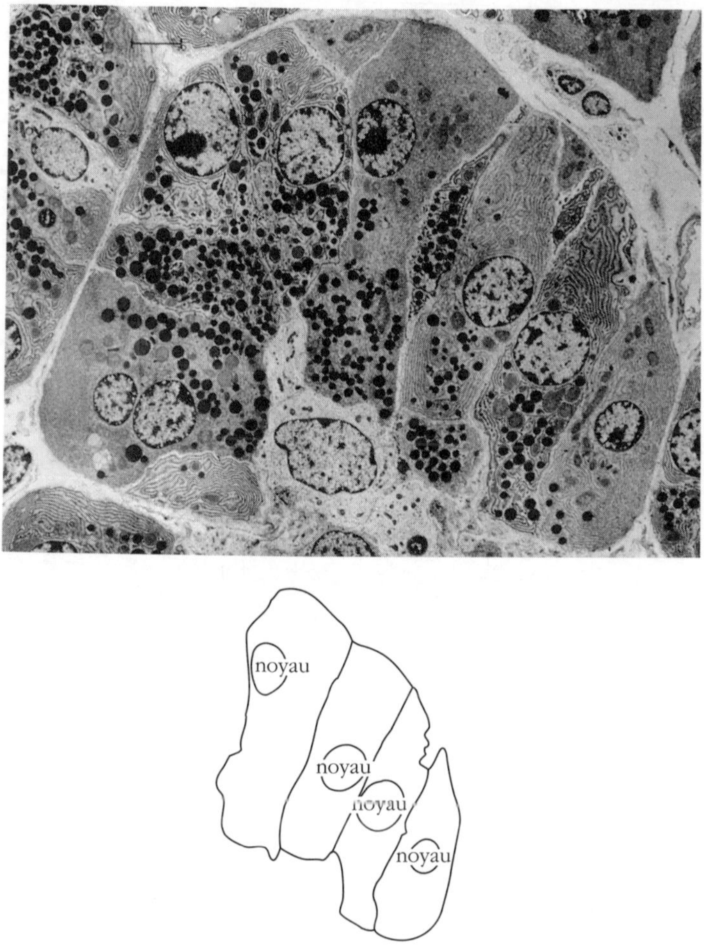

(c)

Fig. 2.1 (suite).
(c) Tissu animal. Le schéma simplifié montre les limites des cellules et leur noyau. Dans ces cellules, le diamètre du noyau est d'environ 5 µm (Phot. publicité Zeiss, Allemagne).

Chapitre 3

LA CELLULE EST COMME UNE SCÈNE

IMAGINONS une représentation du Macbeth de Shakespeare. Une foule d'acteurs vont et viennent sur le plateau; ils entrent, ils sortent: Duncan, Macbeth, Banquo, des nobles et des sorcières. Leurs mouvements et leurs nombreux échanges se déroulent dans un décor de montagnes et de landes. La cellule, elle aussi, se réduit à une scène qui serait l'espace limité par la membrane cellulaire. Dans cet espace, de nombreuses molécules interagissent les unes avec les autres, certaines quittent la cellule, d'autres entrent. On dirait que «la vie [...] est un conte, débordant de bruit et de violence, sans queue ni tête, raconté par un idiot », puisqu'il y a tant de molécules dans la cellule. Mais, lorsque nous commençons à en comprendre les principes, la cellule devient aussi simple et familière qu'une automobile.

Comme chacun sait, il n'y a pas de différence entre une Rolls Royce et une VW coccinelle, ni entre un camion et une Fiat Cinquecento – du moins en principe. Chacun de ces véhicules a des roues, un moteur, un volant, des freins, une carrosserie. Chacun a besoin d'essence (ou de diesel) comme source d'énergie. Chacun sert à transporter, rapidement et facilement, des gens, des animaux ou des marchandises. L'emploi de ces véhicules peut avoir des effets secondaires déplaisants. Chacun peut être impliqué dans un accident. Enfin, chacun pollue l'air avec les poisons que produit son moteur, poisons qui sont nocifs aussi bien pour les êtres humains que pour les autres êtres vivants.

Comme les voitures, toutes les cellules vivantes sont composées de pièces de base semblables. Comme les voitures, elles nécessitent une source d'énergie pour fonctionner. Comme des voitures différentes, des cellules différentes peuvent être spécialisées pour exécuter des fonctions particulières. Quant aux effets secondaires désagréables, les cellules aussi peuvent en provoquer; il arrive qu'une cellule ne fasse pas ce qu'elle est supposée faire, et nous verrons dans un chapitre ultérieur que cela peut entraîner un cancer.

Un être humain contient un nombre colossal de cellules, soit 10 000 000 000 000 (1 million de fois 10 millions ou en raccourci mathématique: 10^{13}); il n'y a par contre que 200 types environ de cellules différentes, telles que les cellules du foie, du sang ou de la peau, les cellules nerveuses ou musculaires. Les cellules du foie détoxiquent les substances étrangères présentes dans le sang, les cellules nerveuses servent à penser et à donner l'ordre aux cellules musculaires de se contracter, les cellules de la peau protègent des infections et des blessures, les globules rouges du sang transportent l'oxygène, les globules blancs du sang combattent les infections. Cependant, tous les types de cellules se ressemblent au fond beaucoup, comme c'est le cas des divers types d'automobiles.

On a des raisons de penser que la cellule suit les lois de la physique et de la chimie. Ce point de vue est maintenant partagé par pratiquement tous les scientifiques; pour trouver son origine, il faut remonter à 1828, date à laquelle le chimiste allemand Friedrich Wöhler réussit à synthétiser de l'urée en laboratoire. L'urée est une substance qui se trouve dans l'urine; elle est produite par la dégradation des protéines. Jusqu'à la synthèse de l'urée par Wöhler, on croyait généralement que les substances présentes dans les êtres vivants (qui étaient qualifiées «organiques») ne pouvaient s'y former que grâce à un processus mettant à contribution une mystérieuse «force vitale».

La composition chimique de l'urée est très simple et sa formule offre un certain charme esthétique, ainsi qu'on peut le voir ici:

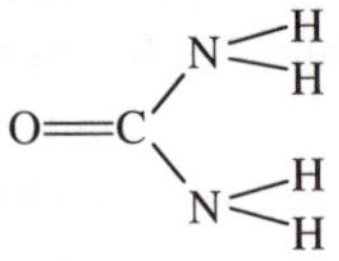

La molécule d'urée est donc célèbre pour avoir été la première molécule organique synthétisée en laboratoire; mais on remarque par ailleurs qu'elle contient les quatre éléments chimiques principaux des êtres vivants: carbone, hydrogène, azote et oxygène.

LES MOLÉCULES SONT LES UNITÉS QUI COMPOSENT LA CELLULE

Comme la cellule est faite de milliers de sortes de molécules, il est utile d'en savoir un minimum à leur sujet. Les molécules sont formées d'atomes: une molécule d'urée contient un atome d'oxygène, un atome de carbone, deux atomes d'azote et quatre atomes d'hydrogène, reliés entre eux comme le montre la figure. Que sont les atomes et comment interagissent-ils les uns avec les autres? Dans l'Antiquité, le philosophe grec Démocrite proposait de couper – par l'imagination – un objet en deux parties, puis chaque partie une nouvelle fois en deux et ainsi de suite; on devait alors atteindre un point où il serait impossible de couper une fois de plus. Il nomma ces plus petites parties atomes (du grec : *a tomios*, qu'on ne peut pas couper). Il avança que, dans l'univers, tout était fait d'atomes. Il croyait qu'il n'y avait que quatre sortes d'atomes : l'air, la terre, le feu et l'eau. Son idée que tout est composé d'atomes était correcte, cependant ses notions sur la nature des atomes étaient loin de la vérité. Nous savons maintenant qu'il y a une centaine de sortes d'atomes. Notre liste actuelle ne comporte d'ailleurs pas ceux que Démocrite avait proposés !

Alors que la connaissance de la chimie progressait, il apparut clairement qu'il y avait des substances chimiquement pures, composées d'une seule sorte d'atomes. Ces substances s'appellent éléments (ou éléments chimiques) ; le carbone, l'or, l'azote, l'oxygène, le sodium, le platine et l'argent en sont des exemples. A mesure que notre savoir en chimie augmentait, notre compréhension de la nature physique de la matière s'élargissait ; il apparut alors que les atomes, s'ils représentaient bien un niveau fondamental de l'organisation de la matière, pouvaient toutefois se fragmenter à leur tour. Au début du vingtième siècle, les physiciens représentèrent un atome comme un système solaire en miniature, avec un noyau correspondant au soleil et des électrons tournant autour du noyau comme les planètes autour du soleil. L'hydrogène, avec un seul électron, a la structure atomique la plus simple ; le carbone a 12 électrons, l'azote 14 et l'oxygène 16. Les électrons les plus éloignés du noyau d'un atome peuvent interagir avec les électrons les plus extérieurs d'un second atome ; deux atomes sont ainsi associés et se mettent à former une molécule. Lorsqu'ils interagissent ainsi, ils ressemblent à des personnes qui se cramponnent les unes aux autres en se tenant par les mains. Il y a toutefois une grande différence : les atomes n'ont pas forcément deux mains ; en fait, des types d'atomes différents ont des nombres différents de mains. Le chimiste désigne le nombre de mains que possède un atome par le terme technique de valence.

Bien que la valence soit un concept abstrait, il est utile de comprendre sa nature en considérant la molécule que nous avons rencontrée. Dans la formule de l'urée, les mains sont décrites par des barres : on voit donc que l'oxygène (O) a une valence de 2, le carbone (C) une valence de 4, l'azote (N) de 3 et l'hydrogène (H) de 1. Pour la plupart des atomes, les valences sont constantes – mais il y a des exceptions.

Mais comment les atomes s'assemblent-ils pour former une molécule ? Tous ceux qui ont eu un bon professeur de chimie se souviendront certainement au moins d'une expérience. La professeure avait placé un mélange d'oxygène et d'hydrogène dans un ballon de verre renversé. Elle allumait une allumette, l'approchait du ballon contenant le mélange et ... BOUM ! Il y avait une forte explosion, puis il restait un peu d'eau, plutôt sous forme de vapeur d'eau. La classe riait beaucoup – surtout si le verre s'était brisé.

La professeure allait alors au tableau noir pour expliquer ce qui s'était passé et elle écrivait l'équation suivante:

$$H-H + H-H + O=O \longrightarrow H-O-H + H-O-H + \text{ENERGIE}$$

Ou peut-être utilisait-elle l'écriture abrégée des chimistes:

$$2\,H_2 + O_2 \longrightarrow 2\,H_2O$$

Elle expliquait que le flacon contenait peut-être deux milliards de molécules d'hydrogène (une molécule d'hydrogène contient deux atomes d'hydrogène et s'écrit par conséquent H_2) et un milliard de molécules d'oxygène (O_2) et que toutes avaient réagi violemment ensemble en formant deux milliards de molécules d'eau (H_2O). Il n'y avait peut-être pas exactement des milliards, mais des milliards de milliards de molécules réagissant ensemble; dans le contexte présent, cela n'a cependant aucune importance; ce qui est important, c'est que les molécules d'hydrogène sont deux fois plus nombreuses que les molécules d'oxygène. C'est parce que les molécules sont terriblement minuscules, qu'elles sont si nombreuses. Dans un verre d'eau, il y a:
10 000 000 000 000 000 000 000 000 (ou 10^{25}) molécules d'eau !

Cette expérience est très divertissante et elle nous fournit plusieurs renseignements importants sur la chimie:

1) La chimie ne peut pas créer de la matière, mais seulement changer les arrangements entre les atomes. Avant la réaction, il y avait 4 atomes d'hydrogène et 2 atomes d'oxygène; après la réaction, il y a toujours 4 atomes d'hydrogène et 2 atomes d'oxygène.
2) Les propriétés physiques des molécules peuvent changer au cours d'une réaction chimique. L'hydrogène et l'oxygène sont tous deux des gaz, alors que l'eau est un liquide[1].
3) Certaines réactions libèrent de l'énergie: dans le cas présent, une partie de l'énergie est libérée dans l'explosion. Toutefois, d'autres réactions nécessitent un apport d'énergie pour pouvoir se dérouler: la photosynthèse, que nous abordons vers la fin du

[1] Le sel de cuisine, qui est un composé indispensable à la vie, nous donne un exemple spectaculaire du changement des propriétés des atomes dans les divers composés. La molécule du sel de cuisine (NaCl) contient un atome de sodium (Na) et un atome de chlore (Cl). Le sodium est un métal très réactif qui s'enflamme au contact de l'eau et le chlore est un gaz très toxique !

chapitre, est une réaction de ce type, puisqu'il faut de l'énergie (la lumière du soleil) pour que les sucres puissent être produits.

4) Les molécules de H_2 et de O_2 «n'aiment» pas réagir les unes avec les autres, à moins que nous leur donnions un petit coup de pouce. Dans notre exemple, ce petit coup de pouce était la chaleur de l'allumette. C'est une règle générale: les molécules ne réagissent normalement pas volontiers les unes avec les autres et c'est pourquoi notre monde est relativement stable. Les chimistes ont néanmoins trouvé mille et une façons de «persuader» les molécules d'entrer en réaction[2].

Voilà l'essentiel de ce que nous devons saisir de la chimie pour aller de l'avant dans la compréhension de la cellule. Les cellules, quant à elles, font réagir les produits chimiques à leur façon; elles emploient habituellement d'autres moyens que le chimiste: les cellules utilisent des enzymes.

LES ENZYMES, FORÇATS DE LA CELLULE

Une enzyme est un catalyseur, c'est-à-dire une molécule qui permet à une réaction chimique d'avoir lieu. Un catalyseur, c'est une substance qui «persuade» des molécules de réagir ensemble rapidement alors que, généralement, elles n'avaient rien prévu de tel. Le catalyseur de votre voiture a exactement la même fonction, bien qu'il ne s'agisse pas d'une enzyme. Les catalyseurs peuvent participer à la réaction chimique, mais dès que la réaction est terminée, ils retrouvent leur état initial et ils sont prêts à catalyser la même réaction entre de nouvelles molécules, encore et encore. Les enzymes sont en général très spécifiques quant à la réaction qu'elles catalysent et la plupart catalysent un seul type de réactions chimiques. Certaines enzymes servent à l'assemblage de petites molécules, d'autres permettent la fragmentation de grandes molécules en plus petites. A chaque type de réactions qui ont lieu dans la cellule correspond une enzyme différente; comme il y a des milliers de réactions différentes dans une cellule, il faut des milliers d'enzymes différentes.

Alors, qu'est-ce qu'une enzyme? Les enzymes sont des protéines, c'est-à-dire des longues molécules comparables à des col-

---

[2] Il nous faut éclaircir un point épineux. Lorsque nous écrivons que, sans notre intervention, les molécules d'hydrogène et d'oxygène «n'aiment pas» réagir les unes avec les autres, nous ne prétendons pas donner aux molécules des attributs humains. Nous utilisons un langage familier au lieu de décrire la situation en termes scientifiques: «La barrière d'activation entre l'hydrogène et l'oxygène est beaucoup plus élevée que l'énergie cinétique due à l'agitation des molécules; il faut donc, pour vaincre cette barrière, qu'une source d'énergie fasse augmenter l'énergie des molécules d'hydrogène et d'oxygène, par exemple une flamme». La forme familière est plus courte et les scientifiques l'utilisent souvent.

liers de perles. Toutes les protéines différentes contiennent seulement 20 sortes de perles, qu'on nomme acides aminés, et chaque protéine possède des perles reliées entre elles dans un ordre particulier. Les vingt sortes d'acides aminés qui peuvent se trouver dans les protéines ont une structure de base identique:

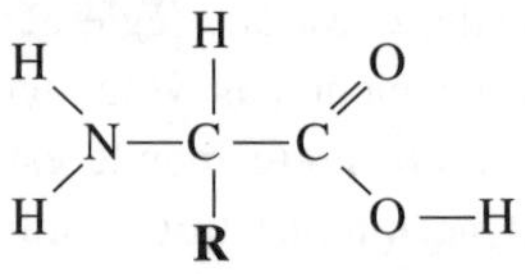

R (pour radical) représente une combinaison d'atomes différente pour chacun des vingt acides aminés. Le radical le plus simple se trouve dans l'acide aminé nommé glycine. Dans la glycine, R est un unique atome d'hydrogène (H). Le radical R le plus compliqué se trouve dans l'acide aminé nommé tryptophane. Pour le tryptophane, R est formé de 18 atomes. Tous les acides aminés sont composés des mêmes quatre éléments, C, H, N et O; certains contiennent en plus un cinquième élément: le soufre (S). Le long de leur chaîne de protéine, les acides aminés sont reliés d'une manière particulière. Voici par exemple comment deux molécules d'acides aminés s'assemblent pour former une minuscule protéine:

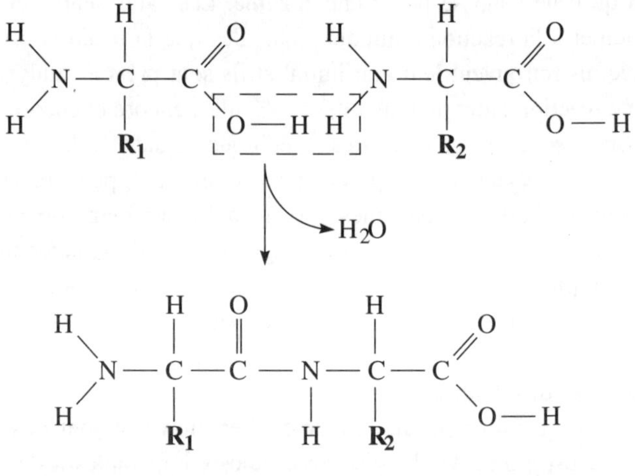

Le groupe OH d'un acide aminé s'en va, avec l'atome H de l'autre molécule, et il se forme une molécule d'eau (H_2O). Les deux mains ainsi libérées se joignent et une petite protéine se forme. Dans notre exemple, nous avons utilisé R_1 et R_2 pour indiquer que n'importe quels acides aminés peuvent s'assembler. Une nouvelle molécule d'acide aminé peut s'ajouter, si bien que la protéine s'agrandit. Ce processus d'addition des nouveaux acides aminés se poursuit: la protéine qui se forme peut renfermer douze à plusieurs centaines d'acides aminés assemblés à la suite les uns des autres. Finalement, cette chaîne d'acides aminés prend, en se repliant sur elle-même, une certaine forme dans l'espace (structure tridimensionnelle). Chaque protéine a sa propre structure, laquelle dépend de la nature et de l'ordre des acides aminés qui sont reliés le long de la chaîne.

Les protéines sont les composants essentiels de chaque cellule, qu'elle soit bactérienne, végétale ou animale. Toutes les enzymes sont des protéines, mais toutes les protéines ne sont pas des enzymes. Certaines protéines sont nécessaires pour donner leur forme aux cellules végétales et animales, et permettent de maintenir les cellules ou les organes en place. Certaines servent au mouvement, le muscle est en effet essentiellement formé de protéines; si nous mangeons un steak de bœuf, nous ingérons les milliers de protéines qu'il contient. Dans notre estomac, les protéines sont digérées, c'est-à-dire fragmentées dans les petites unités qui les composaient, à savoir les acides aminés; ces derniers sont alors utilisés par nos cellules pour construire nos propres protéines. Chaque personne synthétise environ quatre cents grammes de protéines chaque jour. Il est important que notre alimentation quotidienne contienne un peu de protéines, avec tout leur choix d'acides aminés, car notre corps ne peut pas synthétiser tous les acides aminés nécessaires à la construction de ses propres protéines.

Nous avons montré sur le papier comment les molécules des acides aminés s'assemblent; dans la cellule, ce montage est réalisé par un complexe, le ribosome, qui est lui-même formé de plus de cinquante protéines. Mais comment un ribosome obtient-il l'information indispensable pour relier dans le bon ordre les acides aminés entre eux? Comment «sait-il» quelle longueur doit avoir la protéine? C'est ici que l'ADN (ou **a**cide **d**ésoxyribo**n**ucléique) entre en scène; dans le prochain chapitre, nous verrons comment il joue son rôle.

Pour le moment, nous aimerions rendre plus palpable le nombre gigantesque de protéines qui existent dans la nature, en proposant le jeu mathématique suivant: «Qui aura fini de noter le plus vite toutes les combinaisons possibles pour construire une protéine de seulement 10 acides aminés de long?» Nous pouvons tout d'abord représenter chacun des 20 types d'acides aminés par un nombre. Voici deux exemples de protéines possibles:

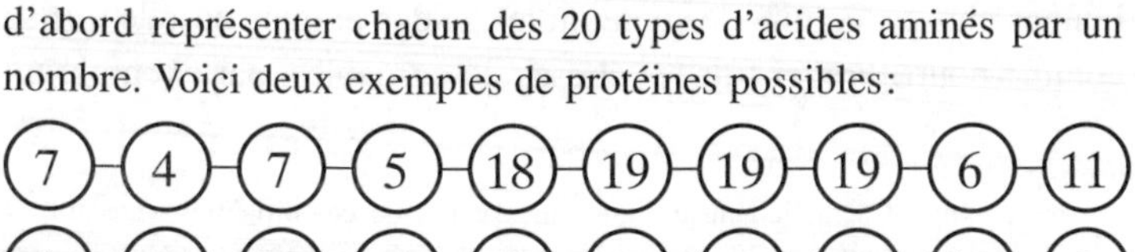

Supposons que nous soyons capables de dessiner une protéine toutes les secondes. Selon vous, quand le jeu se terminera-t-il?

Dans 10 000 000 000 000 (ou 10^{13}) secondes, à savoir 300 000 ans ! Il y a 20^{10} protéines possibles, longues de 10 molécules d'acides aminés et faites des 20 sortes d'acides aminés différents. Ce nombre immense de protéines variées laisse entrevoir la diversité qui peut apparaître dans une cellule vivante, et à plus forte raison dans un organisme. La diversité potentielle est en fait beaucoup plus grande[3], puisque les protéines sont en moyenne des chaînes faites, non pas de 10, mais de 100 molécules d'acides aminés: elle atteint 20^{100}.

L'ÉTUDE DES BACTÉRIES PERMET DE COMPRENDRE L'HOMME

Les êtres humains ont beaucoup en commun avec les bactéries, une cellule humaine fonctionne en principe comme une cellule bactérienne... seulement les bactéries sont beaucoup plus faciles à étudier: elles grandissent plus vite, prennent moins de place, et il y a moins de problèmes moraux à les intégrer dans des expériences.

La bactérie la plus étudiée est *Escherichia coli* (ou *E. coli*); elle représente un bon exemple de cellule simple. C'est à partir de l'étude d'*E. coli* et d'autres bactéries qu'on a découvert une grande partie des principes essentiels de la vie, parmi lesquels la composition de la cellule et les interactions entre les différents constituants cellulaires, ainsi que la nature du matériel génétique (ADN). Nous allons donner ici quelques précisions sur la vie d'*E. coli*.

Si quelqu'un vous demandait de décrire Odile, votre meilleure amie, que diriez-vous? Vous commenceriez peut-être par donner sa taille, un mètre soixante-dix, son poids, soixante et un kilos, ou par dire qu'elle a les cheveux blonds et que la natation est son loisir favori. Quant à la cellule d'*E. coli*, elle a la forme (fig. 3.1) d'un ballon de rugby ou plus exactement la forme d'une capsule de médicament, sa longueur atteint 2 millionièmes de mètre (ou 2 micromètres, habituellement abrégés: 2 μm) et sa largeur, 1 millionième de mètre (1 μm). Il faudrait donc placer bout à bout 500 bactéries pour atteindre 1 millimètre. Un gramme d'*E. coli* contient 1 000 000 000 000 (ou 10^{12}) bactéries. La cellule d'*E. coli* se reproduit très rapidement et, comme Odile, elle nage. Pour nager, elle utilise de longs cils, nommés flagelles. Elle peut nager vers les bonnes choses, comme le sucre ou les acides aminés qu'elle utilise comme nourriture, et fuir les choses désagréables, par exemple un

[3] n.d.t. On sait actuellement qu'une bonne partie de ces protéines «possibles» n'auraient pas une stabilité structurale suffisante pour seulement exister; cela réduit tout de même le nombre des protéines réellement possibles.

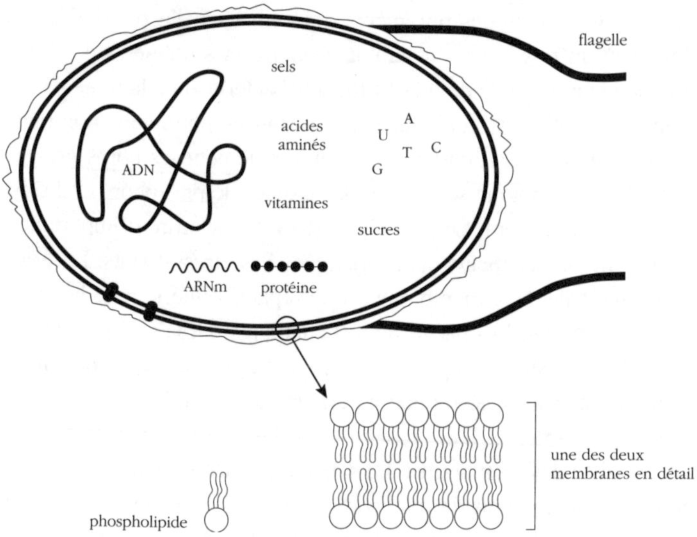

Fig. 3.1 Schéma d'une cellule de la bactérie *Escherichia coli.*
Avec ses principaux constituants, y compris les quatre bases, adénine (A), thymine (T), guanine (G) et cytosine (C) qui sont les unités chimiques servant à la construction de l'ADN, puis uracile (U) pour la construction de l'ARN messager. La membrane sépare la bactérie du reste du monde, mais rend possible des échanges de molécules. Les phospholipides sont les composants de base de la membrane; ce sont des molécules de lipides (graisses) qui contiennent des groupes phosphate (atomes d'oxygène et de phosphore).

acide; une bactérie est donc sensible et reconnaît les différents types de molécules de son milieu. Elle se reproduit par division et peut le faire toutes les 20 minutes. Si on met en route une culture avec un seul individu d'*E. coli*, il y aura 2 bactéries après 20 minutes, 4 après 40 minutes, 8 après 60 minutes, 16 après 80 minutes et ainsi de suite. La masse d'une culture bactérienne atteindrait la masse de notre planète en moins de 2 jours, pour autant que les bactéries trouvent assez de nourriture pour continuer de se diviser toutes les 20 minutes durant ce temps !

Comment se présente une bactérie? Pour répondre, on peut soit la couper en deux, comme une pastèque, et regarder à l'intérieur à l'aide d'un microscope très puissant, ou bien l'étudier moins directement en faisant des expériences biochimiques pour savoir ce qu'elle contient. La figure 3.1 résume plus ou moins ce qu'on obtient. Le flagelle est un luxe, il n'est pas indispensable à la vie d'*E. coli*, du moins quand cet organisme est cultivé en laboratoire. La paroi est composée de polymères contenant des sucres comme unités de base. Alors que les acides aminés, unités de base des protéines, ne peuvent s'assembler que d'une seule façon et produisent une structure linéaire, les sucres des polymères qui composent la paroi d'*E. coli* dessinent un réseau en s'assemblant de diverses manières. La fonction de la paroi est de donner forme à la bactérie et de la protéger. La membrane, elle, est constituée de substances chimiques nommées phospholipides. Les lipides sont tout simplement les corps gras, et ceux de la membrane sont liés à des atomes de phosphore et d'oxygène, d'où leur nom. Le phosphore (P) est, par ordre d'importance, le sixième des éléments caractéristiques des êtres vivants. La fonction principale de la membrane est de séparer l'intérieur de la bactérie de l'extérieur. Les parois de nos chambres ont la même fonction, mais elles ont aussi des portes et des fenêtres qui nous permettent de communiquer avec le monde extérieur. Les membranes ont également leurs portes et leurs fenêtres. La figure 3.2 donne un schéma plus réaliste des membranes. Le schéma montre seulement deux des nombreuses protéines de transport au niveau desquelles les molécules traversent la membrane. Les molécules de transport peuvent assurer le passage de grosses molécules à travers la membrane de l'extérieur vers l'intérieur ou vice versa. Il y a une protéine de transport pour le glucose, par exemple.

La cellule est pareille à un étrange restaurant. Il n'y a pas d'ouverture directe sur la cuisine ou sur le cellier. En lieu et place, une sorte de garçon de restaurant se tient là, il nous tourne le dos et remplit très exactement tout un espace laissé vide à travers le mur. Son travail consiste à prendre un plat des mains des cuisiniers qui sont dans la cuisine, de l'autre côté du mur, puis de faire demi-tour et de tendre la nourriture à un serveur s'activant dans la salle à manger. Bloquant entièrement un autre passage laissé dans le mur, un second serveur fait des pirouettes analogues pour passer le vin

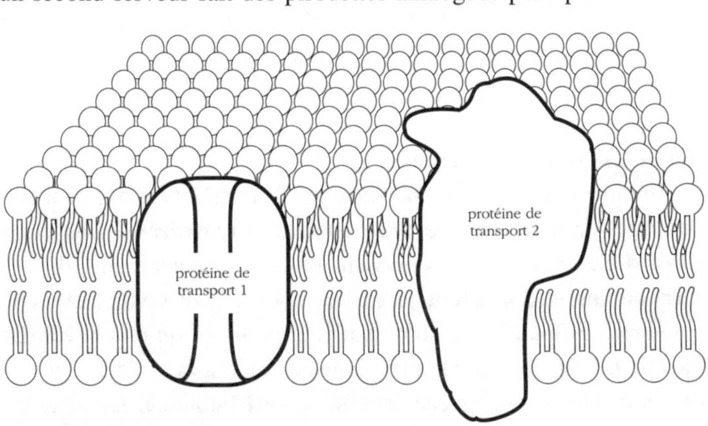

Fig. 3.2 Schéma en trois dimensions d'une membrane cellulaire comportant deux protéines de transport différentes.
L'épaisseur de la membrane est de 8 nm (8 nanomètres): il faudrait mettre côte à côte 125 000 membranes cellulaires pour faire une épaisseur de 1 millimètre !

du cellier à la salle à manger. Ces deux serveurs représentent assez bien deux protéines de transport distinctes de la cellule.

D'autres protéines de la membrane ont pour fonction de détecter des signaux en provenance du milieu où vit la bactérie. Cette capacité de communiquer avec le monde extérieur est fondamentale pour toutes les cellules et elle est indispensable pour assurer le développement correct de tout organisme.

Il y a beaucoup de sortes de molécules dans *E. coli*, certaines petites, d'autres très grandes. Les grosses molécules se nomment macromolécules. Elles comprennent non seulement les protéines, mais aussi les acides nucléiques, ADN et ARN. L'ADN contient l'information codée nécessaire à la construction des protéines, comme nous le verrons dans le prochain chapitre. L'ARN (**a**cide **r**ibo**n**ucléique) comporte des molécules d'ARN messager, qui se forment en copiant l'information génétique d'un gène et sont utilisées par les ribosomes pendant la construction des protéines. Les détails sur le rôle de l'ARN seront décrits au prochain chapitre. Les molécules de taille plus petite comprennent les acides aminés, unités de base nécessaires à la construction des protéines, des bases (aux noms poétiques: adénosine, cytosine, ...) qui servent de blocs de construction pour les molécules de l'ADN, de l'ARN et des vitamines. La cellule contient également des sucres et des sels minéraux, indispensables à la construction des molécules plus grandes.

De quoi se nourrit donc *E. coli*? Pour se développer, *E. coli* a besoin d'un sucre, tel que le glucose, et de sels minéraux. Les sucres comme le glucose sont nécessaires pour la synthèse des molécules en même temps comme source d'énergie et, en fournissant le carbone, comme matériau de construction. Les milliers d'enzymes produites par *E. coli* peuvent synthétiser toutes ces molécules à partir de sucres et de sels.

L'énergie nécessaire pour ces transformations est normalement fournie par une molécule que nous n'avons pas encore présentée, l'ATP (ou **a**dénosine **t**ri**p**hosphate): c'est la molécule dans laquelle la cellule vivante met de l'énergie en réserve. La molécule d'ATP[4] contient beaucoup d'énergie et, quand elle en donne une partie, elle devient une molécule d'ADP (ou **a**dénosine **d**iphos**p**hate). L'ATP se reforme à partir de l'ADP au cours d'un processus que nous connaissons bien sous le terme de respiration. C'est exacte-

[4] n.d.t. Le biochimiste hongrois Szent-György se plaisait à dire que l'ATP est la «petite monnaie» que la cellule utilise pour payer ses dépenses en énergie; en reprenant cette image, on pourrait dire que l'ATP est une bourse pleine et l'ADP, une bourse à moitié vide.

ment ce que vous êtes en train de faire : vous faites votre propre ATP, en employant une petite quantité de l'oxygène contenu dans l'air et du glucose provenant de votre alimentation ; en outre, vous rejetez le gaz carbonique (ou dioxyde de carbone) que vous avez produit au cours de ce processus. On résume le processus de la respiration dans cette équation :

glucose + oxygène + ADP → dioxyde de carbone + eau + ATP

Il faut se souvenir que le glucose est produit par les plantes vertes au cours de la photosynthèse, que voici résumée dans l'équation suivante :

dioxyde de carbone + eau + énergie solaire → glucose + oxygène

La photosynthèse est l'inverse de la respiration. Au cours de la photosynthèse, l'énergie du soleil est utilisée pour produire du glucose à partir de dioxyde de carbone et d'eau ; de l'oxygène est rejeté. Au cours de la respiration, le glucose et l'oxygène sont lentement transformés en dioxyde de carbone et en eau, tandis qu'une molécule d'ADP est transformée en ATP. Cet ATP est la principale forme d'énergie chimique employée par la cellule. Cette molécule, bourrée d'énergie, est utilisée dans de nombreux processus du vivant, par exemple la construction des protéines. Dans l'équation (simplifiée) suivante :

$$\text{ATP} + \textcircled{1} + \textcircled{3} \longrightarrow \textcircled{1}\!-\!\textcircled{3} + \text{ADP}$$

1 et 3 représentent deux acides aminés différents qui s'assemblent et vont former une protéine minuscule.

L'énergie que l'ATP fournit en se transformant en ADP sert à relier les deux acides aminés entre eux, ainsi qu'il a été montré au début de ce chapitre. Ensuite, l'ADP est retransformé en ATP au cours de la respiration, laquelle utilise l'énergie chimique de la molécule de glucose : en fin de compte, c'est donc le soleil qui fournit l'énergie nécessaire à la vie.

Notons en passant que les enzymes que nous utilisons pour notre respiration sont en gros assez semblables à celles qu'utilise *E. coli.*

La photosynthèse et la respiration sont des exemples frappants de l'interdépendance entre plantes et animaux. Les plantes produisent de l'oxygène qui est utilisé par les animaux et les animaux rejettent du dioxyde de carbone qui est utilisé par les plantes. Tout est recyclé dans la nature, c'est une des raisons pour lesquelles les plantes sont si essentielles à la vie sur la terre.

Au début de ce chapitre, nous avons comparé la vie au déroulement d'une pièce de théâtre. Nous avons choisi cette analogie pour souligner l'activité incessante de la cellule. Quelques-uns des acteurs ont déjà été présentés : les enzymes, catalyseurs cellulaires ; l'ATP ou réserve d'énergie pour la plupart des activités cellulaires ; la membrane, qui maintient la cellule comme un tout et qui permet le passage sélectif de certaines substances chimiques ainsi que la communication avec le monde extérieur à la cellule ; enfin, les acides nucléiques qui interviennent dans la génétique de la cellule. Mais la cellule contient bien d'autres acteurs. Il y a plus de 4 000 sortes différentes de molécules dans les cellules d'*E. coli*. On assiste à une pièce de théâtre monumentale ! Comme dans toutes les pièces, les acteurs ne sont pas toujours sur la scène, mais ils entrent et ils sortent selon les vœux du metteur en scène. Pour *E. coli*, ces allées et venues sont uniquement possibles pour les petites molécules. Pour les macromolécules, comme les protéines ou les acides nucléiques, Dame Nature emploie d'autres méthodes. Elle escamote la sortie des macromolécules en les coupant en de très petits fragments, à l'aide des enzymes. Les petits fragments sont normalement soit recyclés dans la cellule soit excrétés. Quant aux entrées, elles sont remplacées par la synthèse sur place des nouvelles enzymes qui, à leur tour, synthétisent les nouvelles macromolécules. Le contrôle de la synthèse des protéines est aux mains de l'ADN et sous l'influence de signaux externes que nous verrons au chapitre suivant.

CELLULES VÉGÉTALES ET CELLULES ANIMALES

Les cellules végétales et les cellules animales sont fondamentalement semblables aux cellules bactériennes, à peine un plus compliquées, mais le principe reste le même. Elles sont entourées par une membrane renfermant des protéines, dont certaines assurent le transport des molécules comme le glucose, alors que d'autres détectent certains signaux du milieu. A l'intérieur de la cellule, l'ADN dirige la production de milliers de protéines. Un grand nombre de protéines sont des enzymes servant à la fabrication d'autres molécules. L'ADN est contenu dans un compartiment particulier appelé le noyau (fig. 2.1). A cause de la présence de ce noyau dans leurs cellules, on a rangé les plantes et les animaux, en bloc, dans le groupe des eucaryotes (du grec : *eu*, bien, dans le sens de bien visible, et *karyon*, noyau). Par opposition, les organismes qui n'ont pas de noyau, tels que les bactéries, sont rangés dans le groupe des procaryotes (*pro*, avant). La différence principale entre *E. coli* et un ovule fécondé, par exemple humain, est que *E. coli* produit sans interruption des nouvelles bactéries identiques à lui-même, alors que l'œuf humain produit en se développant un organisme très compliqué. L'œuf se divise: à partir de la première cellule se forment deux cellules, ensuite quatre, puis huit, etc. Nous avons déjà vu que *Homo sapiens* a 10^{13} cellules, toutes issues d'une même cellule. Cependant, il faut pour faire un corps humain au moins deux cents sortes de cellules différentes; par conséquent, à un certain stade, il faut un processus de différenciation qui rende les cellules-filles différentes les unes des autres. Si nous observons un embryon en train de se développer, nous voyons se produire, à un certain stade, quelque chose de nouveau: une cellule en division donne deux cellules nouvelles, dont l'une devient par exemple une cellule musculaire, tandis que l'autre continue de se diviser sans nouvelle attribution particulière. Une autre cellule en division peut, quant à elle, donner naissance à une cellule nerveuse et à une cellule non spécialisée. Ces choix faits, la cellule musculaire ne produira que des cellules musculaires et la cellule nerveuse que des cellules nerveuses. Une fois dans son organe, chaque cellule fait tout pour que l'organe fonctionne efficacement, qu'il s'agisse du muscle strié pour la cellule musculaire squelettique, du cœur pour la cellule musculaire cardiaque ou du cerveau pour la cellule nerveuse.

Parmi les 200 types de cellules du corps humain, l'ovule et le spermatozoïde représentent un type tout à fait particulier de cellules, qu'on nomme les gamètes et qui font partie de la lignée germinale des cellules. Les gamètes (du grec: *gamein*, marier) sont les seules cellules qui transmettent leurs gènes à la génération suivante. Les 199 types restants de cellules transmettent leurs gènes aux nouvelles cellules de l'organisme, mais ne transmettent pas de gènes aux descendants; il s'agit des cellules somatiques (en grec: *somatikos*, du corps); quand on parle de leur ensemble, on parle du soma. Il faut garder présente à l'esprit cette information biologique importante pour le moment où nous discuterons des problèmes éthiques en rapport avec le génie génétique (chap. 17). On peut distinguer chez les animaux en général, comme nous l'avons fait pour *Homo sapiens*, les cellules germinales et les cellules somatiques; par contre, on ne fait pas cette distinction chez les plantes.

Comment une cellule devient-elle une cellule nerveuse ou une cellule musculaire? C'est une fois de plus l'ADN qui est à la barre, guidé par des signaux externes. Dans le chapitre suivant, nous décrivons le gène et sa régulation, alors qu'au chapitre 12, nous abordons plus en détail le développement humain et les causes du cancer.

Chapitre 4

LE GÈNE

C'EST UN GÈNE qui produit l'insuline, en absence de laquelle on devient diabétique. D'autres gènes sont responsables des pigments qui donnent leur couleur à nos yeux. Certains gènes défectueux peuvent provoquer des maladies comme le cancer. Alors qu'est-ce qu'un gène ?

On peut définir le gène comme un fragment d'ADN[1] qui dirige la synthèse d'une protéine. Souvenez-vous que les protéines sont des composants importants de la cellule, chez tous les êtres vivants, y compris chez les êtres humains. L'ADN d'un être vivant peut être comparé à une encyclopédie qui contiendrait beaucoup de définitions, toutes placées à la suite les unes des autres, et de façon indépendante. L'ADN est une longue molécule linéaire qui contient de nombreux gènes placés les uns à la suite des autres ; c'est le matériel génétique qui transmet l'information des parents à leurs descendants, et d'une cellule à ses deux cellules-filles.

Supposons que vous deviez réaliser un projet de matériel génétique. Quelles propriétés jugeriez-vous indispensables ? Quelles seraient les caractéristiques d'une molécule qui vous permettrait de faire passer de l'information d'un parent à son descendant ? Il faudrait que cette molécule contienne l'information et qu'elle soit stable, tout en étant capable de se partager, avec précision, en deux nouvelles molécules pouvant chacune emporter l'information avec soi. La molécule d'ADN remplit parfaitement ces spécifications. Pour comprendre comment elle relève ces défis, il faut connaître sa structure chimique dans le détail. La molécule a une structure en forme de double hélice, qui a été découverte par James Watson et Francis Crick, à Cambridge en Angleterre, en 1953 (fig. 4.1). La molécule est composée de deux chaînes s'enroulant sur elles-

[1] ADN est l'abréviation pour acide désoxyribonucléique. Ce terme peut paraître abscons, mais, pour un chimiste, c'est la manière logique de nommer ce type de molécule. L'ADN est un **acide** parce qu'il contient des groupes acide phosphorique. C'est un acide **nucléique** (du noyau) parce qu'il a été découvert dans des noyaux de cellules de pus humain, par un chimiste suisse, Friedrich Miescher, en 1871. C'est un acide **désoxyribo**nucléique parce que le sucre qui maintient ensemble les chaînes de bases se nomme désoxyribose.

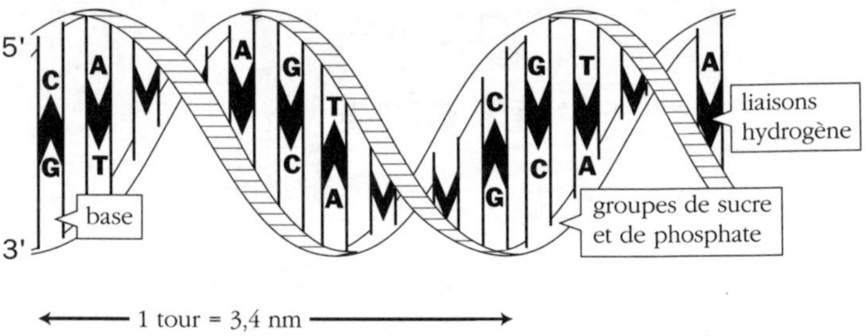

Fig. 4.1 ADN : la double hélice.
A, T, C et G sont les quatre bases (adénine, thymine, cytosine et guanine).

mêmes en une double spirale. Chaque chaîne contient des composés chimiques complexes, les bases nommées adénine, cytosine, guanine et thymine, que nous abrégerons en A, C, G et T. Ces bases sont composées des éléments carbone, azote, oxygène et hydrogène; elles sont reliées par des molécules de sucres et par des groupes phosphate (fig. 4.2). Le groupe phosphate contient, à côté d'atomes d'oxygène, un atome de phosphore; rappelons que le phosphore est au nombre des éléments chimiques les plus importants de la cellule.

En premier lieu, sous quelle forme l'information génétique existe-t-elle? Elle est contenue dans les bases de la molécule d'ADN et elle est codée par l'ordre de ces bases. Il n'y a que 4 bases différentes le long de la molécule d'ADN. Nos encyclopédies sont écrites à l'aide d'un langage utilisant 26 lettres. On peut se représenter l'ADN comme un langage écrit à l'aide de seule-

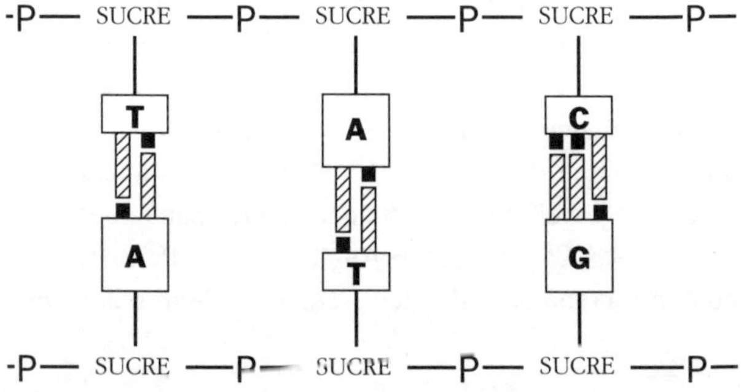

Fig. 4.2 Schéma d'une partie de la double hélice. Déroulée pour plus de clarté, elle apparaît comme une sorte d'échelle.
L'épine dorsale de chaque chaîne (brin) est faite de molécules de sucre (désoxyribose) reliées par des groupes phosphate (ici P). Les bases de chaque chaîne sont liées aux molécules de sucre. Les bases forment les échelons, elles sont retenues entre elles par des liaisons hydrogène: deux liaisons entre adénine et thymine, trois entre cytosine et guanine. La liaison hydrogène n'est pas une liaison très forte.

ment 4 lettres. Bien que ce langage nous paraisse plus simple que la langue française, il est tout aussi efficace pour conserver de l'information, dussent les phrases être plus longues. Les mécanismes par lesquels la cellule utilise ce langage de 4 lettres sont complexes, nous les décrirons plus loin en détail.

En second lieu, comment l'ADN peut-il se dupliquer? C'est là que sa structure faite de deux brins est cruciale. Les bases de chacun des deux brins sont orientées vers l'intérieur de la double spirale et les bases du premier brin touchent les bases du second brin (fig. 4.1). Vu que chaque base a sa structure particulière, la façon dont les deux brins s'adaptent l'un à l'autre veut que, dans un brin, une base ne puisse convenir que si une base déterminée occupe la position correspondante sur le brin d'en face. D'une part, l'adénine (A) et la guanine (G) sont des molécules plus volumineuses que la thymine (T) et la cytosine (C). D'autre part, G et C sont attirées l'une vers l'autre et maintenues ensemble par trois liaisons chimiques, nommées liaisons hydrogène; il en va de même pour A et T, entre lesquelles il ne se forme toutefois que deux liaisons hydrogène. En résumé, A ne peut convenir dans le premier brin que si c'est T qui se trouve en face dans le second brin et vice versa; G ne peut se trouver dans le premier brin que si C se trouve en face dans l'autre et vice versa: c'est la règle fondamentale de l'appariement des bases de l'ADN (fig. 4.2).

Il s'ensuit que si nous connaissons la séquence (suite, ordre) des bases le long d'un brin, nous pouvons écrire la séquence des bases du second brin. Nous pouvons représenter l'ADN d'une façon simplifiée comme sur la figure 4.3, en laissant de côté sa structure en hélice, ainsi que les détails de la suite des groupes sucre-phosphate.

Pour faire deux molécules d'ADN à partir d'une seule, il suffit de séparer les deux brins et de laisser chaque brin dicter l'ordre des bases d'un nouveau brin. A cause de la règle d'appariement des bases, c'est-à-dire A seulement avec T et C seulement avec G, nous nous trouvons devant deux nouvelles molécules, identiques quant à l'ordre des bases qu'elles contiennent et, par conséquent, quant à l'information génétique qu'elles portent (fig. 4.4). Chacune des

TACGAAGAGGATCGCCCCATC
ATGCTTCTCCTAGCGGGGTAG

Fig. 4.3 Manière la plus simple de représenter un fragment d'ADN.
On ne montre que l'information génétique (c'est-à-dire la suite des bases) et les détails des montants de l'échelle faits des molécules de sucre-phosphate sont laissés de côté.

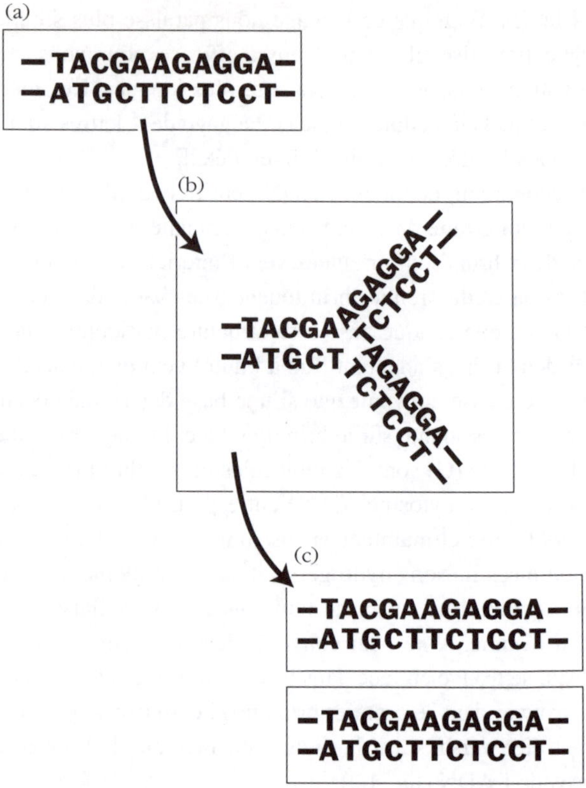

Fig. 4.4 Duplication de l'ADN.
(a) Séquence des bases d'une partie de la molécule d'ADN.
(b) La même séquence après le commencement de la duplication. La duplication a commencé à droite et avance vers la gauche. Une enzyme nommée ADN-polymérase est responsable de cette duplication.
(c) La duplication est terminée et deux molécules d'ADN ont été produites: les séquences de leurs bases sont identiques à celle de la molécule de départ.

deux molécules d'ADN contient un brin de la molécule originelle et un brin qui vient d'être synthétisé. Ce qui est important pour la vie, c'est que les deux nouvelles molécules d'ADN ont la même suite de bases que la molécule dont elles sont issues. C'est pourquoi toutes les cellules d'un organisme ont le même ADN.

Bien que ce processus soit relativement simple à expliquer, dans la réalité il ne se déroule pas si facilement. Une grande partie des complications entourant le processus de la réplication (ou duplication) de l'ADN proviennent, ainsi que nous l'avons signalé dans les spécifications de notre projet, de ce que la construction des deux nouvelles molécules doit se faire avec une extrême fidélité. La réplication de l'ADN fait intervenir une équipe d'enzymes: certaines ont pour tâche de réaliser le processus de duplication lui-même, les autres contrôlent que la duplication a bien été exécutée; on dit que ces dernières ont une fonction de relecture. D'autres complications interviennent dans la synthèse de l'ADN à cause de la longueur de la molécule, longueur nécessaire pour coder toutes les informations génétiques. L'ADN du génome humain, par exemple, mesure environ un mètre de long et toutes les cellules de notre corps contiennent deux jeux complets de cet ADN; il est tout entier emprisonné dans un noyau de moins d'un centième de millimètre de diamètre: ce qui entraîne un sérieux problème d'emballage! Pour être plus précis, toutes les cellules humaines ne contiennent pas deux ensembles d'ADN: les gamètes font exception: ils n'ont qu'un ensemble. Rappelons-nous que, dans l'espèce humaine, les gamètes sont les ovules chez la femme et les spermatozoïdes chez l'homme. Si les gamètes n'ont qu'un ensemble d'ADN chacun, c'est que les gènes provenant de la mère et du père doivent pouvoir s'additionner au moment de la conception d'un bébé. Ceci sera expliqué plus longuement au chapitre 5.

Pour trouver place dans un noyau, avec ses deux fois un mètre de longueur, l'ADN est empaqueté dans des structures compactes, nommées chromosomes. On peut rendre les chromosomes visibles sous le microscope en les traitant avec des colorants. Les chromosomes fixent très bien certains colorants et deviennent alors très visibles, au contraire des autres constituants de la cellule. C'est cette propriété qui a guidé le choix de leur nom (du grec: *chromos*, couleur, et *soma*, corps). Nous avons 23 chromosomes différents et toutes les cellules humaines, sauf les gamètes, possèdent deux séries complètes de ces chromosomes, c'est-à-dire 46 chromosomes (ou 23 paires). Chaque série contient une copie de chaque gène. Dans toutes les cellules, sauf dans les gamètes, il y a donc deux copies de chaque gène: une dans chacune des deux séries de chromosomes. Au sein d'une série, chaque gène n'est présent qu'une fois, sur un seul des chromosomes.

Les 23 chromosomes humains n'ont pas tous la même longueur (chap. 10). Un chromosome contient en moyenne 40 millimètres d'ADN. Quoi qu'il en soit, un chromosome de 40 mm est bien trop long pour la grosseur du noyau. L'ADN va donc être empaqueté. Il est enroulé autour de protéines spéciales (histones) et forme des complexes nommés nucléosomes (fig. 4.5). Ces derniers subissent une nouvelle série d'empaquetages, de sorte que la longueur finale du chromosome est environ de 5 micromètres, abrégé en 5 µm (millioniemès de mètre).

Voilà l'ADN présenté: maintenant, nous pouvons enfin nous demander comment un gène accomplit sa tâche.

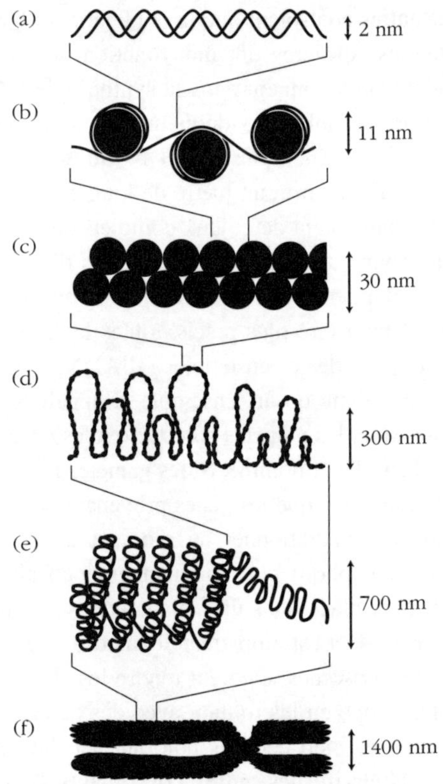

Fig. 4.5 Empaquetage de l'ADN sous forme de chromosomes.
Un nanomètre, ou nm, est un milliardième de mètre!
(a) Fragment d'ADN à empaqueter.
(b) En s'enroulant autour de protéines, nommées histones (représentées par des disques noirs), l'ADN forme les nucléosomes.
(c) Les nucléosomes sont serrés les uns contre les autres.
(d) et (e) Encore deux nouvelles étapes de l'emballage.
(f) Chromosome qui vient de terminer sa duplication; (les deux parties restent encore attachées en un point.)
(Tiré de *Molecular Biology of the Cell*, B. Albert *et al.*, 1988, Garland Publishing Inc., New York.)

LE CODE DU VIVANT

Le langage de l'ADN ne dispose donc que de 4 lettres: A, T, C et G (soit en réalité quatre molécules: **a**dénine, **t**hymine, **c**ytosine et **g**uanine). De leur côté, les chaînes de protéines sont constituées par les molécules d'une vingtaine d'acides aminés différents. Presque toutes les propriétés d'une protéine sont déterminées par le nombre et les sortes d'acides aminés qu'elle contient, ainsi que par l'ordre dans lequel ces acides aminés sont placés. Il suffit donc que la séquence des bases de l'ADN renseigne sur la nature et l'ordre des acides aminés. Mais puisque le langage de l'ADN ne comporte que 4 lettres et qu'il doit préciser l'ordre de 20 acides aminés, il faut plus d'une base pour spécifier un seul acide aminé.

Dans le langage de l'ADN, c'est tout simplement un mot, et non une seule lettre, qui est utilisé pour indiquer la place de chaque acide aminé dans la protéine. Cela rappelle le langage Morse, qui ne s'exprime toutefois qu'avec deux signes: point et trait. Si vous voyez •••–––•••, vous devez traduire ce langage codé en lettres, SOS, pour savoir ce que ça signifie.

On se représente aussi l'information contenue dans l'ADN comme un code: c'est le code génétique. Ce code est simple, chaque suite de trois bases code pour un acide aminé. Cet arrangement a une répercussion curieuse. A l'aide d'un langage de 4 lettres différentes, il est possible d'écrire 64 (4^3) mots différents de trois lettres, mais il n'y a que 20 acides aminés qui entrent dans la composition des protéines. Il se pourrait que toutes les combinaisons de trois lettres ne soient pas utilisées (ce qui est certainement le cas dans la plupart des langues écrites). Dans le cas de l'ADN, cela ne se passe pas ainsi: on observe en fait que la plupart de ces acides aminés sont codés chacun par plusieurs triplets de bases. Un triplet – c'est-à-dire trois bases contiguës – forme ce qu'on appelle un codon; 61 des 64 codons possibles codent pour des acides aminés. Les 3 codons restants servent de signes de ponctuation, lesquels signalent au ribosome l'endroit où il faut cesser la fabrication de la protéine; ils sont l'équivalent des points dans la ponctuation d'un texte. La machine qui traduit le code génétique est une protéine complexe, que nous avons présentée dans le chapitre précédent sous le nom de ribosome.

Maintenant que nous savons sous quelle forme l'information est stockée dans l'ADN, nous allons aborder les mécanismes de la synthèse d'une protéine. Les généticiens qui étudiaient ce problème s'étonnèrent: l'ADN, chez les plantes ou chez les animaux, était conservé dans le noyau, un compartiment distinct de la cellule, alors que les protéines étaient synthétisées ailleurs, à savoir dans le cytoplasme. Comment était-ce possible? L'étonnement se dissipa quand on découvrit que, chez les plantes et chez les animaux, des molécules particulières transportent l'information génétique contenue dans l'ADN hors du noyau jusque dans le cytoplasme, où elle est alors utilisée par les ribosomes et par d'autres composants cellulaires pour construire les protéines; ces molécules ont été baptisées ARN messager à cause de leur fonction (fig. 4.6). Une enzyme est responsable de la synthèse de l'ARN messager (ou ARNm) à partir de l'un des deux brins de l'ADN. Ce brin, nommé le brin sens, est copié pour produire une molécule d'ARN messager selon la même méthode que l'ADN lors de sa réplication; la différence principale réside dans les bases: l'ARN

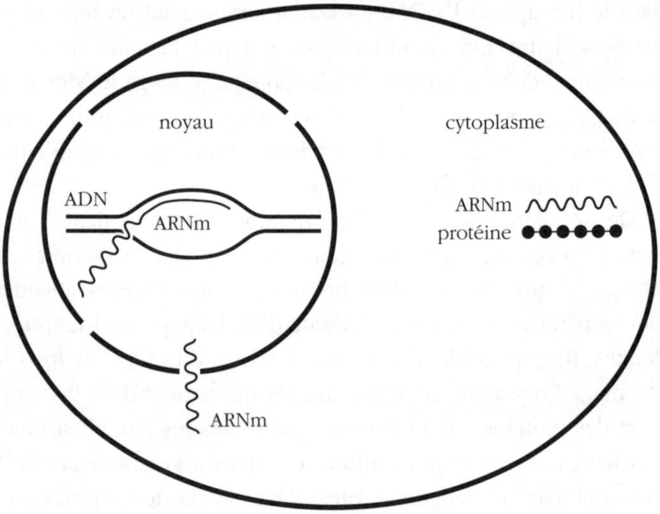

Fig. 4.6 Transport de l'ARN messager du noyau vers le cytoplasme, dans une cellule végétale ou animale.
L'ARNm est fait dans le noyau et il est transporté dans le cytoplasme où les ribosomes traduisent son message pour construire une protéine. La séquence des acides aminés de la protéine est déterminée par l'ordre des bases de l'ARNm.

contient la base uracile (U) à la place de la thymine (fig. 4.7). En prolongeant la comparaison avec la linguistique, on a nommé transcription ce processus de production de l'ARNm à partir de l'ADN, car l'information de l'ADN est recopiée sur l'ARN. Quant à la construction de la protéine à l'aide de l'ARNm, on la nomme traduction puisqu'au cours de ce processus, le langage des acides nucléiques, qui utilise des bases, est traduit dans le langage des protéines, qui utilise des acides aminés. Le schéma de la figure 4.8

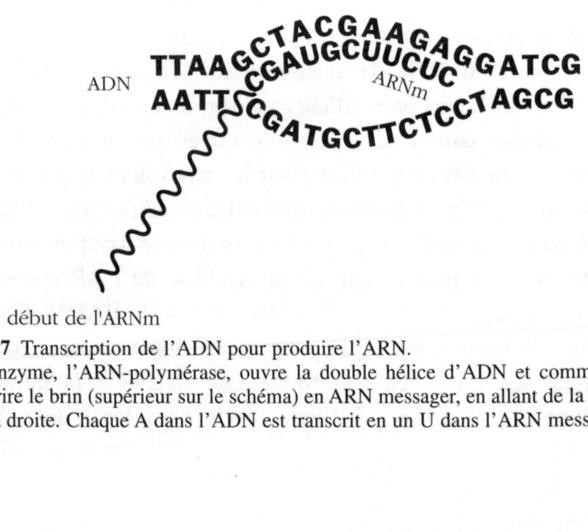

Fig. 4.7 Transcription de l'ADN pour produire l'ARN.
Une enzyme, l'ARN-polymérase, ouvre la double hélice d'ADN et commence à transcrire le brin (supérieur sur le schéma) en ARN messager, en allant de la gauche vers la droite. Chaque A dans l'ADN est transcrit en un U dans l'ARN messager.

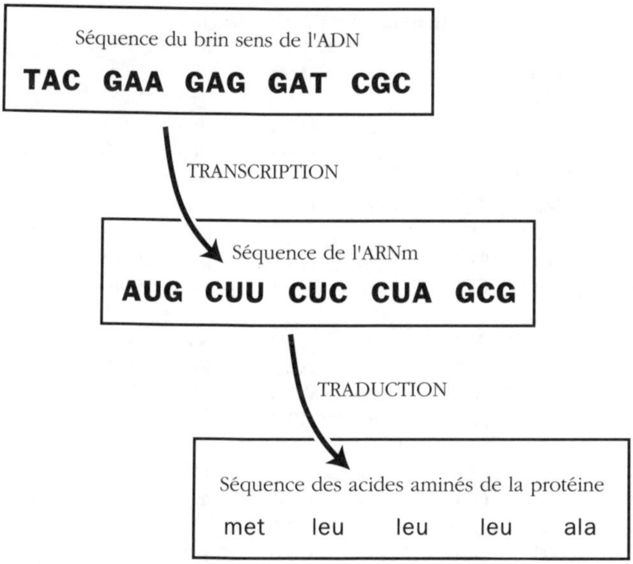

Fig. 4.8 Schéma de la transcription d'une séquence d'ADN en ARN messager, suivie de la traduction de l'ARN messager en une séquence d'acides aminés formant la protéine.
Le tableau 4.1 donne le dictionnaire complet des triplets et des acides aminés pour lesquels ils codent.

montre la relation entre ADN et ARNm, puis ARNm et protéines, au cours de la transcription, puis de la traduction. Le tableau 4.1 donne le dictionnaire complet des triplets (ou codons) et des acides aminés correspondants pour lesquels ils codent.

Il faut remarquer que ce dictionnaire est valable pour tous les êtres vivants: les bactéries, les plantes et les animaux, et pour les virus du SIDA. C'est ce qui rend possible le génie génétique, avec tous ses rêves et tous ses cauchemars. Un gène quelconque, qu'il soit humain, bactérien, végétal ou viral, peut en principe être multiplié dans une bactérie, où il peut dès lors diriger la synthèse de la protéine pour laquelle il code.

GÈNES DE TYPE SIMPLE

La chaîne continue des lettres A, T, C et G, constituant l'information génétique conservée dans l'ADN, prend son sens quand les ribosomes lisent les lettres par groupes de trois.

Mais nous n'avons pas encore répondu à la question: «Qu'est-ce qu'un gène?» En effet, l'enzyme qui participe à la synthèse de l'ARNm, nommée ARN-polymérase, doit reconnaître le début et la fin d'un gène. Cette information est également codée dans les bases de l'ADN. L'information qui signale à l'ARN-polymérase le commencement d'un gène est écrite en toutes lettres juste avant le

Tableau 4.1 Le code génétique.

UUU	phe	UCU	ser	UAU	tyr	UGU	cys
UUC	phe	UCC	ser	UAC	tyr	UGC	cys
UUA	leu	UCA	ser	UAA	stop	UGA	stop
UUG	leu	UCG	ser	UAG	stop	UGG	trp
CUU	leu	CCU	pro	CAU	his	CGU	arg
CUC	leu	CCC	pro	CAC	his	CGC	arg
CUA	leu	CCA	pro	CAA	gln	CGA	arg
CUG	leu	CCG	pro	CAG	gln	CGG	arg
AUU	ile	ACU	thr	AAU	asn	AGU	ser
AUC	ile	ACC	thr	AAC	asn	AGC	ser
AUA	ile	ACA	thr	AAA	lys	AGA	arg
AUG	met	ACG	thr	AAG	lys	AGG	arg
GUU	val	GCU	ala	GAU	asp	GGU	gly
GUC	val	GCC	ala	GAC	asp	GGC	gly
GUA	val	GCA	ala	GAA	glu	GGA	gly
GUG	val	GCG	ala	GAG	glu	GGG	gly

Le code est donné pour l'ARN messager

CLÉ

bases:

A adénine C cytosine G guanine U uracile

acides aminés:

ala	alanine	arg	arginine	asn	asparagine	asp	aspartate
cys	cystéine	gln	glutamine	glu	glutamate	gly	glycine
his	histidine	ile	isoleucine	leu	leucine	lys	lysine
met	méthionine	phe	phénylalanine	pro	proline	ser	sérine
thr	thréonine	trp	tryptophane	tyr	tyrosine	val	valine

STOP indique que le codon concerné ne code pas pour l'insertion d'un acide aminé particulier dans la protéine, mais signale la fin de la protéine.

début du gène. L'ADN contenant cette information, qui n'est lui-même pas transcrit en ARNm, est désigné par le terme de promoteur, puisqu'il fait démarrer la transcription du gène. Une fois que la polymérase a commencé la transcription d'un gène en ARN messager, la transcription se poursuit jusqu'au moment où la polymérase rencontre, le long de la séquence d'ADN, un autre signal qui lui indique que la fin du gène est atteinte.

La traduction de l'ARNm ne commence pas tout à fait au début de la molécule. En effet, vers le début de la molécule d'ARNm se trouve une séquence qui est reconnue par les ribosomes et qui signale l'endroit où la traduction commence. Comme nous l'avons déjà mentionné dans la section précédente, l'ARNm porte en outre des séquences simples (UAG, UGA ou UAA) qui indiquent au ribosome où la traduction doit s'arrêter. La figure 4.9 montre le schéma d'un gène de type simple.

Ce n'est pas parce qu'elle possède un gène dirigeant la fabrication d'une protéine que la cellule en est réduite à synthétiser cette protéine sans arrêt. Même une cellule aussi simple que *E. coli* est assez perfectionnée pour économiser de l'énergie lorsque c'est possible. Par exemple, elle ne va pas synthétiser les enzymes nécessaires à la synthèse du tryptophane, si cet acide aminé est déjà disponible dans le milieu où elle vit. La transcription des gènes codant pour les enzymes nécessaires à la fabrication de tryptophane est bloquée quand une source de tryptophane déjà prêt se trouve à dispositon. *E. coli* règle aussi le métabolisme de son sucre avec économie. Si plusieurs sucres se trouvent à sa disposition, la bactérie utilise de préférence celui qui exige le moins d'enzymes pour être métabolisé. La transcription des enzymes nécessaires au métabolisme des sucres plus complexes est bloquée jusqu'au moment où les sucres simples disponibles sont épuisés.

Le contrôle de la transcription se fait par l'intermédiaire de protéines spéciales, qui reconnaissent une partie du promoteur longue de 8 bases environ et qui s'y fixent, empêchant ainsi le démarrage de la transcription. Ces protéines de régulation détectent des signaux du milieu cellulaire; par exemple, celle qui contrôle la transcription des enzymes responsables de la synthèse du tryptophane ne se lie à l'ADN qu'en présence de tryptophane. De cette manière, lorsqu'il n'y a pas de tryptophane disponible, la protéine régulatrice ne peut plus se fixer à l'ADN et la transcription

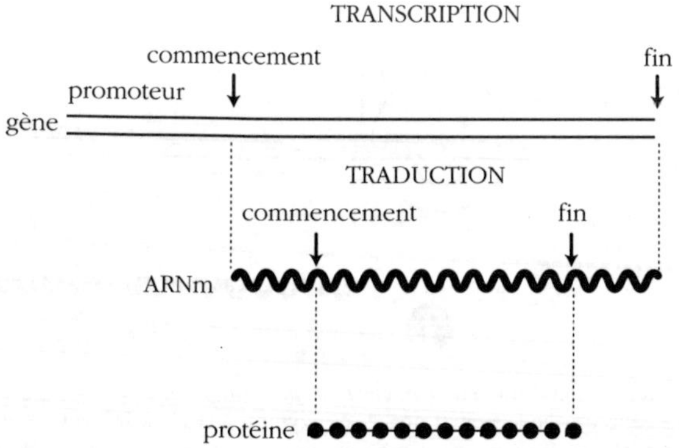

Fig. 4.9 Schéma d'un gène de type simple.
Le début de la transcription est déterminé par le promoteur, c'est-à-dire la région de l'ADN qui exerce une régulation sur l'activité du gène. La transcription se poursuit jusqu'au moment où se trouve, plus loin sur la séquence d'ADN, un signal d'arrêt. L'ARNm contient également des séquences qui signalent de début et la fin de la traduction.

des gènes est par conséquent débloquée; la cellule produit alors les gènes nécessaires à la fabrication du tryptophane lui-même (fig. 4.10). Ce type de régulation de la transcription des gènes a été nommé contrôle négatif; le gène est empêché de fonctionner jusqu'à ce que son produit soit nécessaire. Le contrôle négatif n'est pas le seul moyen pour la cellule de contrôler l'utilisation d'un gène. Certains gènes voient leur transcription contrôlée positivement, c'est-à-dire qu'ils sont transcrits seulement quand la protéine régulatrice est fixée sur leur ADN; dans tous les cas, le résultat est le même: le gène est actif seulement lorsque c'est nécessaire.

La régulation des gènes rend la cellule flexible. L'ADN n'est donc pas un dictateur, il accepte au contraire des suggestions du monde extérieur. Ce dialogue entre les gènes et le milieu joue un rôle extrêmement important dans la survie d'une espèce, et il permet que le programme de développement des plantes et des

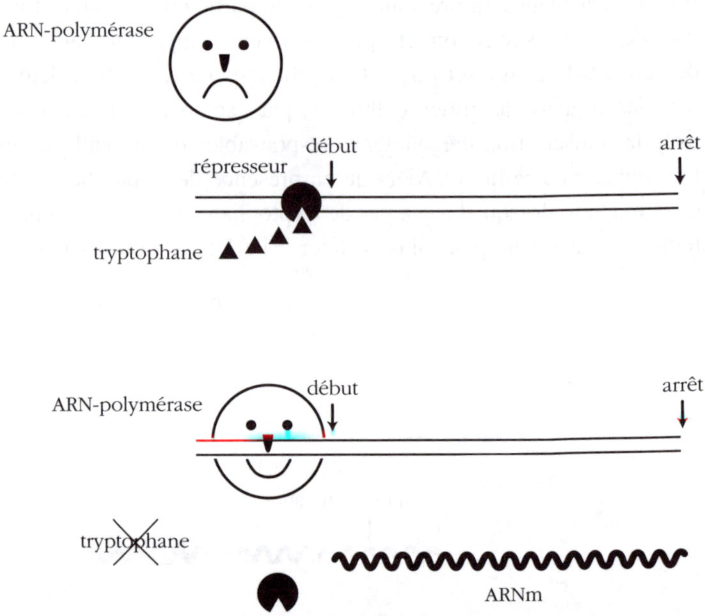

Fig. 4.10 Régulation d'un gène *trp*, chez *Escherichia coli*.
trp est un gène qui code pour l'une des enzymes servant à la synthèse de l'acide aminé tryptophane. Le répresseur est une protéine qui se fixe sur le promoteur du gène tant que le tryptophane est présent dans la cellule d'*E. coli*. Quand le répresseur est lié au promoteur, l'ARN-polymérase ne peut pas commencer à transcrire le gène en ARNm. Quand la concentration du tryptophane diminue dans la cellule, le répresseur ne peut plus se fixer sur le promoteur, alors la transcription peut démarrer. Ce mécanisme garantit que la cellule contient toujours du tryptophane, soit amené de l'extérieur, soit produit à l'intérieur de la cellule.

animaux complexes se déroule harmonieusement; nous en reparlerons au chapitre 12.

GÈNES DE TYPE COMPLIQUÉ

L'ADN d'*E. coli* contient 2 000 gènes simples, qui possèdent en moyenne environ 1 000 bases chacun; il a ainsi une longueur d'environ 2 000 000 bases. Le gène de la dystrophine chez *Homo sapiens* compte environ 2 300 000 bases, il code pour la dystrophine, une protéine faite d'environ 4 000 acides aminés (pris dans les vingt sortes différentes constituant les protéines). Le gène de la dystrophine est donc pratiquement aussi long que l'ADN total d'*E. coli* ! La dystrophine est une protéine importante de nos muscles; les individus chez qui ce gène est défectueux ont beaucoup de peine à utiliser leurs muscles: cet état est connu sous le nom de dystrophie musculaire de Duchenne ou myopathie de Duchenne. Le codage d'une protéine de 4 000 acides aminés de long requiert 12 000 bases d'ADN; il faut ajouter la région du promoteur, qui exige quelques milliers de bases, il reste alors deux millions de bases qui n'ont pas d'attribution particulière.

On ne sait pas à quoi servent ces bases: elles sont présentes dans plusieurs blocs, nommés introns, dispersés dans le fragment d'ADN codant pour la protéine. La figure 4.11 montre un schéma de ce type de gènes.

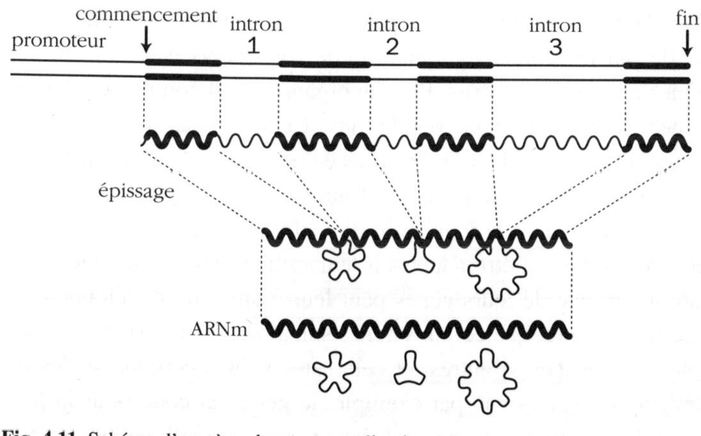

Fig. 4.11 Schéma d'un gène de type compliqué.
La différence principale, entre un gène de type compliqué (de plante ou d'animal) et le gène de type simple montré à la figure 4.9, est la présence d'introns dans le gène de type compliqué. Ces fragments d'ADN, nommés introns, ne font pas partie de la séquence qui code pour la suite des acides aminés de la protéine et semblent ainsi être inutiles dans le gène. La transcription part du promoteur; les séquences codantes et les introns sont transcrits tous les deux. Les introns sont ensuite coupés avec précision et enlevés, les séquences codantes sont recollées entre elles; ce processus qui prépare l'ARN messager se nomme épissage. L'ARN messager est ensuite transporté du noyau vers les ribosomes, où il dirige la synthèse des protéines, comme le montre la figure 4.8.

Les introns sont transcrits, en même temps que la séquence codante, en une longue molécule d'ARN; ce processus se déroule dans le noyau, ensuite les introns sont coupés et enlevés, l'ARNm est prêt à passer dans le cytoplasme où il participe à la construction de la molécule de protéine, la dystrophine dans notre exemple; cette synthèse se fait plus ou moins comme chez les bactéries. Le gène pour la dystrophine, qui est un cas extrême, contient 17 introns, qui représentent au total 99% de l'ARN transcrit et qui sont tous coupés et enlevés au moment de la formation de l'ARNm.

Faire cent fois plus d'ARN qu'il n'en faut pour le codage d'une protéine et puis en jeter les 99% semble un sérieux gaspillage. A quoi servent donc ces introns? D'où proviennent-ils? Les scientifiques sont encore en train de discuter ces questions et n'ont pas trouvé de réponse satisfaisante pour l'instant. Chez les plantes et les animaux, presque tous les gènes ont des introns, alors que les introns sont très rares chez les bactéries.

Les gènes des plantes et des animaux ont en outre une autre caractéristique: la région de leur promoteur est plus compliquée. Ils subissent des contrôles plus complexes que les gènes des bactéries, et ce sont parfois plusieurs protéines de régulation qui doivent se fixer sur le promoteur pour que la transcription démarre. Pour garantir que les bons gènes sont utilisés, au bon moment, dans la bonne cellule, il faut que l'information soit recueillie à partir de plusieurs sources, puis qu'elle soit analysée, avant que les gènes ne soient transcrits. Plus un organisme est complexe, plus les gènes doivent subir de régulations. Ce n'est pas surprenant: le pilote d'un Jumbo Jet effectue plus de tests, avant le décollage, que nous en faisons au moment d'enfourcher notre bicyclette.

Non seulement la régulation de leurs gènes permet aux plantes et aux animaux d'être adaptés à leur milieu, mais seule une régulation correcte de leurs gènes peut leur assurer un développement équilibré; il faut que certains gènes soient actifs dans certaines cellules et non dans d'autres, et cela seulement à certains stades du développement. Ainsi, par exemple, le gène qui code pour la protéine de nos ongles est présent dans toutes nos cellules, y compris dans les cellules du bout de notre nez; cependant, par bonheur, à cet endroit, ce gène reste silencieux. Un certain nombre des gènes que les cellules du foie utilisent ne sont pas les mêmes que ceux que les cellules du système nerveux emploient. Savoir comment se met en place le plan de cette utilisation diversifiée des gènes par les cellules est le point central pour comprendre le déroulement du développement; mais ce domaine est loin d'être éclairci.

COMMENT UN GÈNE PEUT-IL S'ALTÉRER ?

Un gène peut être abîmé de façon permanente si l'ordre de ses bases est modifié; à ce moment, un ou plusieurs acides aminés sont changés dans la protéine pour laquelle il code, de sorte que cette protéine ne peut plus faire son travail. Au niveau de l'ADN, le changement responsable peut être important, tel que la perte d'une partie du gène ou même du gène entier (délétion), ou bénin, tel que le changement d'une seule base.

De toute façon, même l'échange d'une seule base peut avoir un effet terrible sur la protéine codée par le gène. Sur le schéma suivant, on voit la petite partie d'un gène, avec les séquences correspondantes des bases de son ARN messager et des acides aminés de la protéine construite par le ribosome, lors de la traduction:

GÈNE NORMAL

séquence du brin sens de l'ADN : TAC **G**AA GAG GAT CGC

TRANSCRIPTION

séquence de l'ARNm: AUG CUU CUC CUA GCG

TRADUCTION

séquence de la protéine: Met Leu Leu Leu Ala

Si nous supposons que la quatrième base, **G**, est enlevée dans le brin sens, toute la séquence (notée en italique) se décale alors à partir de là vers la gauche: l'information est complètement modifiée, car les mots, c'est-à-dire les triplets sont différents:

GÈNE MUTÉ

séquence du brin sens de l'ADN: TAC *AAG AGG ATC GC*

TRANSCRIPTION

séquence de l'ARNm: AUG UUC UCC UAG CG

TRADUCTION

séquence de la protéine: Met Phe Ser STOP

On traduit toujours depuis la gauche, en lisant les bases par triplets. Nous voyons que la délétion d'une seule base suffit pour produire une séquence d'acides aminés différente qui arrive trop tôt à un signal stop marquant la fin de la protéine. Il en résulte que la protéine a une petite partie de sa séquence d'acides aminés fausse et trop courte: la protéine ne peut dès lors plus fonctionner.

Le changement d'une seule base peut souvent entraîner la production d'une protéine ayant un changement dans sa séquence d'acides aminés. Par exemple, si GGC est transformé en CGC, l'arginine va remplacer la glycine dans la suite des acides aminés de la protéine. Ce changement au niveau d'un seul des acides aminés de la protéine peut parfois suffir à complètement détruire la fonction de la protéine. La phénylcétonurie, maladie héréditaire assez fréquente qui provoque un retard mental grave si elle n'est pas traitée, est due au changement d'une seule base dans le gène codant pour la protéine responsable; ce changement entraîne à son tour la modification d'un seul acide aminé sur les 451 qui constituent cette protéine. Une erreur sur 451 peut donc déclencher un désastre.

L'irradiation causée par un réacteur nucléaire défectueux, comme celui de Tchernobyl, ou par toute autre source radioactive, peut entraîner des modifications dans le matériel génétique. Ces changements se nomment mutations. Les facteurs qui les causent sont qualifiés mutagènes. A côté de la radioactivité, on connaît beaucoup de facteurs mutagènes, comme les rayons ultraviolets de la lumière solaire et comme certaines substances chimiques. Dans un certain sens, même le temps peut être considéré comme mutagène puisque plus nous vivons longtemps, plus les chances sont grandes que nous soyons atteints d'une maladie qui affecte les gènes, comme un cancer. Certaines mutations sont spontanées, car bien que le processus de réplication de l'ADN soit tout à fait précis, il peut toutefois se produire des erreurs. Habituellement, il se produit 1 erreur sur 10 000 000 bases répliquées. Et ce faible pourcentage suffit à provoquer une multitude de maladies chez les humains et chez les autres êtres vivants! Si une mutation a lieu dans une cellule de la lignée germinale (cellules qui forment les gamètes, soit ovules et spermatozoïdes), alors cette mutation est transmise aux générations suivantes.

COMMENT L'ENCYCLOPÉDIE DE LA VIE SE LIT-ELLE?

Toute l'information génétique que nous avons reçue de nos parents est écrite dans l'ADN à l'aide d'un alphabet de quatre lettres. La somme de toutes les bases de nos 23 chromosomes différents est de 3×10^9, et c'est un nombre énorme! Imaginons un livre de ce type ayant 3 000 lettres par page: il nous faudrait 1 000 000 de pages pour écrire la liste complète des bases de notre

ADN. Si nous écrivons la séquence de l'ADN dans des livres de 200 pages, cela fait 5 000 livres, donc une encyclopédie assez respectable ! Pouvons-nous écrire cette encyclopédie ? En principe oui, car nous savons déjà lire la séquence d'un fragment d'ADN. Cette technique, nommée séquençage, est déjà vieille de dix ans. Si cette technique ne subit aucune amélioration, le Programme international de séquençage du génome humain, initialement dirigé par James Watson, se propose de mener à bien sa tâche en 15 ans ; il s'achèverait ainsi en 2003, très exactement 50 ans après la découverte de la structure en double hélice de l'ADN. Il va coûter à peu près 3 milliards de dollars et nous y gagnerons une foule de lettres : 3 milliards de lettres ! Il n'y a pas une séquence humaine unique. Chacun de nous a une séquence différente et unique, ce qui explique notre variété génétique. Cependant les séquences des différents individus sont à 99,9% semblables, quel que soit leur continent d'origine, de sorte que les détails de structure et de séquence obtenus par le Programme seront d'utilité générale.

Mais comment cette encyclopédie se lit-elle ? Nous n'ignorons pas que l'alphabet n'est que l'infime partie de tout langage, il faut en outre disposer d'un dictionnaire et d'une grammaire. Il faudra encore beaucoup de travail avant que nous puissions reconnaître, par la simple lecture de la séquence des bases, une séquence d'ADN prenant part à la régulation d'un gène ; et il en faudra encore bien plus, avant que nous puissions savoir quels signaux contrôlent chacun des 100 000 gènes du génome humain. De même, lorsque nous avons établi la séquence des acides aminés d'une protéine codée par un gène quelconque, nous sommes loin de pouvoir dire quelle est la fonction de cette protéine.

Chapitre 5

COMMENT LES GÈNES SONT-ILS TRANSMIS ?

AVANT de se diviser et de former deux nouvelles cellules, une cellule bactérienne duplique son ADN. Au moment où elle se partage en deux, elle transmet une copie de son ADN, avec tous ses gènes, à chacune des cellules produites : chaque cellule-fille reçoit ainsi un matériel génétique identique à celui de la cellule-mère. Il se passe la même chose dans un organisme végétal ou animal en plein développement, lorsque les cellules se divisent pour produire les tissus et les organes qui constitueront l'adulte. Toutefois, lorsque la plante ou l'animal en vient à se reproduire de manière sexuée, les choses se passent différemment. Il y a une grande différence génétique entre un rejeton et l'un ou l'autre de ses parents. Dans la reproduction humaine, qui est sexuée, il faut être deux, une mère et un père, pour faire un bébé. Plus tard, le bébé devenu entre temps une mignonne fillette, va montrer certaines ressemblances avec son père et d'autres avec sa mère, mais elle n'est identique à aucun des deux. C'est un être humain, bien sûr, ni une vache ni un chou ; mais elle a en outre une personnalité unique, la sienne propre, qui résulte de la combinaison entre les gènes hérités de ses parents et l'influence du milieu dans lequel elle se développe.

Précisément comment les gènes sont-ils transmis du parent à l'enfant ? Excepté une sorte d'entre elles, toutes nos cellules contiennent deux jeux complets de chromosomes : on dit qu'elles contiennent deux génomes complets. Si les deux parents transmettaient chacun ces génomes à leurs enfants, ces derniers recevraient donc quatre génomes et, à chaque génération, la quantité d'information génétique doublerait ; cette situation deviendrait rapidement inextricable. La solution est toute simple : les gamètes, c'est-à-dire les cellules spéciales de la reproduction sexuée, ne contiennent, non pas deux, mais un seul génome. Ainsi, lorsque les deux gamètes fusionnent au moment de la fécondation, ils forment un zygote (du grec, *zugotos*, atteler, mettre ensemble) qui contient deux jeux de matériel génétique : un en provenance de chaque parent. Le zygote se développe en un nouvel individu.

Les gamètes sont produits au cours d'un processus spécial, qu'on appelle division de réduction. La figure 5.1 montre très schématiquement comment l'ovule se forme. Dans le corps de la mère, la cellule qui va produire l'ovule a deux génomes, comme toutes les autres cellules du corps; ces génomes sont constitués de l'ADN contenu dans deux séries de 23 chromosomes, soit dans 46 chromosomes au total. La mère a hérité un jeu de 23 chromosomes de chacun de ses parents. Les deux séries de chromosomes qu'elle a héritées de son père et de sa mère sont très semblables, mais pas identiques. Leur séquence d'ADN a des chances d'être la même pour 999 bases sur 1 000, mais les différences peuvent avoir des effets spectaculaires. Un gène humain a une longueur de quelques milliers de bases, de sorte que deux personnes ont en moyenne quelques bases différentes dans chacun de leurs gènes. Un changement au niveau d'une seule base peut parfois suffire à inactiver partiellement ou totalement un gène.

QUELLES CHANCES UN FRÈRE A-T-IL DE RESSEMBLER À SON FRÈRE ?

Donc chacun des 46 chromosomes maternels a un jumeau, ou bien disons que les 46 chromosomes peuvent être regroupés en 23 paires de chromosomes homologues; pendant la division de réduction, un seul chromosome de chaque paire est cédé à l'ovule; la

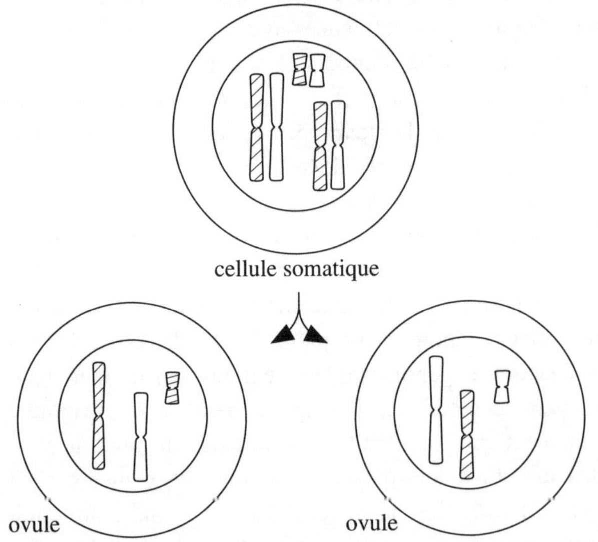

Fig. 5.1 Division de réduction chez la femme.
C'est le processus par lequel l'ovule est produit. On n'a représenté ici que trois paires de chromosomes homologues; pour plus de clarté, le premier chromosome d'une paire est hachuré, le second est blanc. L'ovule ne reçoit qu'un chromosome de chaque paire et ce choix se fait au hasard et indépendamment pour chaque paire de chromosome.

figure 5.1 illustre ce processus, mais pour trois paires de chromosomes seulement. La répartition dans les ovules des deux chromosomes d'une paire se fait au hasard. On peut facilement évaluer le nombre d'ovules différents possibles, résultant de la division réductrice, qu'une mère quelconque peut produire, compte tenu du fait qu'il y a 23 paires de chromosomes : le nombre de choix possibles est de 2^{23}, c'est-à-dire environ 8 000 000. La division de réduction produit donc une immense variété. Le processus au cours duquel se forment les spermatozoïdes du père est exactement le même, et il conduit à la même variété. Lorsque l'ovule et le spermatozoïde fusionnent et forment le zygote qui se développera en un nouvel individu, le zygote contient une copie de chaque gène provenant de chacun des deux gamètes (fig. 5.2). Puisque la fécondation signifie la rencontre au hasard entre un ovule et un spermatozoïde, et qu'il existe environ 8 000 000 (8×10^6) sortes de chaque, le nombre de types de zygotes possibles qui peuvent se

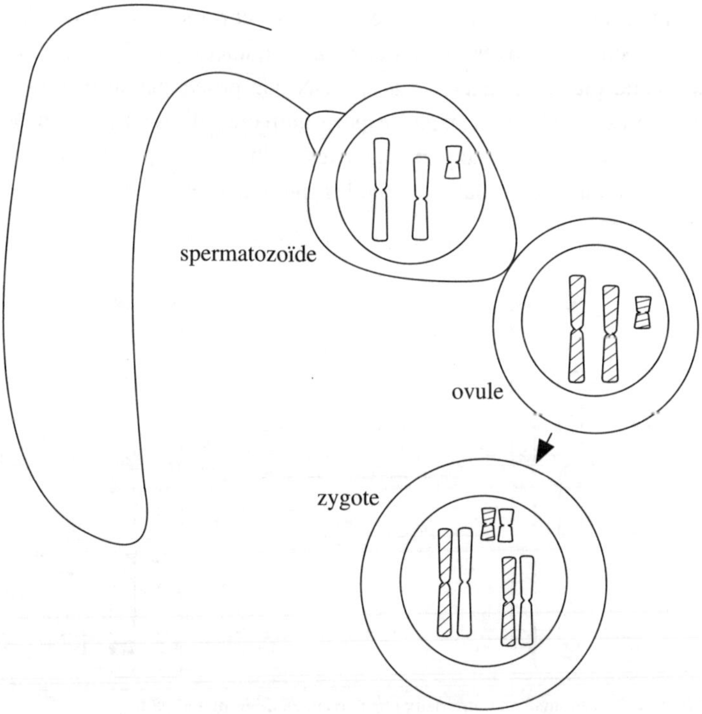

Fig. 5.2 Fécondation de l'ovule par le spermatozoïde.
Le noyau du spermatozoïde entre dans l'ovule, avec le lot de chromosomes qu'il contient. Les noyaux de l'ovule et du spermatozoïde fusionnent et forment le zygote. Le noyau du zygote renferme maintenant deux séries de chromosomes : une en provenance de l'ovule maternel et l'autre en provenance du spermatozoïde du père.

former est de 8 000 000 × 8 000 000, soit $6{,}4 \times 10^{13}$ ou 64 000 000 000 000, un nombre réellement colossal et certainement assez élevé pour rendre compte des nombreuses différences génétiques entre les individus (d'ailleurs jusqu'à présent, le nombre d'individus ayant vécu sur la planète ne dépasse pas 10^{11} !).

Ce n'est pas la seule manière de créer de la variété génétique lors de la formation des gamètes. Le mécanisme tel qu'il a été décrit jusque-là suppose que deux gènes placés sur le même chromosome soient toujours hérités ensemble. En fait, ce n'est pas le cas puisque, dans la plupart des organismes, il existe un mécanisme permettant à deux molécules d'ADN très semblables d'échanger des fragments (recombinaison) et de produire des molécules d'ADN inédites. Cela peut arriver à une paire particulière de chromosomes, dont la séquence, après la recombinaison, sera constituée en partie du premier chromosome de la paire et en partie du second (fig. 5.3). Le processus de recombinaison n'a pas pour résultat la perte ou le gain de matériel génétique, mais il s'agit d'un simple échange entre les deux molécules d'ADN. Le point de cassure et de soudure des deux chromosomes recombinants peut se trouver entre deux bases quelconques à n'importe quel endroit de la séquence de l'ADN. Ce processus de recombinaison est aléatoire et dans l'espèce humaine, il prend place pendant la division réductrice, dans les cellules qui produisent les gamètes, aussi bien dans les ovules que dans les spermatozoïdes.

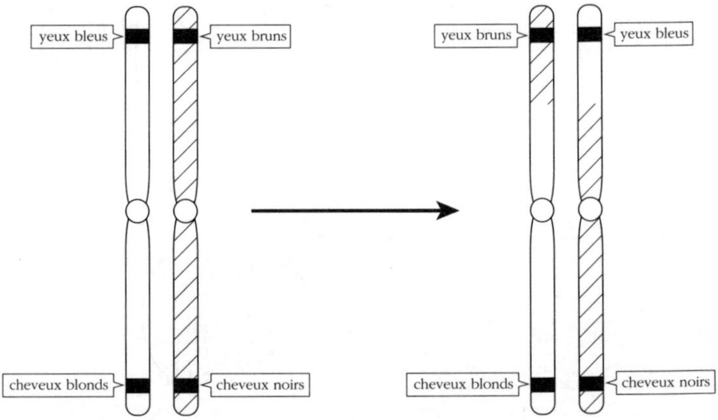

Fig. 5.3 Recombinaison entre deux chromosomes de la même paire.
Ce schéma montre le résultat d'une seule recombinaison entre les chromosomes homologues d'une paire; ce processus peut se produire pendant la formation soit d'un ovule soit d'un spermatozoïde.
Le cas présenté ici, avec un gène pour la couleur des yeux et un gène pour la couleur des cheveux, est imaginé: en réalité, la couleur des yeux et celle des cheveux sont chacune codées par plusieurs gènes, placés sur des chromosomes différents.

Ainsi que le montre la figure 5.3, l'ovule qu'une mère produit est un patchwork: chaque chromosome de l'ovule est constitué de parties de chromosomes que cette mère a hérités de sa mère et de parties de chromosomes qu'elle a hérités de son père. Il en va de même pour le spermatozoïde. Les deux copies d'un gène que reçoit un bébé peuvent donc contenir de l'information héritée de chacun de ses quatre grands-parents.

La redistribution des chromosomes et la recombinaison garantissent toutes deux que chaque être humain est unique génétiquement parlant. La seule exception est le cas des vrais jumeaux. Vu qu'ils se développent à partir d'un zygote commun, ils partent dans la vie avec un génome identique. Toutefois, même ainsi, l'ADN de leurs cellules risque d'acquérir des différences en vertu des mutations qui se produisent habituellement au cours de la vie. Les faux jumeaux se développent à partir de deux ovules différents, fécondés par des spermatozoïdes différents, et sont par conséquent génétiquement différents.

PRÉCIEUX AVANTAGE: TOUT EST À DOUBLE

Les 23 chromosomes que nous avons chacun hérités de notre mère et les 23 chromosomes qui nous viennent de notre père peuvent être comparés à l'héritage de deux séries de livres de recettes et autres bons conseils. L'ensemble des volumes hérités de notre mère ou de notre père sont dans leur essence semblables, mais si nous les consultons au sujet d'une recette particulière, il se peut que nous tombions sur un endroit taché et illisible, ou sur une page arrachée. Peu importe puisque nous disposons de la seconde série, qui contient la recette complète et intacte. C'est l'avantage d'avoir des instructions à double: on peut plus facilement supporter une erreur. Mais que se passe-t-il si nous cherchons la recette du gâteau aux noix et que nous lisons dans un des livres qu'il faut ajouter du MIEL et dans l'autre du FIEL? Grâce à nos connaissances en génétique, nous devinons qu'il y a eu une mutation, une coquille d'imprimerie: un F remplace un M. Mais à supposer que nous ne le sachions pas, les conséquences pourraient être pénibles. Nous retournerons à ce problème plus loin et nous le considérerons en relation avec certaines maladies génétiques.

Nous pouvons maintenant risquer une définition plus précise de la reproduction sexuée: tout processus faisant apparaître un génome qui tire son information génétique de plus d'un génome parental appartient à la reproduction sexuée. La reproduction sexuée est très répandue. Peu d'espèces n'ont vraiment aucune forme quelconque de reproduction sexuée.

LES BACTÉRIES ONT-ELLES UN SEXE ?

Certaines bactéries, dont *E. coli*, ont plusieurs manières de se reproduire par voie sexuée, mais aucune ne correspond étroitement à la méthode générale caractéristique des plantes ou des animaux, qui a été déjà été décrite. Les bactéries ne produisent pas de gamètes ; on ne trouve donc pas chez elles ce processus de division de réduction qui diminue de moitié le nombre des chromosomes chez les plantes et chez les animaux. Ici, nous ne décrirons qu'une seule parmi les formes de reproduction sexuée présentes chez les bactéries : la transformation. Ce processus est largement exploité en laboratoire comme technique centrale du génie génétique. La transformation est une méthode plutôt extraordinaire de reproduction sexuée, étant donné qu'elle n'exige qu'un seul «parent» et que l'information génétique complémentaire est fournie par du simple ADN. Beaucoup de bactéries peuvent en effet puiser, directement dans le milieu où elles vivent, des petits fragments d'ADN contenant quelques gènes et elles les utilisent pour une reproduction sexuée. L'ADN qui est ainsi incorporé est nommé ADN transformant et il peut être recombiné avec l'ADN de la bactérie qui le reçoit, produisant alors un génome modifié, dans lequel quelques séquences de l'ADN bactérien sont remplacées par la séquence de l'ADN transformant. C'est cette propriété qui est utilisée pour obtenir des bactéries produisant de l'insuline humaine.

La transformation est à l'origine une manière naturelle de se reproduire, par voie sexuée, chez un nombre limité de bactéries, mais on a imité cette méthode et on peut maintenant l'appliquer en laboratoire à beaucoup de plantes et d'animaux (y compris l'espèce humaine). On introduit habituellement l'ADN transformant dans des cellules qui sont maintenues en culture, c'est-à-dire cultivées hors de leur organisme, sur un milieu nutritif artificiel. Dans une méthode récente, nommée biolistique, on fait par exemple entrer l'ADN dans une cellule, en le plaçant tout d'abord sur des particules d'or ou de tungstène, ou dans des gouttelettes de liquide, qu'on projette à très haute vitesse en direction de la cellule, sous l'effet d'une petite explosion. Les particules qui pénètrent dans la cellule sont trop petites pour la tuer et certaines entraînent l'ADN jusque dans le noyau, où il peut commencer son travail de transformation.

Quelle que soit la méthode d'amener l'ADN dans la cellule, la transformation est largement utilisée par l'ingénieur du génie génétique pour introduire de nouveaux gènes ou des gènes modifiés chez une large gamme d'organismes. Quelques-unes parmi les autres techniques du génie génétique sont décrites plus en détail au chapitre 7.

CHEZ LES PLASMIDES, ÇA TOURNE ROND

Nous pouvons aller plus loin dans l'exploitation des processus génétiques naturels, présents chez les bactéries. Dans les bactéries, on trouve souvent des petites molécules d'ADN circulaire, qu'on nomme plasmides. Les plasmides se répliquent à l'intérieur de la bactérie. Certains plasmides peuvent être si minuscules, que longs de 3 000 bases, ils ne contiennent que trois gènes; d'autres contiennent quelques centaines de gènes. Les plasmides contiennent souvent des gènes qui présentent un très grand intérêt pour nous. Certains plasmides, importants sur le plan médical, codent pour des protéines conférant une résistance à des antibiotiques comme la tétracycline; parfois, ils codent pour des résistances, non à un, mais à toute une collection d'antibiotiques. Ils sont importants sur le plan génétique, car ils peuvent se transmettre d'une bactérie à l'autre et, dans certains cas, cette transmission s'étend même aux bactéries d'espèces différentes. Cela signifie qu'un plasmide conférant une résistance à un antibiotique peut se développer dans une espèce de bactéries non pathogène, puis être transmis à une espèce pathogène. Il faut souligner que cela se passe au cours de processus tout à fait naturels, en dehors de toute intervention humaine – tout au plus sommes-nous probablement responsables de l'emploi des antibiotiques. Actuellement, il est difficile de combattre certaines maladies parce que les bactéries qui les causent sont devenues résistantes à plusieurs antibiotiques des plus courants.

Les plasmides comptent au nombre des outils les plus importants du génie génétique; ils sont habituellement introduits dans les bactéries par transformation et, une fois dans la bactérie, ils peuvent se répliquer indépendamment de l'ADN de celle-ci. Dans le chapitre 7, nous montrons de manière plus détaillée comment le génie génétique les utilise.

Chapitre 6

VIRUS ET AUTRES GÈNES SAUTEURS

Le 20 juillet 1969, l'astronaute américain Neil Armstrong posait le pied sur la Lune. C'est le bond le plus extrême que l'espèce humaine ait jamais tenté pour explorer de nouvelles contrées. Il est très difficile de dire si ce désir de coloniser de nouveaux territoires est en quelque sorte inscrit dans nos gènes. De nombreux spécialistes de l'évolution pensent que les acides nucléiques eux-mêmes ont tendance à élargir leur domaine. Les acides nucléiques étaient présents au début de la vie sur la Terre, il y a 4 milliards d'années. Les acides nucléiques, ADN ou ARN, se multiplièrent aussi rapidement et aussi souvent que le micro-environnement le leur permettait. Ces acides nucléiques réussirent à s'entourer d'une enveloppe protectrice et ainsi apparurent les premières cellules. C'est à partir de ces cellules que tous les organismes vivant actuellement ont évolué. Même de nos jours, il existe des acides nucléiques qui tentent de se multiplier et d'étendre leur territoire aux dépens des cellules vivantes. On compte parmi eux, outre les virus, des régions de l'ADN contenu dans nos propres cellules: étant donné qu'elles nous semblent sans fonction et sans utilité pour la cellule, et qu'elles paraissent tout au plus exister parce qu'elles sont capables d'assurer la permanence de leur propre existence, ces régions de notre ADN sont nommées ADN égoïste.

QU'EST-CE QU'UN VIRUS ?

En latin, virus signifie poison. En 1892, le Russe Dimitri Ivanowsky découvrit que la mosaïque du tabac, une maladie de la plante de tabac, était causée par un agent beaucoup plus petit qu'une bactérie et il pensa que c'était un poison. Six ans plus tard, en 1898, le microbiologiste hollandais Martinus Beijerinck démontra que cet agent ressemblait à un être vivant et il forgea pour lui le terme de virus. Aujourd'hui, on connaît des centaines, si ce n'est des milliers de virus. Nombre d'entre eux sont pathogènes, c'est-à-dire qu'ils provoquent une infection chez les plantes, les animaux ou les êtres humains. Les virus sont constitués de protéines et d'acides nucléiques. Les virus représentent la forme de vie la plus rudimentaire; ils ne peuvent se multiplier qu'à l'intérieur d'une cellule vivante, en tant que «parasites» et en utilisant la machinerie de cette cellule pour se répliquer. Chaque virus a son hôte spécifique: l'un infecte une bactérie, l'autre est spécifique d'un groupe de plantes, un autre encore peut infecter une espèce animale. La capacité d'infection des virus qui infectent les plantes ou les animaux peut même se limiter à l'attaque d'organes spécifiques: les virus infectant les plantes ne vont envahir, par exemple, que les étamines ou que les feuilles; certains virus pathogènes pour l'homme n'infecteront que le foie, d'autres seulement le cerveau.

L'acide nucléique présent dans les virus peut être soit de l'ADN soit de l'ARN. Un des plus petits virus est le virus de la poliomyélite. Il a un diamètre de 28 nanomètres. Un des plus grands est le virus de la vaccine, qui n'est que dix fois plus grand que le virus de la poliomyélite. Il est difficile de se représenter à quel point 28 nanomètres sont petits. Un nanomètre est un milliardième de mètre (un millionième de millimètre!). On peut l'écrire ainsi: 0,000 000 028 m. Imaginez-vous aussi grand que notre planète: vous mesurez alors 12 000 kilomètres; le virus de la polio, grossi de la même manière que vous, a la taille d'un pamplemousse. Des millions de pamplemousses ne seraient peut-être pas capables de détruire notre planète, mais des millions de virus peuvent très certainement tuer un être humain, les virus sont minuscules mais puissants!

Certaines bactéries sont utiles à l'humanité, par exemple dans la fabrication du fromage, du pain, du vin ou des antibiotiques. Jusqu'à un passé récent, on ne pouvait pas en dire autant des virus. Actuellement, comme nous allons le voir au chapitre suivant, les virus ont trouvé des utilisations bénéfiques dans la biologie moderne, qui les emploie comme vecteurs (ou transporteurs) pour introduire, dans les cellules souhaitées, de l'ADN préparé par génie génétique. Certains virus sont également développés comme méthode de contrôle biologique dans la lutte contre les maladies, les parasites ou les ravageurs de nos cultures et de nos élevages. Les virus qu'on utilise sont des ennemis naturels de ces fléaux. En exploitant dans ce contexte la spécificité des virus, on dispose d'un moyen de lutte contre les agents des maladies et contre les parasites ou les ravageurs, qui est beaucoup moins dangereux pour l'environnement que les produits chimiques.

Les dommages que les virus provoquent sont énormes; les virus sont responsables du SIDA, du rhume, de la poliomyélite, de la grippe, et de bien d'autres maladies humaines, sans compter les nombreuses maladies des plantes et des animaux, importantes pour l'agriculture. Le tableau 6.1 donne des précisions sur quelques-uns d'entre eux.

LAMBDA : LE VIRUS LE PLUS ÉTUDIÉ

Le virus lambda, ou plus exactement le phage lambda, a été découvert dans le début des années cinquante par la biologiste américaine Ester Lederberg et, sur le plan génétique, c'est un des virus les mieux caractérisés. Cela se comprend aisément puisque son hôte est la bactérie *Escherichia coli*, et que la connaissance détaillée de cette bactérie facilite à son tour l'étude des virus qui la maltraitent. On nomme bactériophages, ou simplement phages, les virus qui infectent des bactéries (du grec, *phagein*, manger).

Le phage lambda est l'un des premiers virus dont on a séquencé le génome: on a déterminé la séquence complète des bases de son ADN dans le début des années quatre-vingts. Son matériel génétique consiste en une double chaîne d'ADN et contient exactement 48 514 bases. L'ADN du phage lambda code pour une cinquantaine de protéines, dont la plupart sont utilisées à la formation de la coque du virus (ou capside). L'étude du phage lambda, et de quelques autres virus qui parasitent *E. coli*, marque les débuts de la biologie moléculaire. La biologie moléculaire est la partie de la biologie moderne qui étudie les phénomènes biologiques au niveau des molécules, notamment ceux qui concernent

Tableau 6.1 Quelques virus, leur hôte et leur matériel génétique.

Virus	Pathogène pour	Nombre de bases	ADN ou ARN
phage lambda	*Escherichia coli*	40 000	ADN
mosaïque du tabac	feuilles de tabac	6 400	ARN
mosaïque de la canne à sucre	feuilles de la canne à sucre et du maïs		
virus du régime de bananier	banane		
mosaïque du cassava africain	feuilles du cassava		
VIH (SIDA)	système immunitaire humain	10 000	ARN
hépatite B	foie humain	2 500	ADN
grippe A	appareil respiratoire humain	18 000	ARN
rougeole	tissus nasal et nerveux humains	18 000	ARN
oreillons	glandes humaines, organes reproducteurs	18 000	ARN
poliomyélite	cellules nerveuses humaines	7 700	ARN
rage	cellules nerveuses des mammifères	13 000	ARN
rhinovirus (rhume)	appareil respiratoire humain	7 500	ARN
vaccine	vache (mamelles de la)	242 000	ARN

l'information génétique. Il y avait plusieurs raisons à l'engouement des biologistes moléculaires pour les virus, en particulier ceux qui infectent *E. coli*. Premièrement, *E. coli* et ses virus n'infectent pas l'espèce humaine. Deuxièmement, ces organismes sont très petits ; c'est possible de conserver des milliards de virus ou de bactéries dans un petit tube ; or, une économie d'espace signifie une recherche moins coûteuse. Troisièmement, on peut faire des expériences de courte durée : une seule journée suffit pour obtenir des résultats et même préparer les plans de l'expérience du lendemain ; de travailler avec des plantes, par exemple des pois, est beaucoup plus lent. Voilà pour les motifs techniques, mais il faut y ajouter l'acte de foi des fondateurs de la biologie moléculaire, particulièrement Max Delbrück, Salvador Luria, François Jacob et Jacques Monod, qui pensaient que ce qui était vrai pour *E. coli* et les virus serait aussi vrai pour les plantes et les animaux, les êtres humains compris.

Lorsqu'une particule de virus lambda infecte la cellule d'un *E. coli*, elle se fixe tout d'abord elle-même à la paroi de la bactérie, en reconnaissant certaines molécules spécifiques de la surface de cette dernière, puis elle injecte son ADN à l'intérieur de la cellule. Une fois dans la cellule bactérienne, l'ADN viral a le choix entre deux stratégies d'infection très contrastées. Habituellement, il s'installe dans la cellule en prenant la direction de la machinerie cellulaire et déclenche la fabrication des composants de nouvelles particules virales. L'ADN du virus lambda code également pour la synthèse d'une enzyme, le lysozyme, qui digère la paroi bactérienne et entraîne ainsi la destruction finale de la bactérie quelque vingt minutes après le début de l'infection. Une centaine de particules virales nouvelles sont produites au cours d'un cycle infectieux, dont chacune peut à son tour infecter une nouvelle bactérie et recommencer un nouveau cycle d'infection.

Vous vous étonnez peut-être que nous sachions que 100 virus résultent de l'infection d'une cellule bactérienne par un seul individu lambda. Etant donné que les virus sont si petits, sont-ils visibles sous le microscope ? On peut les montrer à l'aide de certains types de microscopes, mais il existe une méthode bien plus simple et plus rapide de déterminer leur nombre dans n'importe quel échantillon. Lorsqu'on cultive un grand nombre de bactéries dans une boîte de Pétri (c'est-à-dire une petite boîte transparente ronde et plate), elles se développent rapidement et couvrent bientôt la surface, en rendant opaque la gelée de leur milieu nutritif. Si nous plaçons sur un milieu nutritif quelques virus lambda en même temps que des bactéries, nous observons après incubation que chaque virus, en tuant une petite surface de bactéries, a fait apparaître une tache claire que l'on nomme plaque. Chaque virus a commencé par infecter une seule bactérie, produisant 100 répliques en 20 minutes; ces nouveaux virus ne peuvent pas nager, mais ils peuvent infecter à leur tour une nouvelle centaine de bactéries au voisinage de la première bactérie infectée. Après 20 nouvelles minutes, on a 100 fois 100, soit 10 000 virus, et ainsi de suite; on peut très rapidement discerner ces traces d'infection sous forme de taches claires, dépourvues de traces de bactéries vivantes (fig. 6.1). De cette manière, il est possible de compter avec précision combien il y a de virus lambda dans un échantillon donné, puisque chaque plaque est le témoin de la présence d'un seul virus au début de la culture. C'est cette méthode qui a été employée pour déterminer le nombre de virus produits à la suite de l'infection d'une bactérie par un virus. Cette méthode de comptage des virus par la formation de plaques a d'abord été mise au point pour les virus bactériophages, mais elle a été étendue par la suite à tous les virus pouvant être cultivés sur une culture[1] de cellules, y compris des cellules humaines. On a ainsi mis au point une manière simple et quantitative de suivre le nombre de virus présents au cours d'une maladie.

La seconde stratégie d'infection que le virus lambda peut adopter, une fois son ADN injecté, ne conduit pas à la mort de sa cellule-hôte *E. coli*. L'ADN du virus se recombine avec l'ADN

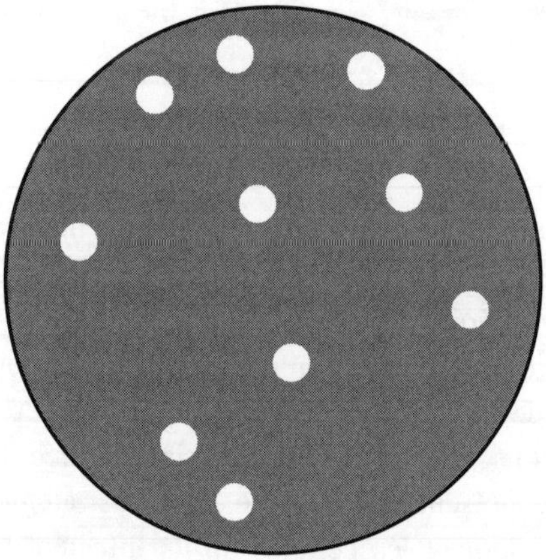

Fig. 6.1 Infection d'une culture de bactéries par un virus.
La surface de la boîte de Pétri est couverte de bactéries, sauf en 10 endroits qui correspondent aux plaques dues à l'infection par le phage lambda. Une plaque est la région claire qui résulte de la mort des bactéries infectées par un virus.

---

[1] On peut cultiver de nombreux types de cellules végétales, animales ou mêmes humaines en dehors de leur organisme, et elles continuent de se diviser.

d'*E. coli*; les deux ADN sont circulaires; l'ADN viral s'intègre ainsi dans l'ADN bactérien, où il demeure apparemment silencieux tout en subissant, au cours de nombreuses générations, des réplications en compagnie de l'ADN bactérien (fig. 6.2). La vie d'une cellule d'*E. coli*, lorsqu'elle contient un ADN viral lambda sous cette forme intégrée, est très dangereuse: l'ADN du phage lambda est une bombe qui risque d'exploser à chaque instant. Il suffit que la bactérie reçoive un peu de lumière ultraviolette ou qu'elle soit exposée à quelque molécule qui endommage son ADN pour déclencher le drame: l'ADN du phage lambda se sépare de l'ADN bactérien, prend le contrôle de la bactérie et se réplique en causant très rapidement la mort de la cellule.

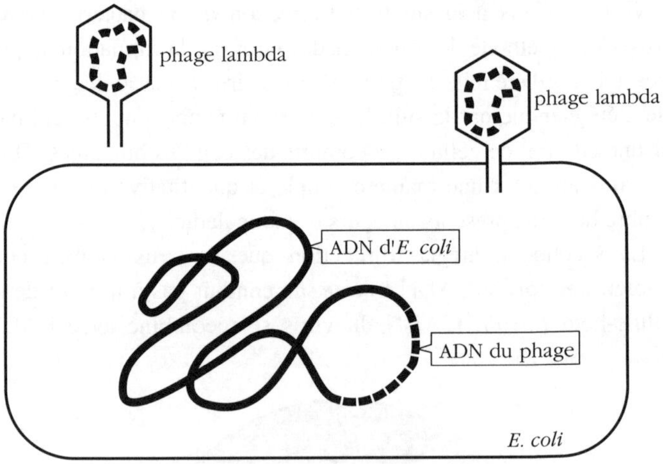

Fig. 6.2 L'intégration de l'ADN du phage lambda dans la cellule d'*Escherichia coli*.

Ce virus lambda n'est pas le seul à pouvoir intégrer son propre ADN dans celui de la bactérie; d'autres virus possèdent cette faculté. Certains virus connus pour causer le cancer procèdent de cette manière; c'est l'intégration en soi qui est le point crucial de la conversion de la cellule-hôte vers un état cancéreux, au cours duquel la cellule se divisera de manière incontrôlée. De nombreux autres virus ne présentent pas cette double stratégie d'infection, mais tuent simplement les cellules qu'ils infectent en produisant beaucoup de virus, lesquels s'introduisent à leur tour dans de nouvelles cellules.

VIH, LES NEUF GÈNES QUI CAUSENT LE SIDA

Le virus VIH (**v**irus d'**i**mmunodéficit **h**umain) qui cause le SIDA (**s**yndrome d'**i**mmuno**d**éficit **a**cquis) appartient à la famille des virus nommés rétrovirus. Ce groupe de virus utilise une

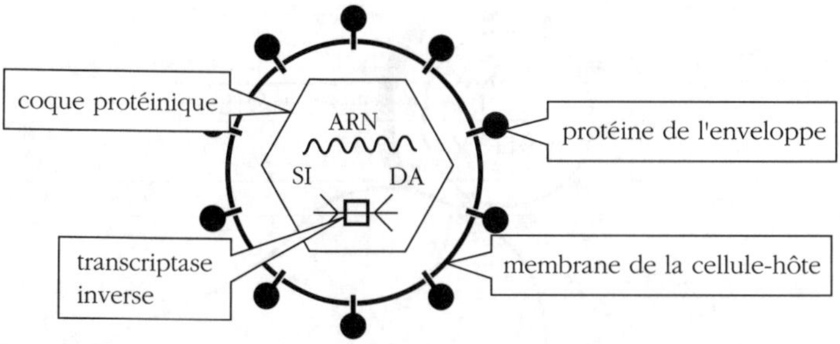

Fig. 6.3 Schéma du virus du déficit immunitaire acquis humain (VIH).
L'enveloppe du virus est faite d'une combinaison de la membrane de la cellule dans laquelle le virus s'est multiplié et de la protéine de l'enveloppe virale pour laquelle code l'un des 9 gènes du virus. A l'intérieur de cette enveloppe se trouve la coque protéinique (ou capside); la coque, elle, contient l'ARN du virus du SIDA et la transcriptase inverse; cette enzyme est aussi codée par l'un des gènes du virus du SIDA.

méthode d'infection qui ne correspond à rien de ce qui a été décrit dans ce livre jusqu'ici. Dans cette catégorie de virus, le matériel génétique est un brin simple d'ARN, qui est contenu à l'intérieur de la particule virale, en compagnie d'une enzyme, la transcriptase inverse. Nous allons comprendre dans un instant pourquoi cette enzyme mérite ce nom et pourquoi un des 9 gènes du VIH code pour elle. La figure 6.3 montre un schéma de la particule virale du VIH.

Pour être infectieux, le VIH doit avoir accès à des cellules du sang. Il infecte un type particulier de globules blancs du sang, que nous nommerons ici les cellules T[2] (T de thymus, la glande dans laquelle elles sont produites). Le groupe des cellules T fait partie de l'ensemble des cellules de notre organisme qui sont responsables de la fabrication des anticorps. Les cellules T sont donc l'un des bastions de notre système immunitaire dans la lutte contre la maladie. Le virus commence par reconnaître les cellules T, à cause des protéines tout à fait particulières qu'elles portent à leur surface, et il s'y fixe; à l'étape suivante, après s'être introduit dans la cellule, il fait une copie d'ADN d'après son propre ARN. Pour être un parasite accompli, le VIH doit intégrer son propre génome à celui de la cellule qu'il a envahie, de sorte que les descendants de cette cellule infectée contiennent le génome viral et soient capables de produire de nouvelles particules virales. L'ARN ne peut pas s'intégrer directement à l'ADN de la cellule T pour des raisons

[2] n.d.t. Elles portent un nom un peu plus compliqué, que nous signalons ici, vu qu'il se rencontre tout de même assez souvent dans les journaux: lymphocytes T.

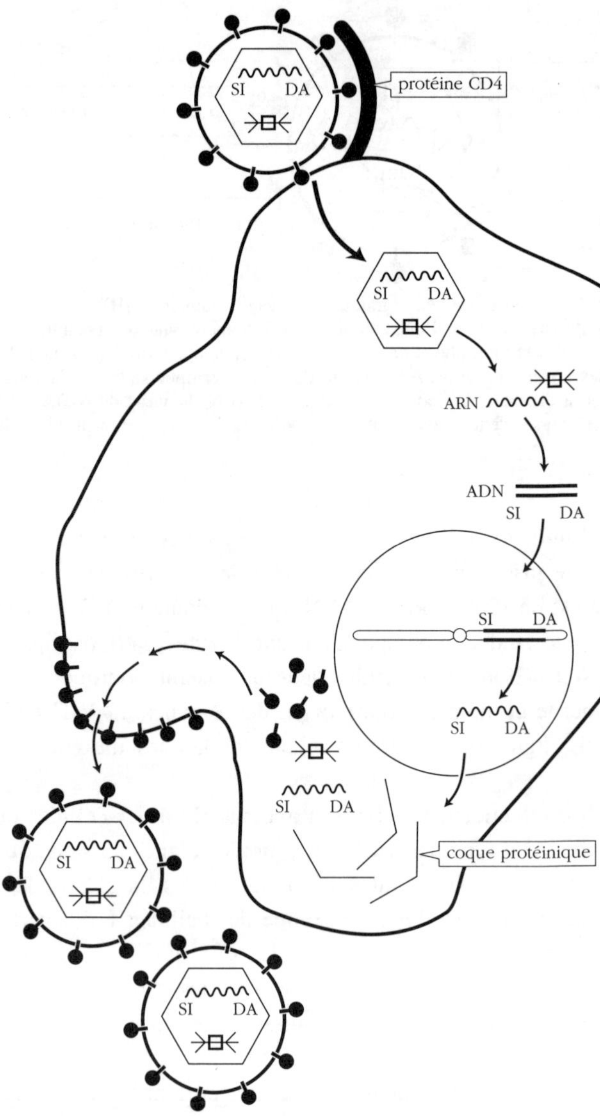

Fig. 6.4 Schéma de l'infection d'un lymphocyte T par le VIH.
Le schéma montre les étapes successives de l'infection.
En haut à gauche, le virus se fixe sur une molécule de protéine CD4, puis entre dans la cellule-hôte. CD4 est la protéine principale de la surface du lymphocyte T; le VIH la reconnaît.
La transcriptase inverse synthétise une copie d'ADN à partir de l'ARN du VIH.
Cet ADN viral pénètre ensuite dans le noyau et s'intègre dans l'un des chromosomes de la cellule. L'ADN contenant l'information génétique du virus est alors transcrit par la cellule, qui produit de nombreuses copies d'ARN viral.
Ces copies sont traduites pour fournir la protéine de la coque, la transcriptase inverse et d'autres protéines. Par la suite, la coque protéinique englobe les molécules d'ARN et de transcriptase inverse.
Au moment de quitter la cellule-hôte, la coque du virus s'entoure d'une enveloppe formée par la membrane de la cellule-hôte et par une protéine codée par le virus, la protéine de l'enveloppe. De nombreuses particules virales sont produites.

chimiques: il faut d'abord que le message génétique porté par l'ARN du virus soit transformé dans le langage de l'ADN; il s'agit de l'inverse d'une transcription, puisqu'au cours de la transcription, l'ARN se forme à partir de l'ADN; on appelle donc transcriptase inverse l'enzyme qui fait l'ADN à partir de l'ARN. L'ADN viral s'intègre alors dans l'un des chromosomes de la cellule T et commande à la cellule de produire des virus (fig. 6.4). Avant de mourir, la cellule T infectée produit une multitude de particules virales. Ces virus sont libérés et peuvent alors infecter de nouvelles cellules, à moins qu'ils ne soient détruits par le système immunitaire.

Pourquoi est-ce si difficile pour le système immunitaire de combattre les VIH? Le système immunitaire ne peut reconnaître que les molécules étrangères, celles par exemple qui se trouvent à la surface d'un virus. Or, premièrement, la particule du VIH est entourée, non pas d'une simple coque de protéines (capside) comme la plupart des virus, mais d'une enveloppe supplémentaire, qui est faite dans une très large mesure des constituants caractéristiques de la membrane de la cellule T, son hôte. Vu que le système immunitaire n'attaque pas les cellules de son propre organisme, il ne va pas prendre ces composants de la membrane pour une menace: c'est une bonne nouvelle pour le virus. Pourtant la surface du virus VIH porte aussi une protéine codée par le virus lui-même, la protéine de l'enveloppe. Cette protéine codée par le virus peut être reconnue comme étrangère et peut être attaquée par le système immunitaire: mauvaise nouvelle pour le virus. Mais le virus a plus d'un tour dans son sac: il change continuellement la structure de la protéine de l'enveloppe, suite à un mécanisme spécial qui cause de fréquentes mutations dans le gène codant pour cette protéine. Le système immunitaire est donc sans cesse déjoué. C'est l'une des raisons pour lesquelles il est difficile de trouver un moyen de lutte contre le VIH. Le fait que la cellule visée par le virus fasse elle-même partie du système immunitaire représente une autre difficulté; la capacité du système immunitaire de protéger l'organisme contre une maladie quelconque est compromise à long terme.

Les scientifiques n'abandonnent cependant pas l'espoir de trouver une faille dans la cuirasse du VIH. En ce moment, on tente la mise au point de plusieurs stratégies. La plus récente, encore en cours de développement, consiste à déterminer la structure tridimensionnelle des trois enzymes pour lesquelles le virus code: la protéase du VIH, la transcriptase inverse et l'intégrase du VIH. Les structures de la protéase et de la transcriptase inverse ont déjà été déterminées et celle de l'intégrase a été publiée en décembre 1994. Maintenant que ces structures sont connues, on peut espérer créer des substances chimiques qui inhibent ces enzymes. On tentera alors une thérapie utilisant un cocktail de ces trois inhibiteurs. Il faudra quelques années pour voir si ce rêve peut se matérialiser.

PROTECTION ET TRAITEMENT CONTRE LES INFECTIONS VIRALES

Pour ce qui concerne les plantes cultivées, la meilleure manière de les protéger contre les maladies virales est de contrôler si les graines ou les plantes sont infectées par des virus, il faut ensuite détruire celles qui sont atteintes. Dans certains cas, les virus peuvent être inactivés, alors qu'ils sont dans les graines ou dans la plante: on utilise des traitements relativement modérés à la chaleur, à une température de 40° à 50° C pendant quelques heures ou quelques jours. Il est aussi possible d'éviter la propagation des virus des plantes en détruisant les insectes, tels les aphides (pucerons), qui transmettent les virus d'une plante à l'autre. En dehors de ces méthodes, il y a peu d'autres moyens à appliquer pour contrôler les virus des plantes. Il n'existe pas contre les virus l'équivalent chimique des fongicides et des antibiotiques. Cela se comprend sur le plan biologique, puisque les fongicides et les antibiotiques exploitent les différences que les cellules des champignons ou des bactéries présentent avec celles de leurs hôtes en agissant sur ces mécanismes de manière à tuer le pathogène sans faire de mal à son hôte. Cette tactique ne fonctionne pas avec les virus, puisque ces derniers utilisent la machinerie de leur hôte pour se multiplier. On peut donc arrêter la multiplication des virus en tuant la plante, mais on ne peut pas la guérir. Toutefois, certaines plantes ont développé des systèmes naturels d'immunité: elles peuvent aller jusqu'à modifier les propriétés de leurs cellules, de sorte que le virus ne peut plus reconnaître son hôte.

On trouve une situation semblable pour les virus des animaux. Il y a peu de remèdes efficaces, pour les raisons que nous venons d'expliquer. Cependant chez les Vertébrés, un mécanisme de défense est apparu au cours de l'évolution: le système immunitaire. Le système immunitaire produit des anticorps, c'est-à-dire des protéines capables de reconnaître les molécules étrangères qui ont envahi le corps. La reconnaissance est le commencement du processus de destruction des protéines étrangères. De cette façon, un pathogène peut être identifié, puis détruit. Le système immunitaire peut également être induit: s'il a déjà rencontré une molécule étrangère, il dispose d'une réserve de globules blancs capables de produire l'anticorps adéquat; ces derniers entrent très rapidement en activité dès que le corps affronte une nouvelle fois cette même molécule étrangère ; c'est ce qui rend possible la vaccination contre les virus. Un vaccin contient des molécules identiques à celles de la surface du virus, et le corps produit des anticorps qui ensuite lui permettront de reconnaître et de combattre le virus lui-même. Un vaccin peut consister en un virus apparenté inoffensif, mais qui possède une enveloppe très semblable. Ce fut le cas du premier système de vaccination contre la variole, lequel utilisait le virus de la vaccine (variole de la vache) et qui fut découvert par un médecin anglais, Edward Jenner, vers la fin du XVIIIe siècle. Au lieu de produire un vaccin à partir d'un virus apparenté, ressemblant mais moins dangereux, il est aussi possible de préparer un vaccin en inactivant le virus dangereux. Lors de la préparation des vaccins, on utilise la chaleur et les substances chimiques pour rendre un virus inoffensif. Dans le cas du vaccin contre la poliomyélite, le virus est inactivé chimiquement par l'emploi de formaldéhyde.

Habituellement, il faut vacciner les nourrissons et les enfants avant qu'ils ne risquent une infection, puisqu'il est essentiel de posséder les anticorps qui vont reconnaître les virus avant l'envahissement des cellules-hôtes et avant le déclenchement de la maladie. La seule exception connue est la rage (du latin *rabidus*, fou). La rage est causée par un virus susceptible d'infecter tous les mammifères, en particulier les chiens, qu'elle rend fous. Ils mordent alors n'importe qui, y compris leur maître, et transmettent ainsi le virus. Le chien devient fou parce que le virus, après s'être développé pendant plusieurs semaines dans le muscle, gagne le cerveau, où il infecte et détruit les cellules nerveuses. Le même schéma d'infection se retrouve chez l'homme. La rage est ainsi la seule maladie contre laquelle la vaccination reste possible après l'infection, car le système immunitaire peut produire des anticorps pendant que le virus se multiplie dans les cellules musculaires, puis combattre le virus quand il essaie de s'attaquer au cerveau. Pourquoi n'y a-t-il donc pas de moyen de s'immuniser contre le VIH ni contre les rhinovirus responsables du rhume ? S'il n'y a pas de vaccin contre les rhinovirus, c'est qu'il y a trop de types (plus de 100) de rhinovirus et qu'il est impossible de vacciner en une seule fois contre autant de virus différents. La raison pour laquelle on n'a pas encore mis au point de vaccin contre le VIH a été évoquée. La protéine par laquelle le VIH peut être spécifiquement reconnu subit des mutations à un rythme si rapide que le VIH est différent à chaque infection et qu'il est impossible de prémunir le corps contre l'infection. Le VIH n'est pas le seul qui adopte cette stratégie, le virus de la grippe mute aussi, mais moins rapidement. Cela suffit à créer de nouvelles épidémies de grippe, qui balaient le monde de temps en temps. On se souvient de l'épidémie de grippe de 1918 qui a tué environ 20 millions de personnes en Europe, soit plus que la totalité des victimes de la Première Guerre mondiale.

GÈNES SAUTEURS

Nous avons déjà vu (chap. 5) que les bactéries peuvent contenir des plasmides, c'est-à-dire des molécules d'ADN séparées de l'ADN principal, capables de coder pour des propriétés comme la résistance à un antibiotique. Les plasmides ont quelques ressemblances avec les virus, mais ils ne peuvent pas coder pour une coque protéinique et ils sont ainsi incapables d'exister en dehors de la cellule où ils se trouvent.

On trouve également des fragments d'ADN, insérés dans le génome, qui ne peuvent pas exister indépendamment de l'ADN de leur «hôte». Ces morceaux d'ADN sont capables de se déplacer d'un endroit du génome dans un autre, c'est pourquoi on les appelle gènes sauteurs. Le type habituel de ces séquences nomades d'ADN se nomme transposon. La séquence d'ADN d'un transposon contient au moins un gène: le gène codant pour la transposase, enzyme responsable du déplacement d'un transposon d'une place à l'autre dans le génome (processus de transposition). Chaque type de transposon code pour une transposase spécifique. Cette enzyme peut reconnaître la fin du transposon et diriger sa transposition. Si à la suite d'une transposition, le transposon s'insère au centre d'un gène, ce dernier peut être inactivé (fig. 6.5). C'est ainsi qu'on a découvert l'existence des transposons; ils ont été identifiés dans le maïs vers les années cinquante par la généticienne américaine Barbara McClintock, qui a reçu en 1983 le Prix Nobel pour son travail. Dans le maïs se trouvent des gènes qui codent pour une enzyme responsable de la couleur rouge du grain. Si un transposon s'insère au centre d'un tel gène, ce dernier ne peut plus produire l'enzyme active et le grain n'est plus rouge, mais blanc. Pourtant, le transposon peut se déplacer et quand il quitte ce gène de la couleur, la couleur rouge du grain est restaurée. Parfois, il se produit un grand nombre de transpositions et il se crée des grains variégués très beaux, portant par exemple des taches rouges sur un fond blanc. Les Amérindiens prisaient beaucoup les épis de maïs portant ces superbes motifs, et c'est sur ce matériel que Barbara McClintock conduisait ses recherches, quand elle a mis en évidence le phénomène de la transposition. La transposition est également responsable de la présence dans nos jardins de nombreuses plantes aux fleurs variéguées, actuellement très répandues. Barbara McClintock a déduit indirectement l'existence des transpositions

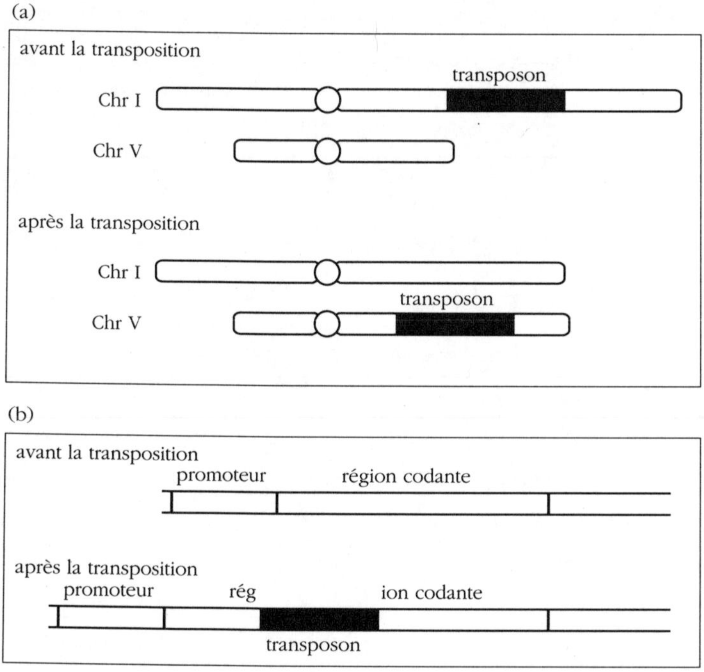

Fig. 6.5 Transposition.
(a) Le saut d'un transposon d'un chromosome à un autre (par exemple: du chromosome I au chromosome V).
(b) Il se peut qu'un gène, dont on voit ici le promoteur et la région codante, soit rendu inactif par l'insertion d'un transposon au milieu de sa région codante.

en interprétant les résultats de ses croisements entre des plantes de maïs. Son remarquable travail était très en avance sur son temps, si bien qu'il a fallu attendre, pour que son importance réelle soit appréciée, que la biologie moléculaire en confirme les résultats.

Les gènes sauteurs n'existent pas seulement chez les plantes, on trouve ceux-ci également chez les bactéries et dans de nombreux groupes animaux. Dans l'espèce humaine, il existe un transposon, nommé LINE (pour ***l**ong **i**nterspersed **n**uclear **e**lement,* longues séquences répétées dispersées dans le génome), qui a environ 6 000 bases de long. Il y a environ 50 000 copies de ce transposon LINE dans chaque génome humain; ce transposon à lui seul constitue donc 300 millions des bases de notre ADN. On ne sait pas si les transposons LINE peuvent inactiver des gènes humains ni s'ils interviennent dans des maladies génétiques. Les gènes sauteurs fournissent un exemple supplémentaire de l'unité de la biologie: découverts dans les plantes, mais aussi présents ailleurs, ils pourraient jouer un rôle important dans la génétique humaine.

Chapitre 7

LES INGÉNIEURS DU VIVANT

Il y a fort longtemps, les hommes préhistoriques s'aperçurent finalement qu'il était plus confortable d'éviter le froid et la chaleur extrêmes ou le soleil et la pluie, et ils allèrent habiter des cavernes. Bientôt, ils recouvrirent l'entrée de la caverne avec des pierres et des peaux de bêtes pour se protéger du vent et des animaux sauvages. Devenus cultivateurs, ils trouvèrent plus pratique d'avoir une habitation proche de leurs champs et ils construisirent quelque chose, peut-être en pierre, qui ressemblait à une caverne. Dès cet instant, l'humanité avait fait ses premiers pas dans les métiers du génie civil, en copiant un objet naturel, la caverne, pour se construire quelque chose d'utile, une maison primitive.

Maintenant que les bactéries, les plantes et les animaux leur ont livré quelques secrets du vivant, les hommes et les femmes actuels essaient de transformer la vie dans leur propre intérêt. Les ingénieurs du vivant sont arrivés! Nous sommes tout juste devenus des ingénieurs du génie génétique: ingénieurs, parce que nous modifions la vie à l'aide de techniques, et du génie génétique, parce que la seule manière de changer les propriétés d'un organisme de façon permanente est de modifier un ou plusieurs de ses gènes. Le premier but d'un ingénieur du vivant est d'isoler des gènes spécifiques et de trouver la manière de les répliquer pour pouvoir les utiliser.

Réaliser la multiplication d'un gène se dit habituellement cloner. Le clonage est la méthode qui permet de produire de nombreuses copies d'un objet quelconque: nous clonons des plantes vertes, par exemple, lorsque nous les multiplions en prélevant des boutures. Cloner un gène exige un certain nombre d'étapes. Il faut tout d'abord identifier et isoler le gène; comme nous le montrons au chapitre 4, le gène n'est qu'un simple fragment d'ADN; cette étape exige donc un moyen de couper l'ADN de façon précise, afin d'isoler le gène intéressant. Le gène peut alors être inséré dans un plasmide spécial (chap. 5), c'est-à-dire un plasmide issu de la bactérie *Escherichia coli*, mais modifié pour faciliter le clonage. Le plasmide est ensuite mis dans *E. coli* par transformation; là, il se réplique et nous pouvons ainsi obtenir notre gène en grande quantité.

Comme les bactéries, et le plasmide qu'elles contiennent, peuvent être conservées indéfiniment, nous disposons d'un moyen d'obtenir une nouvelle quantité de notre gène à n'importe quel moment.

CLONER UN GÈNE, C'EST COMME PRÉPARER UN BON REPAS

Lorsque nous voulons préparer un bon dîner pour nos amis, nous devons en premier lieu décider si nous allons offrir un hors-d'œuvre, si nous présenterons un ou deux plats et si nous servirons du poisson ou de la viande; si nous voulons les accompagner de fruits ou de fromage, sans oublier le café; et nous devons choisir les vins. Il faut que nous sachions apprêter les différents plats et nous devons connaître leur temps de préparation. Il faut penser à chaque détail pour que le dîner puisse commencer à vingt heures. Pour cuisiner les plats, nous avons besoin d'un savoir-faire, que nous pouvons peut-être avoir appris auprès de nos parents et d'amis, ou que nous avons tiré d'un livre de cuisine.

Pour cloner un gène, nous devons plus ou moins appliquer la même philosophie. En premier lieu, nous cherchons un organisme qui possède le gène que nous voulons. Nous en extrayons l'ADN. Nous coupons l'ADN en morceaux de la bonne grandeur. Pour ce faire, les cuisiniers moléculaires emploient les ciseaux spéciaux, instruments essentiels du clonage de gènes, que sont les enzymes de restriction. Les enzymes de restriction sont des ciseaux particuliers: ils coupent l'ADN à des endroits précis. Ensuite, nous allons pêcher le fragment d'ADN qui contient notre gène, nous choisissons un plasmide approprié pour l'y insérer, puis la bactérie adéquate pour y introduire le plasmide, et le gène est cloné. Cette série d'opérations peut être apprise, soit dans un laboratoire où les autres savent déjà comment faire, soit par la méthode ardue, à l'aide d'un livre de cuisine. Le plus ancien – mais la première édition ne date que de 1982! – et le plus célèbre livre de cuisine du génie génétique, nous le devons à Joseph Sambrook, Edward Fritsch et Thomas Maniatis. La dernière version consiste en trois volumes de 800 pages chacun, pleines de recettes et de suggestions pour leur utilisation.

Le génie génétique, c'est un peu comme faire de la bonne cuisine: à moins de posséder le bon tour de main et d'être dans de bonnes dispositions, il n'y a pas lieu de persévérer. Si vous persévérez, alors vous serez expert après 10 ans de pratique.

Voici une recette pour la préparation de la sauce tomate:

1. Prendre un oignon, une carotte, quelques feuilles de persil, couper le tout finement. Placer dans une casserole avec quelques cuillerées d'huile d'olive et chauffer doucement.

2. Quand l'oignon est doré, ajouter une livre de tomates, du sel et du poivre en suffisance, puis une branche de céleri et une ou deux feuilles de laurier qu'on retirera vers la fin de la cuisson, mélanger et laisser mijoter à feu doux pendant une heure.
3. Remuer de temps en temps pour que la sauce n'attache pas.

Et voici la recette pour couper en deux morceaux, à des endroits précis, l'ADN d'un plasmide long de 5 000 paires de bases, au moyen d'enzymes de restriction:

1. Mélanger, dans un petit tube, un microgramme[1] d'ADN de plasmide avec 18 microlitres d'eau.
2. Ajouter 2 microlitres de solution-tampon appropriée (solution contenant des sels divers). Mélanger en tapotant le tube.
3. Ajouter une unité d'enzyme de restriction nommée *EcoR1*[2] et une unité d'enzyme de restriction *HindIII.*
4. Incuber à 37°C.
5. Après 60 minutes d'incubation, placer le tube dans de la glace.

Si nous voulons savoir si l'enzyme a fait son travail, nous analysons un échantillon à l'aide d'une méthode qui permet de trier les fragments d'ADN selon leur taille. Cette technique, nommée électrophorèse, est possible parce que, dans un champ électrique, les petites molécules d'ADN se déplacent plus vite que les grandes. Il s'agit de placer l'ADN traité dans un petit puits découpé sur une plaque de gel[3] et d'appliquer un champ électrique à travers le gel. Les molécules d'ADN portent une charge négative (à cause des groupes phosphate qu'elles contiennent) et elles se déplacent par conséquent dans un champ électrique (fig. 7.1). Le déplacement de l'ADN peut être suivi grâce à un colorant spécial. Les plus petits fragments d'ADN migrent plus loin que les plus grands. On peut ainsi mesurer la taille de n'importe quel morceau d'ADN, en utilisant des «marqueurs», c'est-à-dire des morceaux d'ADN stan-

[1] Un microgramme est un millionième de gramme, un microlitre est un millionième de litre, une unité d'enzyme de restriction est une quantité standard d'enzyme.

[2] D'où provient ce nom? Les enzymes de restriction sont produites par des micro-organismes, surtout par des bactéries, et elles font partie de la défense contre l'ADN étranger, par exemple celui d'un virus. *Eco* veut dire que l'enzyme provient de *E. coli*; R indique qu'elle est produite par la souche R; et 1, qu'il s'agit de la première enzyme isolée de la souche R. On peut acheter beaucoup de ces enzymes auprès de compagnies spécialisées, tout à fait comme nous pouvons acheter des tomates ou des oignons au marché.

[3] Un gel est une sorte particulière de gelée.

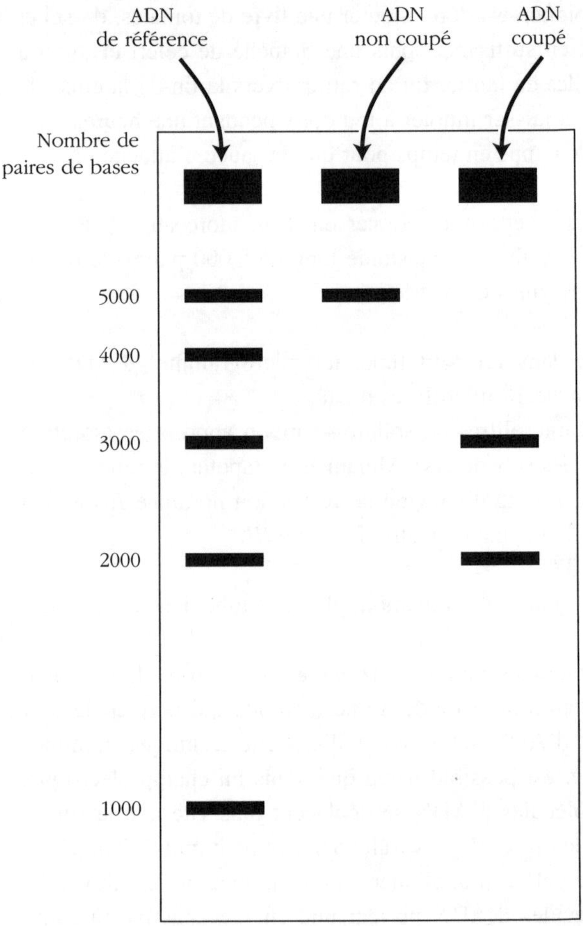

Fig. 7.1 Représentation d'un gel utilisé pour séparer des fragments d'ADN. On dépose des échantillons d'ADN dans des puits découpés dans le gel. Dans le premier puits, on met l'ADN de référence: un mélange de fragments d'ADN de taille connue. Dans le deuxième puits, on place de l'ADN d'un plasmide qui n'a pas été traité avec des enzymes de restriction. Dans le troisième puits, on dépose de l'ADN du même plasmide qui a été digéré par deux enzymes de restriction différentes. On ajoute dans chaque échantillon un colorant pour rendre l'ADN visible. On applique un champ électrique à travers le gel: les divers fragments d'ADN se déplacent avec des vitesses différentes selon leur taille. Les 5 sortes de fragments de taille connue de l'ADN de référence servent à déterminer, par comparaison, la taille des fragments à examiner. On voit que l'ADN du plasmide non traité contient 5 000 paires de bases. Après traitement avec le mélange des deux enzymes de restriction, on obtient deux fragments formés respectivement de 2 000 et 3 000 paires de bases, cela s'explique parce qu'il y a sur ce plasmide un site unique pour chacune des deux enzymes de restriction utilisées.

dard dont la taille est connue. Par électrophorèse, on peut voir que le plasmide possédait vraiment 5 000 paires de bases avant le traitement par les enzymes de restriction *EcoR1* et *HindIII*. Au cours du traitement, le plasmide (qui est circulaire) a été coupé en deux morceaux; l'un contient 3 000 paires de bases et l'autre 2 000; cela correspond au fait que ce plasmide possède un seul site de restriction pour chacune des deux enzymes utilisées (fig. 7.1).

Lorsqu'on coupe de l'ADN avec une enzyme, on parle de digestion, car le processus est identique à la digestion qui a lieu dans notre tube digestif, où les grandes molécules de nourriture sont fragmentées. Si nous voulons isoler un des morceaux d'ADN produits par digestion à partir du plasmide, nous utilisons une autre recette, et ainsi de suite. Le temps nécessaire pour la digestion par les enzymes est d'une heure, une nouvelle heure est nécessaire pour laisser les fragments d'ADN avancer dans leur gel, donc nous avons besoin de deux heures pour ce genre d'opération. Pour réaliser entièrement le clonage d'un gène, il peut suffire de quelques semaines; ou bien cela peut nécessiter plusieurs années! Il a fallu, par exemple, dix ans pour isoler le gène humain responsable, lorsqu'il est muté, de la maladie de Huntington. L'identification du gène est en général l'étape la plus difficile.

Les instruments les plus précieux dans cette opération délicate sont les enzymes de restriction, ces ciseaux de précision qui coupent l'ADN.

COMMENT TRAVAILLE UNE ENZYME DE RESTRICTION ?

La découverte, il y a environ vingt-cinq ans, des premières enzymes de restriction a bouleversé la biologie moléculaire; elles sont la pierre angulaire du génie génétique. La façon dont cette découverte s'est faite fournit une excellente illustration de la relation entre recherche fondamentale, technologie, argent et société. Nous y reviendrons dans un prochain chapitre. Ici, notre propos est de montrer comment une enzyme de restriction fonctionne.

L'enzyme de restriction *EcoR1* coupe tout fragment d'ADN qui contient la séquence

GAATTC
CTTAAG

Cette séquence-cible (représentée en gras) est nommée site de restriction; des enzymes de restriction différentes ont des séquences-cibles différentes. *EcoR1* coupe chaque brin à deux endroits légèrement décalés au niveau de la séquence-cible, comme on le voit ici:

✂
GCTC**GAATTC**AAGCTTGGCA
CGAG**CTTAAG**TTCGAACCGT
✂

pour donner:

GCTC**G** **AATTC**AAGCTTGGCA
CGAG**CTTAA** **G**TTCGAACCGT

L'enzyme de restriction *EcoR1* produit ainsi des fragments d'ADN se terminant par une partie formée d'un seul brin, qui porte les 4 bases AATT non appariées et qu'on a nommée «bout collant». Cette terminaison AATT du brin d'ADN mérite bien son nom, puisqu'elle est prête à s'associer à un autre brin portant la terminaison TTAA, à cause de l'attraction des bases entre elles: A avec T, G avec C. Chaque enzyme de restriction produit des bouts collants particuliers. Les bouts collants sont utilisés pour le clonage.

Supposons que nous voulions cloner un gène humain. Nous prenons un plasmide dont l'ADN porte une séquence qui contient un unique site de restriction pour *EcoR1* et nous laissons faire la digestion avec *EcoR1* (fig. 7.2a). Ensuite, nous prenons un échantillon d'ADN humain, qui a aussi été coupé à l'aide de l'enzyme de restriction *EcoR1* (fig. 7.2b). Vu que nous avons utilisé la même enzyme de restriction, l'ADN des plasmides et l'ADN humain auront les mêmes bouts collants. Puis, nous mélangeons l'ADN des plasmides et l'ADN humain (fig. 7.2c). Les millions de morceaux de molécules de plasmides et les millions de fragments d'ADN humain vont être brassés et, de temps en temps, des bouts collants se rencontrent et restent appariés. Un bout collant n'a aucun moyen de savoir quel ADN est à la suite de l'autre bout collant, avec lequel il s'apparie. Dans notre mélange, lorsque nous laissons les bouts collants s'apparier, nous obtenons toutes sortes de possibilités. De l'ADN humain va se coller avec de l'ADN humain, de l'ADN du plasmide va se coller avec de l'ADN du plasmide, et parfois un fragment d'ADN humain va s'associer avec un fragment d'ADN du plasmide (fig. 7.2d). Ensuite, nous refermons les espaces vides qui demeurent, après que les bouts collants se soient réassociés base par base, en utilisant une autre enzyme: l'ADN-ligase. La ligase (du latin, *ligare*, lier) lie entre elles n'importe quelles bases terminales de deux brins d'ADN suffisamment rapprochés. Nous pouvons ensuite utiliser le processus de la transformation pour placer le plasmide hybride qui contient de l'ADN humain dans *E. coli*, et le gène est cloné. A vrai dire, isoler la bactérie qui contient notre plasmide hybride procure un peu plus de travail, mais reste relativement simple. L'astuce consiste à avoir un autre gène à disposition dans le plasmide: un gène conférant

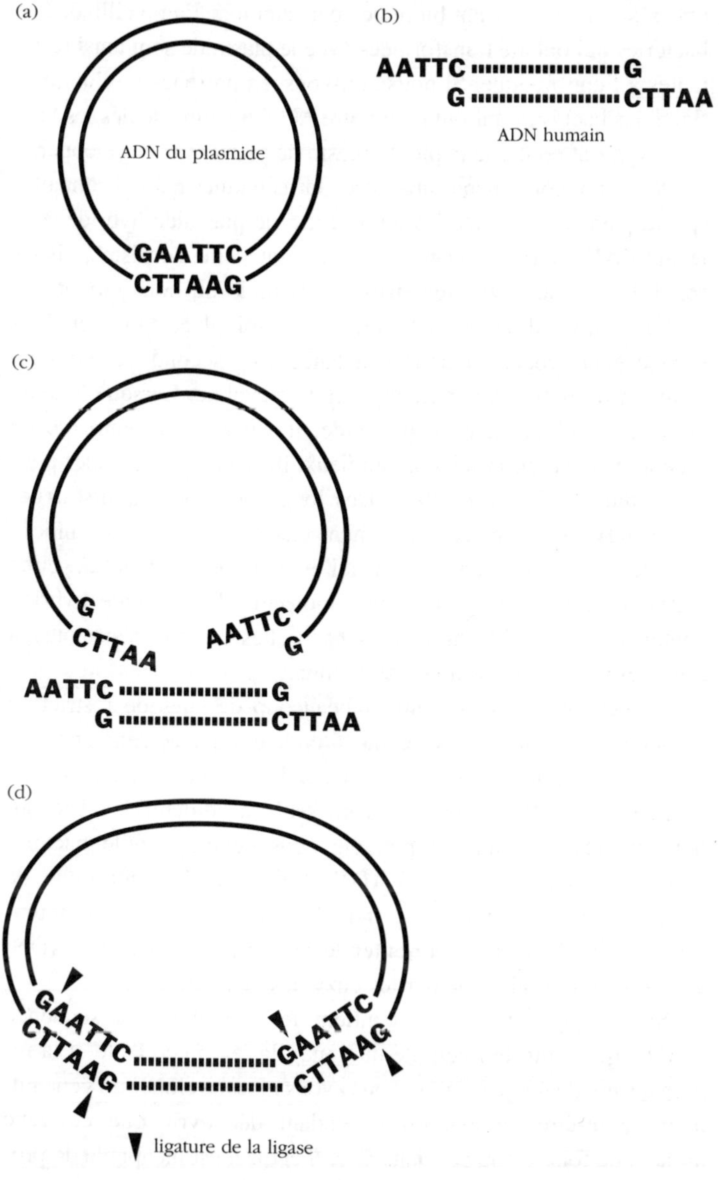

Fig. 7.2 Ligature d'un ADN humain et de l'ADN d'un plasmide.

(a) La molécule d'ADN du plasmide est circulaire. Sur le schéma de la molécule, on montre en détail seulement la séquence des six paires de bases que l'enzyme de restriction *EcoR1* reconnaît.

(b) Un fragment d'ADN humain coupé à l'aide de l'enzyme de restriction *EcoR1*.

(c) Un ADN de plasmide, coupé à l'aide de l'enzyme de restriction *EcoR1*, se trouve à proximité d'un fragment d'ADN humain.

(d) Les extrémités de l'ADN se joignent au niveau de leurs bouts collants, par appariemment des bases, puis grâce à l'intervention d'une enzyme, la ligase, qui ferme, en quatre endroits, les espaces laissés entre G et A.

une résistance à un antibiotique, par exemple l'ampicilline. Les bactéries qui ont été transformées avec le plasmide sont ainsi résistantes à l'antibiotique. Si nous cultivons, en présence de l'antibiotique, les bactéries qui ont reçu notre ADN ligaturé, seules les bactéries qui ont reçu une copie du plasmide peuvent se développer.

Nous pouvons même améliorer la technique pour reconnaître spécifiquement les bactéries qui ont reçu le plasmide hybride contenant l'ADN humain. Dans ce cas, le stratagème consiste à disposer d'un site de restriction dans le plasmide où nous clonons le gène humain et il faut en outre que ce site soit placé au milieu d'un second gène, codant pour la résistance à un second antibiotique, différent du premier, par exemple la tétracycline. Lorsque le gène humain est cloné dans le plasmide, il s'insère au centre de ce second gène et, en le scindant en deux, il l'empêche de coder pour la résistance à la tétracycline. Dès lors, nous pouvons distinguer les bactéries qui ont reçu seulement une molécule du plasmide – car elles sont résistantes à la fois à l'ampicilline et à la tétracycline – des bactéries qui ont reçu une molécule du plasmide hybride contenant de l'ADN humain – car celles-ci sont résistantes à l'ampicilline, mais pas à la tétracycline.

Le génome humain contient beaucoup de sites de restriction reconnus par *EcoR1*, de sorte que si on le traite avec cette enzyme, il est coupé en de nombreux fragments. Il y aura donc beaucoup de fragments d'ADN clonés, mais un seul va contenir le gène qui nous intéresse. Comment pouvons-nous décider quelle bactérie contient la bonne séquence d'ADN ? Cela exige beaucoup plus de travail et nous ne donnerons pas de détails ici, puisque notre intention est simplement de présenter le principe du clonage d'ADN, ainsi que le rôle-clé joué par les enzymes de restriction.

Si le fragment d'ADN contient le promoteur (la séquence d'ADN qui contrôle l'activité du gène), la région codante et la région terminale du gène, alors nous avons réussi à cloner un gène humain. Peut-être allons-nous cependant découvrir que ce gène humain ne fonctionne pas dans *E. coli* et qu'il est incapable de produire un ARN messager humain ou une protéine.

Nous avons vu que les gènes des bactéries, des plantes et des animaux ont tous la même structure de base comprenant un promoteur, une région codante et un terminateur. Pour simplifier, nous n'avons pas souligné le fait que les promoteurs sont très variés. Le promoteur est une région particulièrement importante du gène, sans laquelle un gène ne sera pas transcrit en ARNm et sera par conséquent incapable de produire la protéine pour laquelle il code. Nous ne comprenons toujours pas dans tous les détails comment un promoteur travaille, mais nous savons qu'un promoteur qui fonctionne dans une bactérie ne fonctionnera pas forcément dans une plante par exemple, ou vice versa. Un promoteur qui fonctionne dans les cellules d'un tissu humain peut ne pas fonctionner dans les cellules d'un autre tissu humain. Ainsi, nous ne serons pas étonnés que le gène humain que nous avons préparé ne soit pas transcrit dans *E. coli*. Pas de problème! Enlevons le promoteur humain, en utilisant une fois de plus ces précieuses enzymes de restriction, et mettons à sa place un promoteur d'*E. coli*: dans ces conditions, nous pouvons obtenir que ce gène humain soit actif dans *E. coli* et produise son ARN messager.

Il est possible de calculer avec quelle fréquence, en moyenne, nous devrions nous attendre à trouver, dans l'ADN, les séquences-cibles de six paires de bases d'*EcoR1*. Si nous supposons que nous avons un ADN qui contient des quantités égales de A, T, C et G, nous pouvons nous attendre à trouver un site de restriction *EcoR1* toutes les 4^6 paires de bases, c'est-à-dire une fois toutes les 4096 paires de bases.

Il y a environ une centaine d'enzymes variées qui, comme *EcoR1*, ont des séquences-cibles de six bases, toutes différentes les unes des autres. Il y a en outre un autre lot de 200 enzymes différentes, actuellement disponibles, qui reconnaissent des séquences de 4 paires de bases, par exemple CCGG. Ces dernières se présentent plus souvent en moyenne sur un segment d'ADN (environ toutes les 256 paires de bases). Il y a un petit nombre d'enzymes de restriction ayant des séquences-cibles de 8 paires de bases, elles se trouvent plus rarement (une fois toutes les 60 000 paires de bases). A l'aide de toutes ces enzymes, il est possible de couper et de coller n'importe quel fragment d'ADN comprenant jusqu'à quelques centaines de milliers de paires de bases. Lorsqu'on coupe l'ADN à l'aide d'enzymes de restriction ayant des séquences-cibles de longueur différentes, cela se passe comme si on recherchait des termes particuliers dans un livre. Si nous recherchons dans le texte de ce livre un petit mot comme «le» ou «et», nous allons le trouver souvent et le texte séparant deux apparitions du mot est court. Si nous cherchons l'expression «à moins que», nous devrons feuilleter de nombreuses pages, car cette expression est rarement utilisée dans ce livre.

POURQUOI VOULOIR CLONER UN GÈNE?

La possibilité de cloner les gènes ouvre un vaste champ d'applications potentielles, certaines sont bonnes, d'autres mauvaises, selon l'utilisation qu'on en fait.

Une fois qu'un gène est cloné et séquencé, on peut prédire la séquence de la protéine pour laquelle il code. Il est alors possible d'essayer de comprendre ce que cette protéine est susceptible de faire. D'abord, les chercheurs comparent la séquence de la protéine avec la séquence de plus de 50 000 protéines qui ont déjà été caractérisées. La comparaison se fait à l'aide d'ordinateurs puissants, auxquels ont accès presque tous les laboratoires. Bon nombre de ces protéines ont une fonction connue, et nous avons une chance de trouver que la protéine, pour laquelle code notre gène inconnu, ressemble à une autre dont la tâche est déjà connue. D'ailleurs, si on ne trouve pas de protéines ressemblantes, il y a d'autres moyens de déterminer la fonction d'une protéine pour laquelle code un gène.

En 1989, ce type de travail a conduit à un magnifique succès: on a isolé le gène qui provoque la mucoviscidose lorsqu'il est muté. Il a été possible de prédire que ce gène codait pour une protéine qui se trouve être une protéine de membrane, participant au transport du calcium dans les cellules du poumon. Lorsque le gène est défectueux, le transport du calcium dans les cellules se fait mal et les patients accumulent du mucus dans leurs poumons. Maintenant que la fonction de cette protéine est connue, il est possible d'imaginer un remède à cette maladie. De nombreuses maladies sont causées par le défaut d'un seul gène, comme nous le verrons dans les prochains chapitres.

Une fois les gènes responsables clonés, on peut les utiliser pour une thérapie génique. Nous voulons dire par là: essayer de donner, à des personnes qui ont un gène défectueux, des copies supplémentaires du gène fonctionnel. On a démarré avec ce type de thérapie en 1990 et beaucoup de chercheurs pensent qu'il présente une immense ressource potentielle pour la médecine.

Des gènes clonés peuvent aussi servir à prédire que quelqu'un sera atteint d'une maladie génétique, parfois très longtemps avant que les symptômes ne se manifestent. La maladie de Huntington, qui affecte le système nerveux, correspond à cette catégorie de maladies; elle comporte un aspect tragique, puisque ses symptômes n'apparaissent pas avant l'âge approximatif de 45 ans et s'aggravent très rapidement jusqu'à ce que surviennent la démence et la mort, environ 15 ans plus tard. Cette maladie se développe même si une seule des deux copies du gène est défectueuse, et la plupart des gens qui sont atteints par cette maladie ont donc un gène normal et un gène mutant. C'est pourquoi en moyenne la moitié de leurs enfants va hériter du gène mutant et va tomber malade. Il est compréhensible que certains de ces enfants souhaitent savoir s'ils ont le gène mutant ou non; si vraiment ils l'ont, cela peut influencer leur décision personnelle d'avoir ou non des enfants. Le gène de la maladie de Huntington a été cloné en 1993, ce qui a rendu actuellement possible le diagnostic précoce de la maladie. Nous examinerons plus loin les conséquences de ce nouveau type de tests sur le plan éthique et social.

Une autre application importante du clonage de gènes permet de faire produire à des bactéries des médicaments, tels que l'insuline, l'hormone de croissance humaine ou le facteur de coagulation IX; il s'agit en effet de protéines et, par conséquent, chacune est le produit d'un gène (chap. 9). La plus grande partie de l'insuline qu'on utilise dans le traitement du diabète a été produite, depuis 1978, dans des bactéries contenant un gène humain qui code pour l'insuline et qui a été cloné. Dans le futur, il pourrait être possible de produire d'autres protéines importantes dans des plantes ou dans des animaux, par exemple dans le lait de certaines vaches.

Ici, nous avons rapidement passé en revue les utilisations positives du clonage de gènes. Nous discuterons les aspects négatifs du génie génétique dans les chapitres qui suivent.

DEUXIÈME PARTIE

Chapitre 8

DONNE-NOUS AUJOURD'HUI NOTRE PAIN QUOTIDIEN

Cette prière que répètent chaque jour des millions de chrétiens n'a rien perdu de son actualité depuis deux mille ans. Famine et malnutrition affectent actuellement plus d'un milliard d'humains, principalement dans les pays en voie de développement.

Un de nous deux se souvient avoir été choqué, à l'adolescence, par la lecture d'un article de journal. On y racontait que beaucoup d'enfants de New York ne savaient pas que le lait qu'ils buvaient provenait d'un animal appelé vache. Ils croyaient qu'il était fabriqué dans le supermarché local. Cette méprise est peut-être le fait d'un grand nombre de personnes dans les pays industrialisés, mais la réalité est bien différente. La production de nourriture dépend, et dépendra pour les siècles à venir, de l'agriculture, dépendante à son tour de la fertilité des sols, d'un climat approprié, ainsi que d'une protection efficace contre les maladies, les parasites et les ravageurs. L'industrie, quant à elle, ne peut qu'assurer la transformation et la conservation des «fruits de notre terre». Les animaux que nous consommons comme nourriture vivent de ces mêmes produits. L'agriculture demeure par conséquent une activité tout à fait essentielle pour l'humanité.

POPULATION MONDIALE ET BESOINS ALIMENTAIRES

Sur la figure 8.1 apparaît l'accroissement de la population mondiale ces quatre derniers siècles. Ces valeurs montrent que la population mondiale s'accroît maintenant plus rapidement que jamais. L'augmentation au cours des cinquante dernières années environ est due principalement à l'accroissement de la population dans les pays en voie de développement. La population de ces pays grandit trois fois plus rapidement que celle des pays développés.

De quelle quantité de nourriture disposons-nous actuellement? Le tableau 8.1 montre les principales ressources agricoles pour les quelque six milliards d'habitants de la planète.

Il y a presque trois fois plus de gens dans les pays en voie de développement que dans les pays développés, mais la quantité de terre cultivable y est pourtant la même; en outre, la productivité du

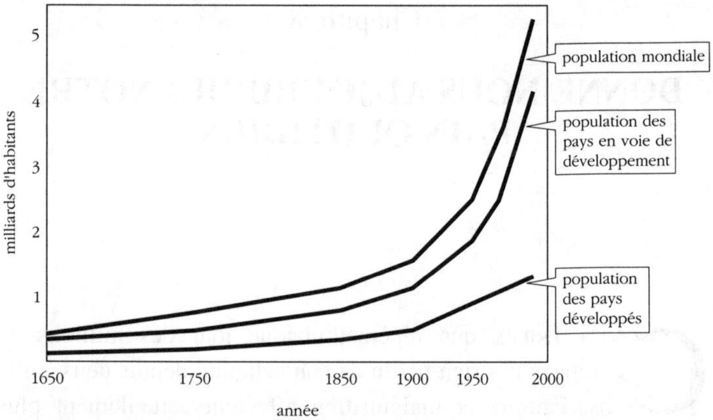

Fig. 8.1 La population mondiale entre 1650 et 1990.
La population mondiale s'est accrue très rapidement depuis 1900, en particulier dans les pays en voie de développement. (Tiré de *G. N. Agrios, 1988.*)

sol est pratiquement la même dans ces deux types de pays, si bien que, dans les pays en voie de développement, la quantité de nourriture par habitant est trois fois inférieure. Il n'est pas étonnant dès lors que la malnutrition touche beaucoup de gens dans les pays en voie de développement – certaines estimations font état d'un milliard de personnes – ni que, chaque année, un ou plusieurs pays soient frappés par la famine en Afrique, en Asie ou en Amérique du Sud.

Il est paradoxal que ce soit dans les pays en voie de développement, où le besoin de nourriture se fait le plus sentir, qu'il y ait

Tableau 8.1 Population dans les pays développés et en voie de développement et production agricole (valeurs de 1982).

		Pays développés	Pays en voie de développement
Population (millions)		1 200	3 400
production annuelle (millions de tonnes)	céréales	870	820
	fruits	140	160
	oléagineux	100	140
	pommes de terre	200	50
	betterave à sucre	300	30
	canne à sucre	80	700
	légumes	150	220
% de la population travaillant dans l'agriculture:		12	58
terres arables (en millions d'ha):		670	800

(tiré de *G. N. Agrios, 1988*)

parallèlement le plus fort accroissement de la population. Peu importe les raisons, le fait que les pays pauvres aient des taux de croissance explosifs crée un problème social, non seulement pour les pays pauvres, mais aussi pour les pays riches.

LA FAMINE, PRINCIPALE CAUSE DES MIGRATIONS

Les migrations sont un phénomène très ancien. L'Ancien Testament nous raconte déjà les migrations de peuples qui allèrent de contrées pauvres vers des contrées plus riches, aux terres fertiles, des milliers d'années avant Jésus Christ. Plus près de nous, ce sont les invasions venues d'Asie et d'Europe de l'Est qui détruisirent l'empire romain. Quant aux Etats-Unis d'Amérique, ils fournissent un exemple récent de pays dont la population est constituée surtout d'immigrants, venus pour la plupart d'Europe et fuyant les famines aussi bien que la répression sociale et politique.

Au XIXe siècle, l'Irlande perdit la moitié de sa population suite à une famine. Des centaines de milliers de personnes périrent, un million et demi émigrèrent vers les Etats-Unis. Le responsable était un champignon; en 1845 et en 1846, les champs de pommes de terre, l'une des principales ressources alimentaires des paysans irlandais à cette époque, furent complètement détruits; quinze ans plus tard, on découvrit que la cause de ce fléau était un champignon, *Phytophtora infestans*; ce champignon s'attaque aux pommes de terre et les rend immangeables.

De nombreux scientifiques et hommes politiques des pays développés se préoccupent du problème des ressources alimentaires dans le monde, certains pour des raisons philanthropiques et d'autres pour des raisons plus égoïstes. Si le Tiers Monde meurt de faim, les pays riches seront également tôt ou tard en difficulté. Depuis quelques années, l'Amérique du Nord et l'Europe rendent plus difficile l'immigration à partir des pays pauvres, mais la pression de migration ira en s'accentuant si les problèmes conjoints de famine et de croissance de la population ne trouvent pas leur solution.

LA MULTIPLICATION DES 5 PAINS ET DES 2 POISSONS

Grâce à un dur labeur et à beaucoup de savoir-faire, il a été possible, au cours de ces cent dernières années, d'augmenter le rendement des plantes cultivées en général. Le rendement des variétés actuelles de blé est vingt fois plus élevé que celui des anciennes. Le rendement du blé a triplé au cours des cent dernières années. Les causes de cette augmentation spectaculaire sont nombreuses.

Amélioration des méthodes de culture. Déjà dans l'Ancien Testament, il est recommandé de laisser les champs en friche une fois tous les sept ans. La pratique de la rotation des cultures, qui consiste à changer régulièrement l'espèce cultivée dans un champ donné, a été introduite en Angleterre au début du XVIIIe siècle. Cette pratique consistait essentiellement à cultiver en alternance le blé et une légumineuse. Maintenant, nous connaissons la base scientifique de cette découverte empirique. Les légumineuses (trèfles, luzernes, haricots...) peuvent croître sur un sol très pauvre en composés azotés, parce qu'elles abritent, dans leurs racines, des bactéries qui transforment l'azote de l'air en ammoniac, molécule qui peut être utilisée par les plantes comme source d'azote; ce processus de production d'ammoniac se nomme la fixation de l'azote. Il faut se souvenir que l'élément azote est l'un des principaux composants de la cellule vivante. Une fois que la légumineuse est récoltée, on peut labourer et enterrer le reste de la plante dans le sol; on enrichit ainsi le sol en azote pour la prochaine culture, par exemple du blé, plante qui ne fixe pas l'azote.

Utilisation d'engrais. L'engrais le plus ancien est le fumier: il n'est pas toujours disponible et il est cher. Au début de ce siècle, le chimiste allemand Fritz Haber a fait une invention révolutionnaire. Il a mis au point la méthode industrielle destinée à transformer chimiquement l'azote de l'air en ammoniac. L'ère des engrais chimiques était née.

Amélioration génétique des plantes. Dès les débuts de l'agriculture, l'humanité a amélioré la qualité des cultures en mettant de côté les graines des meilleures plantes pour les semer à la saison suivante. Au cours de ce dernier siècle, l'amélioration des plantes s'est fondée sur des méthodes de plus en plus scientifiques, bien que la simple sélection empirique des meilleures variétés reste importante. On crée des variétés nouvelles en croisant des variétés présentant les caractéristiques qu'on souhaite retenir, avec l'espoir qu'il sera possible de choisir, dans leur descendance, une nouvelle variété qui combine les caractéristiques souhaitées des deux parents. Par exemple, on peut croiser une variété qui offre un haut rendement, mais qui est fragile face à un parasite donné, avec une variété à rendement faible mais résistante à ce parasite. On croise alors la descendance avec la variété à haut rendement du départ (croisement en retour) pendant un grand nombre de générations afin de retrouver le potentiel de haut rendement et, dans le même temps, on maintient la résistance au parasite.

Meilleure irrigation. Le manque d'eau a toujours diminué les rendements des cultures et les techniques d'irrigation remontent très loin dans le temps. Les améliorations techniques dans ce domaine, par exemple creuser des puits plus profonds, construire davantage de barrages, disposer de pompes plus fiables ou utiliser l'eau plus efficacement, ont toutes contribué à l'augmentation de la production agricole.

Protection des cultures contre les maladies et les ravageurs. Ces cinquante dernières années ont vu une augmentation constante de l'emploi de substances chimiques (produits phytosanitaires) dans la lutte contre les maladies, parasites, ravageurs et mauvaises herbes. Ces divers fléaux demeurent malgré tout responsables chaque année de la perte de la moitié de la production agricole. C'est un problème à l'échelle mondiale. Les pertes annuelles de l'agriculture nord-américaine sont estimées à neuf milliards de dollars pour les maladies, huit milliards de dollars pour les insectes et six milliards de dollars pour les mauvaises herbes. Ces lourdes pertes se produisent quand bien même les paysans américains utilisent 35% de tous les produits phytosanitaires (fongicides, insecticides, herbicides) utilisés mondialement. Proportionnellement, les paysans européens font une utilisation de produits phytosanitaires encore plus importante. En 1977, ils ont employé 45% des 2,3 millions de tonnes de produits phytosanitaires utilisés dans l'ensemble du monde; il est même probable qu'ils en utilisent actuellement une proportion encore plus élevée. L'usage intensif de ces produits est l'une des causes du haut rendement des cultures dans les pays développés, mais ce rendement élevé se paie cher: en contrepartie, le milieu est contaminé par des molécules créées par l'homme et dangereuses pour les plantes, les animaux et les humains. Beaucoup de ces molécules, qui peuvent provoquer des mutations et des cancers, ne sont pas dégradables dans la nature. Certaines, comme le DDT, s'accumulent le long des chaînes alimentaires. Le livre de Rachel Carson, *Printemps silencieux*, fut l'un des premiers ouvrages à attirer l'attention sur l'empoisonnement du milieu par ce type de substances. Il date de 1962 déjà, mais l'utilisation des produits phytosanitaires ne fait qu'augmenter.

À QUOI RÊVENT LES INGÉNIEURS DU GÉNIE GÉNÉTIQUE DES PLANTES

Les ingénieurs du génie génétique des plantes espèrent employer des techniques nouvelles et poursuivre le travail des sélectionneurs pour développer des plantes cultivées à rendement plus élevé, résistant aux maladies, aux parasites et aux ravageurs, ainsi qu'aux mauvaises herbes; ils souhaitent parallèlement augmenter la valeur nutritive et la facilité de conservation des plantes.

Les techniques traditionnelles d'amélioration des plantes sont lentes et coûteuses. Il faut tester les nouvelles combinaisons de caractères chez des centaines de milliers de plantes, et il faut au moins dix à trente ans pour produire une nouvelle variété. L'ingénieur du génie génétique espère obtenir des résultats plus rapides; il compte de plus introduire dans les plantes cultivées des combinaisons de gènes qui augmenteraient, par exemple, leur résistance à un parasite ou à une maladie, ce qui est impossible par les méthodes traditionnelles.

Les ingénieurs du génie génétique rêvent aussi de pouvoir étendre à d'autres plantes la faculté de fixer l'azote: on diminuerait ainsi les besoins en engrais et on réduirait à la fois les coûts et la pollution. Dans la nature, peu de plantes sont capables de vivre en symbiose avec des bactéries fixant l'azote. Il pourrait être possible d'élargir le cercle des plantes auxquelles sont associées ces bactéries fixatrices d'azote; on pourrait même envisager d'introduire les gènes bactériens de la fixation de l'azote directement dans les plantes, afin que les plantes elles-mêmes puissent fixer l'azote. Une douzaine environ de gènes bactériens sont nécessaires pour cette tâche. Tous ces gènes ont été isolés et clonés, mais nous sommes encore loin de pouvoir les transférer avec succès dans des plantes de riz ou de blé, par exemple.

Certaines plantes se contentent de très peu d'eau pour se développer, d'autres supportent l'eau salée. Ces propriétés seraient-elles dues à la présence de quelques gènes? Et si oui, serait-il possible de transférer ces gènes à des plantes de blé? Le pain d'anhysah[1], dont raffole Chantal dans notre Introduction, deviendrait alors réalité.

Les herbicides sont des substances chimiques qui tuent les plantes. Certains agissent sur toutes les plantes, mais d'autres sont sélectifs. Dans certains cas, la résistance des plantes aux herbicides sélectifs n'est due qu'à un seul gène ou à quelques-uns seulement. Si une plante cultivée est actuellement sensible à un herbicide sélectif, il devrait être possible d'introduire dans cette plante les gènes codant pour la résistance à l'herbicide. On pourrait alors utiliser l'herbicide sélectif pour protéger cette plante cultivée de la compétition avec les mauvaises herbes. On a déjà appliqué avec succès ce genre de procédé dans les cultures de coton et de colza.

Pour obtenir une résistance à des agents pathogènes, ou à des parasites et à des ravageurs, il est possible d'utiliser la même méthode. L'ingénieur du génie génétique isole les gènes responsables de la résistance à partir de plantes qui montrent une résistance naturelle et il les introduit dans les plantes cultivées à haut rende-

---

[1] n.d.t. Le nom de cette céréale, présentement une pure fiction, est formé des termes: sans eau, du grec, ***an*** et ***hy****dros*, et de **Sah**ara.

ment. En s'y prenant de cette manière, on a déjà pu rendre des plantes de tabac et de tomate résistantes à certains insectes.

Mais nous pouvons aller plus loin et créer de nouveaux gènes de résistance à des parasites. Cela peut paraître de la science fiction, pourtant il s'agit d'un développement qui a déjà été mis en pratique. Certains parasites ont évolué de manière à modifier le développement de la plante sur laquelle ils se nourrissent, de sorte que celle-ci leur assure à la fois une plus grande quantité de nourriture et un gîte plus sûr. On observe dans ce cas des petites excroissances sur la plante, nommées galles; ce phénomène est assez fréquent. Le parasite peut, en activant certains gènes de la plante, obliger celle-ci à modifier son plan de développement. Au cours de l'évolution, le parasite a en effet acquis des mécanismes qui sont capables de contrôler l'activité des gènes de la plante en agissant sur leurs promoteurs, si bien que les gènes de la plante répondent à son invasion. Le promoteur est une région de l'ADN qui contrôle à quel moment le gène est transcrit en ARN messager et quand, par conséquent, la protéine, pour laquelle le gène code, est fabriquée (chap. 4). Si on peut isoler les gènes de la plante qui obéissent de cette manière au parasite, il est possible ensuite d'identifier le promoteur et de le lier à d'autres gènes. Ces derniers pourraient être des gènes qui coderaient pour des protéines spécifiquement toxiques pour le parasite; ainsi, le parasite qui s'attaquerait à une plante ayant reçu ces gènes transformés signerait son propre arrêt de mort. Une seconde possibilité serait de coupler le promoteur avec un gène qui provoque localement la mort des cellules de la plante. Cette dernière stratégie est comparable à la politique de la terre brûlée pratiquée au devant d'une armée ennemie: le parasite verrait sa source de nourriture disparaître.

Et que penser du rêve de créer des plantes plus nutritives? Les parties comestibles de plantes largement utilisées, comme le maïs, produisent de grandes quantités de protéines. La protéine principale du maïs est la zéine. Le seul point noir est que la zéine ne contient pas de lysine; or, la lysine est un acide aminé que notre organisme ne peut pas synthétiser; nous devons la trouver dans notre alimentation. Les protéines de la viande contiennent de la lysine. Cela ne revient donc pas au même de manger une tortilla faite de maïs ou un tournedos: ils ne contiennent pas les mêmes types de protéines. Dans de nombreuses régions, le maïs est une ressource alimentaire importante et il serait souhaitable d'ajouter quelques groupes lysine à la zéine, qui contiendrait alors tous les acides aminés indispensables. Cela paraît relativement facile: isoler le gène de la zéine, modifier légèrement son ADN en lui ajoutant quelques-uns des triplets qui codent pour la lysine et puis l'introduire dans la plante de maïs. Comme pour beaucoup de rêves, en réalité ce n'est pas si simple. Il se trouve, entre autres, que le maïs ne synthétise pas l'acide aminé lysine en grande quantité; par conséquent, une fois que nous l'obligeons à insérer des acides aminés lysine dans sa protéine de zéine, il produit beaucoup moins de protéines. C'est une des difficultés, et le cas est encore à l'étude.

La possibilité d'améliorer la conservation et le transport des fruits est déjà une réalité, tout au moins pour les tomates. En 1994, la compagnie américaine Calgene a mis sur le marché la tomate FLAVR SAVR, qui présente l'avantage (au moins pour le supermarché) de ne pas s'avarier. On peut laisser les tomates bien mûrir avant de les cueillir et les transporter au point de vente, toujours aussi succulentes et savoureuses que sur la plante. Dans ce cas, il a suffi aux ingénieurs généticiens d'inactiver le gène codant pour une enzyme qui normalement désagrège la paroi des cellules dans la tomate pendant le mûrissement. Si cette enzyme ne fonctionne pas, les tomates restent fermes.

INQUIÉTUDES AUTOUR DES PLANTES GÉNÉTIQUEMENT TRANSFORMÉES

Face à l'enthousiasme que soulève l'application aux plantes des méthodes du génie génétique, il y a aussi beaucoup d'inquiétudes et de crainte. Certains disent, dans leurs critiques, que les ingénieurs du génie génétique sont comme des enfants qui se seraient emparé de la voiture de leurs parents et la conduiraient sur des routes de montagne vertigineuses. C'est très amusant! Mais que se passerait-il s'ils s'engageaient trop rapidement dans un virage? Ou si les freins lâchaient? Il serait alors trop tard.

Chaque adulte est libre de mettre sa vie en danger. Toutefois, disent les critiques, le génie génétique risque de porter atteinte au milieu et à la santé des gens, et il se pourrait que nous en prenions conscience trop tard. Un des opposants les plus passionnés des États-Unis, Jeremy Rifkin, de la *Fondation on Economic Trends* (Fondation pour la Prospective économique) à Washington, a demandé que les aliments produits avec l'intervention du génie génétique portent une déclaration de marchandise, qui renseigne sur les tests qu'ils ont subis avant d'être mis sur le marché: l'étiquetage donnerait, selon lui, le droit aux citoyens de décider s'ils veulent ou non manger certains types d'aliments. Il est en effet primordial de tester la sûreté de tout produit préparé à l'aide du génie génétique, avant sa mise sur le marché, puisque notre ignorance en biologie est encore très grande. Personne ne peut savoir à l'avance si l'élimination d'un seul gène ne va pas entraîner l'activation d'un autre gène qui coderait pour la production d'un composé toxique ou allergène. C'est très peu probable, mais il faut garder cette éventualité présente à l'esprit et prendre toutes les précautions nécessaires.

Beaucoup de personnes s'inquiètent de la pollution du milieu par les substances phytosanitaires. Le développement de plantes cultivées résistant aux herbicides pourrait à son tour provoquer une augmentation de ces produits. Supposons qu'un herbicide sélectif soit plus toxique pour les mauvaises herbes que pour le blé. Appliqué à raison de 3 kg par hectare, il détruit 80% des mauvaises herbes, mais n'affecte pas le blé. Avec 6 kg par hectare, 99% des mauvaises herbes sont détruites, mais le rendement du blé diminue également, parce que le blé est sensible à l'herbicide employé dans une concentration plus forte. Si maintenant nous créons par génie génétique une variété de blé plus résistante face à cet herbicide, l'herbicide peut être utilisé à cette forte dose de 6 kg par hectare et éliminer 99% des mauvaises herbes sans affecter le blé. Ce serait un avantage immédiat pour le paysan, mais un désavantage pour l'ensemble de la société, car la charge potentielle de pollution sur le milieu doublerait.

Les opposants affirment que, de cette façon, nous allons nous empoisonner encore plus rapidement, à moins que des règles très strictes soient introduites. Mais on peut admettre par ailleurs que, dans sa majeure partie, le programme des ingénieurs généticiens, s'il est mené d'une manière correcte, assurera un rendement meilleur des cultures avec des moyens beaucoup plus respectueux de l'environnement.

L'emploi de variétés résistantes aux divers parasites, ravageurs ou maladies réduit en effet les besoins en produits chimiques phytosanitaires; les plantes fixant l'azote, elles, font diminuer les quantités d'engrais nécessaires. Le génie génétique promet donc des bienfaits considérables, mais nous devons éviter que des problèmes inattendus ne viennent contrebalancer ces aspects positifs. Il faut introduire l'utilisation des plantes modifiées par génie génétique avec des précautions suffisantes.

Chapitre 9

À CHAQUE TOURMENT, SON MÉDICAMENT

ACTUELLEMENT, nous savons que les maladies peuvent avoir des causes variées. Certaines sont provoquées par un régime alimentaire déséquilibré ; le béri-béri, par exemple, provient d'une carence en vitamine B_1. D'autres relèvent d'une déficience hormonale, ainsi le manque d'insuline conduit à une forme de diabète. La tuberculose, quant à elle, est une maladie infectieuse due à une bactérie. La variole est aussi une maladie infectieuse, mais causée par un virus. Dans tous ces cas, une fois posé le diagnostic, le traitement est simple. On n'aurait pas l'idée aujourd'hui d'essayer de soigner le béri-béri avec un antibiotique ou la tuberculose avec des injections d'insuline. Ces connaissances sont le trésor que l'humanité a longuement accumulé, grâce au travail des médecins, des biologistes, des chimistes et d'autres scientifiques.

Dans le cas de certaines maladies, on sait que le responsable est un gène défectueux. Pour divers cancers, les causes peuvent être, tantôt environnementales, tantôt génétiques, parfois les deux à la fois. Et les maladies dont on ne connaît pas encore la cause restent malheureusement trop nombreuses. Quoi qu'il en soit un malade demandera de toute façon un remède à son médecin. Pendant des milliers d'années, le traitement des maladies fut empirique. Dans la Grèce antique, on utilisait déjà l'opium, tiré du pavot, pour soulager la douleur. L'extrait de digitale a été utilisé dès la fin du XVIIIe siècle pour soigner les maladies cardiaques. Encore actuellement, nous pouvons acheter des tisanes pour soigner de nombreuses maladies, mais nous avons également à disposition des médicaments préparés par des firmes pharmaceutiques.

Le livre de Kurt Langbein, Hans-Peter Martin et Hans Weiss, *Bittere Pillen* (ou *Pilules amères*), publié en Allemagne en 1983, constate que chaque Allemand (de l'Ouest) prend en moyenne 1 200 pilules et gouttes par année, pour une valeur de 400 dollars. Cela signifie que pour la seule Allemagne de l'Ouest, la somme dépensée annuellement pour les médicaments s'élevait à 2,5 milliards de dollars. Si on suppose que ces chiffres sont représentatifs, les médicaments utilisés par le milliard d'habitants de l'ensemble des pays développés représentent une somme de quarante milliards de dollars par année. Il n'est pas surprenant que certains biologistes moléculaires essaient de savoir s'il est possible de faire des pilules meilleures à un prix plus modeste. Le livre *Pilules amères* explique que la moitié des médicaments utilisés sont soit inefficaces soit dangereux. Beaucoup de gens sont désireux d'obtenir un médicament pour chaque douleur, mais ils veulent le bon.

HISTOIRE DE LA VITAMINE C

C'est la Compagnie anglaise des Indes Orientales qui a découvert par hasard qu'on pouvait prévenir le scorbut en absorbant du jus de citron. Le scorbut est une maladie dont souffraient surtout les marins. Elle se manifeste par une faiblesse générale et par des saignements de gencive. L'histoire est la suivante. En 1600, la Compagnie envoya quatre navires de l'Angleterre vers les Indes pour leur première expédition. Sur un seul des navires, celui où se trouvait le Général James Lancaster, il n'y eut pas d'atteinte de scorbut. C'était le seul navire qui avait eu du jus de citron à bord. En conséquence, la Compagnie comprit que le jus de citron prévenait le scorbut; à partir de ce moment, on disposa de jus de citron sur chaque bateau et le scorbut disparut. Aujourd'hui, nous savons que c'est la vitamine C, présente dans le jus de citron, qui prévient le scorbut; elle a été isolée la première fois en 1932. Cette histoire est instructive, car elle montre que le premier pas en science est l'observation, le suivant est l'établissement d'une hypothèse de travail et le troisième, la vérification par l'expérience et la reproductibilité. Mais la suite de l'histoire est encore plus intéressante. Après des années de discussions, la flotte anglaise adopta la théorie du jus de citron avec un succès identique, tout au moins jusqu'au moment où il fut décidé, pour des raisons financières et politiques, d'acheter des limes (sorte de citrons verts) des Indes occidentales au lieu des citrons méditerranéens. Il advint que le scorbut réapparût et de nombreuses années s'écoulèrent avant qu'on remarque finalement que citron et lime n'étaient pas identiques: les limes contiennent la moitié moins de vitamine C que les citrons. L'histoire détaillée de la découverte de la vitamine C se trouve dans *In search of a cure* de M. Weatherall.

Les vitamines, petites molécules qui aident certaines enzymes à mieux travailler, sont largement utilisées comme compléments dans l'alimentation humaine et animale. Aux États-Unis seulement, 700 millions de dollars sont dépensés annuellement pour les vitamines. La plupart des vitamines du commerce sont préparées par synthèse chimique, mais deux d'entre elles sont produites par des bactéries, les vitamines B_2 et B_{12}.

L'humanité connaît les épidémies de peste, de choléra et de typhus depuis des millénaires. Des maladies comme la pneumonie et la tuberculose ont tué des millions de gens. Ces maladies sont toutes causées par diverses bactéries. Ce n'est que tout récemment, à la fin du XIXe siècle, qu'on a pris conscience du rôle joué par les bactéries. Louis Pasteur a donné la preuve définitive que la génération spontanée était impossible, en démontrant que les organismes vivants ne pouvaient provenir que d'autres organismes vivants; que la viande s'avariait à cause de la prolifération de microbes. C'est lui qui a introduit la méthode toujours actuelle de la pasteurisation du lait, qui consiste à le chauffer à haute température, à plus de 60°C, pour détruire les microbes. Devant ces découvertes et devant le fait qu'un assez grand nombre de maladies étaient contagieuses, le médecin allemand Robert Koch fut convaincu que les maladies de ce type pouvaient être transmises par des microbes. Il proposa quatre types de contrôles indispensables pour établir qu'une maladie est due à un microbe particulier. Les voici:

LA THÉORIE DES MALADIES INFECTIEUSES

- Le microbe devrait être constamment présent dans les animaux souffrant de telle maladie et absent des individus en bonne santé.
- Il doit être possible de cultiver l'organisme, dans une culture pure, hors du corps de l'animal.
- Cette culture, inoculée à des animaux susceptibles d'attraper cette maladie, devrait causer les symptômes caractéristiques de la maladie.
- L'organisme devrait être isolé une nouvelle fois à partir de ces animaux expérimentaux, puis cultivé en laboratoire; il devrait alors s'avérer identique à l'organisme de départ.

Ces postulats sont logiques et judicieux. Lorsqu'ils furent énoncés en 1876, ils bouleversèrent l'attitude face à la maladie infectieuse. Ils furent utilisés la première fois pour montrer que l'anthrax, une maladie du bétail et des moutons, mais parfois humaine, était causée par une bactérie, qu'on nomme actuellement *Bacillus anthracis*. Koch est considéré comme le fondateur de la Théorie des maladies infectieuses. Après ce premier succès, lui-même puis d'autres découvrirent que beaucoup de maladies sont causées par des bactéries, ainsi que le montre le tableau 9.1. On peut remarquer parmi ces exemples que la maladie du légionnaire, causée par *Legionnella pneumophila*, n'a été découverte que très récemment en 1976.

Une fois qu'on sait qu'une maladie est causée par une bactérie, comment peut-on la soigner? Dans une première étape, on a amélioré l'hygiène et on a mis le patient en quarantaine. Les trai-

Tableau 9.1 Quelques bactéries et les maladies qu'elles provoquent.

Année	Organisme	Maladie	Découvreur
1877	Bacillus anthracis	anthrax	Robert Koch
1879	*Neisseria gonorrhoeae*	gonorrhée	A. L. S. Neisser
1880	*Salmonella typhi*	fièvre typhoïde	C. J. Eberth
1882	*Mycobacterium tuberculosis*	tuberculose	Robert Koch
1883	*Vibrio cholerae*	choléra	Robert Koch
1883	*Corynebacterium diphtheriae*	diphtérie	Theodor Klebs
1887	*Neisseria meningitidis*	méningite	A. Weichselbaum
1894	*Yersinia pestis*	peste	Snibasaburo Kitasato et Alexandre Yersin
1898	*Shigella dysenteriae*	dysenterie	Kiyoshi Shiga
1903	*Treponema pallidum*	syphilis	F. R. Schaudinn et E. Hoffman
1976	*Legionella pneumophila*	maladie du légionnaire	Service de la Santé de Pennsylvanie

(tiré de *T. D. Brock et M. T. Madigan, 1991,* et *B. Dixon, 1994*)

tements ont dû attendre, jusqu'en 1942, la commercialisation du premier antibiotique. Auparavant, on ne pouvait prévenir, par la vaccination, que quelques-unes des maladies infectieuses connues.

LA VACCINATION RÉSOUT BEAUCOUP DE PROBLÈMES

La variole est la première maladie que l'OMS a déclarée complètement éradiquée à l'échelle mondiale en 1980. Mais c'est une maladie qui avait fait un grand nombre de morts dans les siècles précédents ; les quelques rescapés étaient défigurés et souvent aveugles, mais ils étaient immunisés contre une nouvelle infection par la variole ! Ce fait était connu et la variolisation était pratiquée en Angleterre vers le début du XVIIIe siècle. Cette pratique de la variolisation arrivait de Turquie. Pour immuniser une personne saine, on lui inoculait le pus d'une pustule de varioleux. Mais ce n'était pas sans problèmes : cette personne avait bien des chances de contracter la maladie plutôt que d'être simplement immunisée. Le trait de génie d'Edward Jenner, médecin de campagne anglais et inventeur de la vaccination, fut d'observer que ceux qui devaient traire les vaches n'attrapaient pas la variole. Il observa que, lorsque les vaches souffraient de la « vaccine » (vaccine vient du latin *vacca,* la vache) ou, autrement dit, d'une variole bovine, les vachers développaient sur les mains des pustules semblables à celles des malades souffrant de la variole. Il supposa que ceux qui avaient été infectés par la vaccine, maladie beaucoup moins grave que la variole, étaient immunisés contre la variole. Jenner décida de tenter l'expérience sur un enfant de 8 ans, James Phipps, le fils d'un laboureur qui travaillait souvent pour la famille de Jenner. L'expérience commença le 14 mai 1796: Jenner inocula à James, dans une petite incision au niveau du bras, du pus prélevé dans une pustule de vaccine provenant d'une jeune fille. Six semaines plus tard, James fut alors infecté avec du pus de variole; il ne tomba pas malade: aucune pustule ne se forma. L'ère de la vaccination était née, mais seulement dans le cas de la variole.

L'ère de la vaccination a réellement démarré avec Pasteur en 1881. Pasteur savait maintenir en culture la bactérie de l'anthrax, mise en évidence par Koch quelques années auparavant, et obtenir une souche atténuée, c'est-à-dire une souche moins virulente qui ne tuait plus les moutons. Il montra alors que les moutons qui avaient été inoculés avec cette souche atténuée étaient immunisés contre la souche de virulence normale. Pasteur nomma le procédé «vaccination» et la souche atténuée «vaccin» en l'honneur de Jenner. Le tableau 9.2 donne une liste des vaccins actuellement disponibles contre des maladies infectieuses, toutes provoquées par des bactéries ou par des virus.

Il n'existe pas encore des vaccins pour toutes les maladies causées par les bactéries et les virus. Dans certains cas, on n'a pas pu trouver le moyen de produire une souche atténuée; la chaleur ni aucun autre traitement ne parviennent à inactiver le pathogène sans

Tableau 9.2 Vaccins contre les maladies infectieuses.

Agent	Maladie	Source du vaccin
bactéries:	choléra	cellules tuées ou extrait de cellules de *Vibrio cholerae*
	diphtérie	toxine bactérienne
	méningite	purifié à partir de parois cellulaires de *Neisseria meningitidis*
	peste	cellules tuées ou extrait cellulaire de *Yersinia pestis*
	tuberculose	souche atténuée de *Mycobacterium tuberculosis*
	fièvre typhoïde	bactéries tuées *(Salmonella typhi)*
virus:	grippe	virus de la grippe inactivés, des types A, B et C
	rougeole	*morbillivirus* atténué
	oreillons	*paramyxovirus* atténué
	poliomyélite	virus de la polio atténué (vaccin Sabin) ou inactivé (vaccin Salk)
	rage	*rhabdovirus* inactivé
	rubéole	*rubellavirus* atténué
	variole	*Vaccinia* atténué
	fièvre jaune	*flavivirus* atténué

(tiré de *T. D. Brock et M. T. Madigan, 1991)*

détruire en même temps ses propriétés immunologiques (d'induire la formation d'anticorps). C'est ici que le génie génétique peut intervenir. On identifie tout d'abord les protéines qui sont présentes à la surface de la bactérie ou du virus, car ce sont elles qui sont susceptibles de provoquer la formation d'anticorps. On clone les gènes codant pour ces protéines. Il se peut alors qu'on parvienne à produire ces protéines, elles-mêmes inoffensives, dans une bactérie-hôte; il reste à les purifier pour les utiliser comme vaccin. Les deux premiers vaccins qui ont été produits de cette manière sont ceux de l'hépatite B et de la coqueluche (tab. 9.4).

La vaccination est importante, elle n'est toutefois pas une solution miracle à tous les problèmes que créent les bactéries et les virus pathogènes. Elle peut prévenir, mais pas guérir.

ANTIBIOTIQUES, ARMES MAGIQUES CONTRE LES MICROBES

L'Allemand Paul Ehrlich est le père de la chimiothérapie, c'est-à-dire l'utilisation de substances chimiques dans la lutte contre les maladies. Il fit son doctorat sur les colorations qui permettaient d'observer au microscope les diverses préparations. Koch, qu'il connaissait, venait tout juste de découvrir la première bactérie causant une maladie. C'était donc important de pouvoir la reconnaître. On aurait pu se fier à la forme, ronde ou allongée, mais c'était insuffisant, car beaucoup de bactéries différentes sont rondes et beaucoup sont allongées comme des bâtonnets. Dans sa thèse, Ehrlich proposait l'utilisation de colorants divers pour distinguer entre elles les bactéries de formes semblables. Cette technique de classification est encore utilisée de nos jours. Son travail peut ne pas paraître très passionnant, mais il a montré que des colorations diverses interagissent différemment avec des bactéries différentes, ouvrant ainsi la voie à l'usage de substances chimiques dans la lutte contre les bactéries. En 1891, Ehrlich découvrit que le bleu de méthylène était absorbé par le parasite responsable de la malaria. Il essaya ce colorant sur un certain nombre de patients et montra qu'il avait un léger effet thérapeutique.

C'était la première fois qu'une molécule synthétisée en laboratoire par les chimistes présentait la propriété de combattre un agent pathogène sans nuire au malade infecté. Ehrlich inventa le nom de chimiothérapie à cette occasion; de nos jours, cette méthode est utilisée à grande échelle. Mais le premier succès réel fut remporté plus tard, en 1910, lorsqu'il montra qu'un produit nommé Salvarsan pouvait traiter la syphilis. La chimiothérapie reçut ses lettres de noblesse, et l'industrie pharmaceutique fut encouragée à tester les effets de milliers de nouvelles substances chimiques contre divers agents pathogènes. Les différents produits chimiques sont d'abord testés en laboratoire contre des cultures de bactéries. Ceux qui sont efficaces contre les bactéries sont testés sur les souris pour leur toxicité. S'ils ne présentent pas de toxicité, on teste leurs effets thérapeutiques de préférence sur des animaux, mais si les animaux n'ont pas la maladie correspondante, sur des volontaires humains.

C'est principalement de cette façon que se poursuivit la recherche des nouveaux médicaments contre les maladies infectieuses jusqu'à l'utilisation de la pénicilline en 1942.

HISTOIRE DE LA PÉNICILLINE

A la fin de l'été 1928, à son retour de vacances, le bactériologiste anglais Alexander Fleming trouva des moisissures en train de se développer sur l'une de ses cultures expérimentales de bactéries. Quelque chose d'étrange le frappa: aucune bactérie n'avait pu se développer autour de la moisissure. On trouva qu'il s'agissait d'un champignon nommé *Penicillium*. On avait remarqué, déjà en 1870, que cette moisissure pouvait tuer certains types de bactéries, mais cette observation, dont la signification avait peut-être été sous-estimée, était un peu tombée dans l'oubli. Fleming souhaitait mettre au point des conditions de milieu sélectives, dans lesquelles seules certaines sortes de bactéries pourraient se développer, mais pas d'autres; il décida donc d'examiner si cette moisissure pouvait inhiber d'autres bactéries. Il observa que de nombreuses bactéries, y compris quelques bactéries pathogènes importantes, étaient réellement sensibles. En 1929, il publia un article célèbre, *Action antibactérienne des cultures de Penicillium, en relation avec leur utilisation dans l'isolation de B. influenzae*. La capacité que possède une moisissure d'inhiber la croissance des bactéries devait être due vraisemblablement à la production d'une substance inhibitrice quelconque. Dans son article Fleming suggérait que cette substance, qu'il appela pénicilline, pourrait être utilisée comme antiseptique dans les maladies postopératoires. Il était tout naturel qu'il essaie d'extraire cette substance dans son laboratoire. Son succès fut très limité. On montra que la substance extraite dans son laboratoire n'était pas dangereuse pour les souris, mais il ne fut pas possible de mettre clairement en évidence un effet thérapeutique réel.

La percée eut lieu dans le laboratoire de Howard Florey à Oxford. Celui-ci et son collaborateur, le chimiste Ernst Chain, souhaitaient comprendre l'action des antibiotiques. Dans ce but, il leur fallait purifier la pénicilline. Ils commencèrent en été 1938 et, après deux années d'un travail acharné, ils réussirent à isoler une substance qui, même diluée un million de fois, était efficace contre les bactéries. Cela coïncidait avec la guerre en Europe, alors que l'Angleterre craignait une invasion et un grand nombre de blessés militaires et civils. Priorité fut par conséquent donnée au travail sur la pénicilline de Florey et de Chain. La substance fut testée sur des souris infectées par des streptocoques; on infecta 8 souris, dont quatre reçurent ensuite de la pénicilline; le lendemain, les quatre qui avaient reçu le traitement étaient encore en vie, les autres étaient mortes. Il était clair que la pénicilline avait un effet thérapeutique, mais presque toute la substance extraite auparavant avait été utilisée. Si on voulait la tester sur l'être humain, il en faudrait des quantités beaucoup plus grandes; un homme pèse environ 3 000 fois plus qu'une souris. Florey comprit qu'il fallait extraire la pénicilline dans des grandes installations industrielles. Il se rendit aux États-Unis pour convaincre plusieurs firmes pharmaceutiques de produire la pénicilline sur une grande échelle. C'est le 14 mars 1942 que le premier patient fut traité avec de la pénicilline commercialisée. L'ère des antibiotiques était née. En 1945, Fleming, Florey et Chain reçurent le Prix Nobel.

La pénicilline agit sur de nombreuses bactéries, mais pas sur toutes. Entre autres, elle ne tue pas le bacille responsable de la tuberculose. Après la découverte de la pénicilline, il était tout à fait normal que l'industrie pharmaceutique cherche des organismes qui feraient d'autres antibiotiques, efficaces dans d'autres cas. Très vite, on trouva un nouvel antibiotique, la streptomycine, produite non par un champignon mais par une bactérie, et efficace contre la tuberculose. La streptomycine fut mise sur le marché en

Tableau 9.3 Quelques antibiotiques commercialisés.

Antibiotique	Micro-organisme le produisant	Type de micro-organismes
bacitracine	Bacillus subtilis	bactérie
céphalosporine	*Cephalosporium* species	champignon
chloramphénicol	synthèse chimique actuellement	
cycloheximide	*Streptomyces griseus*	bactérie
érythromycine	*Streptomyces erythreus*	bactérie
griséofulvine	*Penicillium griseofulvinum*	champignon
kanamycine	*Streptomyces kanamyceticus*	bactérie
néomycine	*Streptomyces fradiae*	bactérie
nystatine	*Streptomyces noursei*	bactérie
pénicilline	*Penicillium chrysogenum*	champignon
polymyxine B	*Bacillus polymyxa*	bactérie
streptomycine	*Streptomyces griseus*	bactérie
tétracycline	*Streptomyces rimosus*	bactérie

(tiré de *T. D. Brock et M. T. Madigan, 1991*)

1947. Un de ses découvreurs, Selman Waksman, reçut le Prix Nobel en 1952.

Actuellement plus de 8 000 antibiotiques sont connus, on en découvre chaque année des centaines et seul un petit nombre d'organismes ont été testés pour la production d'antibiotiques. Dans l'ensemble du monde, on fabrique chaque année plus de 100 000 tonnes d'antibiotiques pour une valeur de 5 milliards de dollars. Le tableau 9.3 montre quelques antibiotiques importants. Notre combat contre les bactéries ne se contente pas des antibiotiques naturels. On a utilisé les méthodes du génie génétique, non seulement pour accroître la production des antibiotiques, mais aussi pour réunir, dans une bactérie, des combinaisons nouvelles de gènes codant pour la synthèse d'antibiotiques, de manière à créer des antibiotiques nouveaux.

L'INSULINE, LE PREMIER REMÈDE PRODUIT PAR GÉNIE GÉNÉTIQUE

Plus de 4 millions de diabétiques mènent une vie pratiquement normale grâce à l'utilisation d'insuline. Cette hormone, produite dans le pancréas, a pour fonction de maintenir le bon niveau de glucose (sucre) dans le sang. L'histoire de l'insuline commence en 1889, lorsque deux médecins autrichiens découvrirent que des chiens privés de pancréas présentaient des symptômes identiques à ceux des diabétiques. Il était clair que cette glande produisait quelque chose d'important. On donna le nom d'insuline à la substance qui fut isolée en 1922 par Frederick Banting, Charles Best, J. B. Collip et J. J. R. McLeod – un groupe de chercheurs de l'Université de Toronto, souvent en conflit, et qu'on ne peut certainement pas considérer comme une équipe. Il apparut que l'insuline était une petite protéine. La même année, l'Université de Toronto vendit les droits de production à la firme pharmaceutique Eli Lilly d'Indianapolis. On jugea cette découverte si importante que, l'année suivante, en 1923, Banting et McLeod reçurent le Prix Nobel. Best et Collip ne le reçurent pas, mais très généreusement Banting donna la moitié du sien à Best, et McLeod fit de même pour Collip. L'insuline servant au traitement du diabète était extraite du pancréas de vache ou de porc. Puisque l'insuline est une protéine, c'est une chaîne d'acides aminés. La séquence des acides aminés de l'insuline de la vache fut déterminée en 1953 par Fred Sanger, à qui cet exploit valut le Prix Nobel en 1958. L'insuline humaine a une structure très semblable qui ne diffère que par quelques acides aminés. Dès les débuts du génie génétique, l'insuline humaine figura parmi les premières protéines susceptibles d'être produites dans la bactérie *Escherichia coli*. Et, en 1978, la même compagnie Eli Lilly réussit à faire produire à la bactérie

E. coli une insuline humaine. L'insuline fabriquée de cette manière fut commercialisée à partir de 1982. Selon Irving Johnson, vice président des Laboratoires de recherche de Lilly, la venue du génie génétique était providentielle. Le nombre de diabétiques était en train d'augmenter dans la population avec un taux de 5 à 6%, contre un taux de croissance de l'ensemble de la population de seulement 2%. Il devenait par conséquent de plus en plus difficile d'obtenir suffisamment de pancréas de vaches et de porcs. Cultiver *E. coli* n'est pas un problème, on peut faire se développer les cultures de bactéries dans d'immenses bio-réacteurs (récipients).

Actuellement, une douzaine de protéines utilisées comme remèdes dans le traitement de maladies humaines sont couramment produites dans des bactéries d'*E. coli* contenant des plasmides génétiquement modifiés. L'hormone de croissance humaine ou somatotropine en est un exemple. Cette hormone sert de traitement pour les enfants atteints de nanisme hypophysaire, maladie due à une trop faible production de l'hormone par l'hypophyse. Le facteur VIII de coagulation est un autre exemple de protéine produite par des techniques de génie génétique; il est administré aux personnes atteintes d'hémophilie.

Le tableau 9.4 donne une liste de substances utilisées en médecine et produites grâce à des techniques de génie génétique.

Tableau 9.4 Protéines utilisées en médecine, produites par génie génétique.

Produit	Introduit en	Usage
insuline humaine	1982	traitement du diabète
somatotropine	1985	traitement du nanisme hypophysaire
vaccin contre l'hépatite B	1986	immunisation contre l'hépatite B
érythropoïétine	1988	traitement de l'anémie
interleukine-2	1989	traitement du cancer du rein
vaccin contre la coqueluche	1989	immunisation contre la coqueluche
facteur VIII	1993	traitement de l'hémophilie

(tiré de *S. Unternährer-Rosta, B. Dalle Carbonare, C. Manzoni, and S. Ryser, 1993*)

CONTRE LES AGENTS PATHOGÈNES : UNE LUTTE SANS FIN ?

Le rêve d'un paradis sur terre, à l'abri des maladies infectieuses, deviendra-t-il un jour réalité ? La réponse, à ce stade, est clairement non ! En 1980, l'OMS a officiellement déclaré que la variole était éradiquée, mais il ne faut pas trop rêver pour autant. Il y a trois raisons principales à cette considération pessimiste. D'abord, dans le cas de nombreuses maladies, les organismes pathogènes ne vivent pas seulement chez les humains, mais chez les animaux. Le tableau 9.5 donne quelques maladies dont les

Tableau 9.5 Quelques pathogènes qui infectent l'espèce humaine et certaines espèces animales.

Maladie	Pathogène	Espèces animales infectées
anthrax	*Bacillus anthracis*	vache, cheval, chèvre, porc, mouton
malaria	*Plasmodium falciparum*	moustique
peste	*Yersinia pestis*	souris, rat
psittacose	*Chlamydia psittaci*	perroquets et autres oiseaux
rage	*Rabdovirus*	chien, renard et autres carnivores
tuberculose	*Mycobacterium tuberculosis*	bétail (fournissant le lait)

(tiré de *T. D. Brock et M. T. Madigan, 1991*)

agents pathogènes peuvent aussi être abrités par les animaux. Il est impossible de contrôler tous ces animaux.

La deuxième raison est que de nombreux agents pathogènes peuvent vivre dans le corps humain sous une forme latente. Ils ne créent aucun problème pendant des années et puis, on ne sait trop pourquoi, ils se mettent à se multiplier rapidement et provoquent la maladie. La bactérie qui cause la tuberculose est de ceux-là.

Troisièmement, et c'est plus ennuyeux: les bactéries deviennent résistantes aux antibiotiques. La tuberculose avait pratiquement disparu du monde développé, mais elle resurgit: on voit en effet apparaître des bactéries résistantes à la fois à la rifampicine et à l'isoniazide, les deux antibiotiques les plus puissants contre la tuberculose. En 1977, on a trouvé des souches résistantes à la pénicilline chez *Streptococcus pneumoniae*, une bactérie provoquant la pneumonie; actuellement, on trouve dans le monde entier des bactéries résistantes non seulement à la pénicilline, mais à la céphalosporine et à d'autres antibiotiques. Il est très difficile de soigner les maladies causées par ces bactéries multirésistantes.

Est-ce que cela signifie la mort de la chimiothérapie? Pour répondre à cette question, il faut comprendre les principes et les stratégies de la guerre que se livrent les microbes. Les antibiotiques sont des molécules produites par des micro-organismes, les champignons et les bactéries, pour tuer d'autres micro-organismes qui vivent près d'eux dans le même milieu et en compétition pour la même nourriture. Très souvent, les micro-organismes qui produisent un antibiotique A, possèdent un gène A codant pour une enzyme qui détruit l'antibiotique A. Ils sont ainsi protégés contre leur propre antibiotique. Pendant la Première Guerre mondiale, lorsque les soldats allemands lançaient des gaz toxiques contre l'ennemi, ils portaient un masque à gaz pour se protéger. Naturellement, les soldats anglais lançaient aussitôt un gaz d'un nouveau type contre les soldats allemands, tout en se protégeant par un type de masque à gaz différent. Les micro-organismes utilisent la même stratégie. Un micro-organisme attaqué produit à son tour un antibiotique B et il est protégé par le gène B. Un autre micro-organisme fait l'antibiotique C et il est protégé par le gène C et ainsi de suite. Ces gènes sont souvent portés par un plasmide et le plasmide peut passer d'une bactérie à l'autre.

C'est là que la sélection entre en scène. Si l'antibiotique A est présent, seules les bactéries qui possèdent le gène A survivent. Si beaucoup de patients sont traités avec l'antibiotique A, tôt ou tard, l'un d'entre eux sera infecté par une bactérie qui a le gène A ; cette bactérie survivra, se multipliera et pourra infecter beaucoup d'autres gens. Les médecins vont alors prescrire l'antibiotique B et tout ira bien jusqu'au moment où une bactérie portant le gène A et le gène B se présente, survit et se multiplie, c'est-à-dire est sélectionnée ; puis se répand. Ce problème a un autre aspect. Souvenez-vous que le corps humain abrite beaucoup de bactéries diverses dans ses différents organes. La plupart de ces bactéries ne sont pas pathogènes ; la présence de certaines d'entre elles peut même être bénéfique. Or, le traitement par l'antibiotique A va tuer un grand nombre de ces bactéries favorables ; par ailleurs, il en sélectionnera quelques-unes qui sont par hasard résistantes à l'antibiotique A. Il ne faut pas oublier le mode de transmission des plasmides, qui passent d'une bactérie à l'autre, même entre bactéries d'espèces différentes. Le gène de résistance à l'antibiotique A peut donc migrer de ces bactéries non pathogènes dans une bactérie pathogène.

Il y a bien une stratégie capable de rétablir l'équilibre dans cette guerre. Nous pourrions attendre de disposer de trois nouveaux antibiotiques qui aient des modes d'action différents ; à ce moment, si on les utilisait tous les trois ensemble, un micro-organisme mutant, résistant à la fois aux trois antibiotiques, n'aurait pratiquement aucune chance d'apparaître. Il en est ainsi parce que la chance que surgisse un mutant résistant à un seul antibiotique est de toute façon déjà très faible. Il y a une bactérie résistante sur environ 10 000 000 (10^7) bactéries. La chance qu'une bactérie soit résistante à un antibiotique est indépendante de la chance qu'elle soit résistante à un second antibiotique. La chance qu'une bactérie soit en même temps résistante à deux antibiotiques doit par conséquent être de 1 bactérie sur 100 000 000 000 000 (10^{14}). Si nous employons un troisième antibiotique de concert avec les deux premiers, la chance qu'un mutant simultanément résistant à trois antibiotiques émerge est de 1 sur 10^{21}. Les bactéries ont beau être nombreuses, il s'agit d'un nombre incommensurable même pour des bactéries, et la possibilité de sélectionner des nouvelles souches de mutants est ainsi éliminée.

Cette stratégie comporte toutefois un inconvénient: c'est maintenant que les malades mourront si nous leur refusons le premier nouvel antibiotique, tandis que nous attendons d'avoir découvert les deux prochains. Il est difficile de refuser un traitement dans le moment présent en prévision du futur. Il existe toutefois une méthode simple pour ralentir la formation de bactéries résistantes aux antibiotiques: persuader les médecins de ne pas traiter les infections dues à des virus avec des antibiotiques. Ces traitements en effet sont inutiles contre les virus et contribuent à élargir le réservoir des bactéries résistantes aux antibiotiques. On a peine à comprendre pourquoi de si nombreux médecins persistent dans cette pratique.

L'usage que nous faisons des antibiotiques dans notre lutte contre les microbes soulève encore une autre question. On a pris l'habitude d'ajouter des antibiotiques à la nourriture des animaux d'élevage; cela fortifie la santé des animaux et augmente jusqu'à 20% leur croissance. Mais cela contribue également à la sélection de bactéries résistantes à l'antibiotique concerné, lesquelles risquent alors de transmettre cette résistance à des bactéries qui se développent chez les humains.

La majorité des chercheurs qui travaillent dans ce domaine ont le sentiment que cette guerre est sans fin. Si on arrêtait aujourd'hui la mise au point et la production des antibiotiques, il est probable que, dans vingt ans, les pays développés verraient de nouveau apparaître le choléra, la pneumonie, la tuberculose et la malaria, comme il y a 100 ans. Sans oublier que les trois quarts de la population des pays en voie de développement en souffrent encore actuellement. La seule voie sage est de poursuivre la recherche pour comprendre, au niveau moléculaire, le cycle vital de ces agents pathogènes et pour découvrir de nouvelles méthodes de les combattre.

Chapitre 10

MALADIES GÉNÉTIQUES HUMAINES

COMMENT réagissez-vous lorsque vous voyez un enfant atteint de trisomie 21 (autrefois mongolisme) ou si vous apprenez que votre meilleur ami vient de mourir d'un cancer, que votre voisine est schizophrène, que votre neveu souffre d'arriération mentale ou bien que votre fils ne distingue pas le rouge du vert, parce qu'il est daltonien? Si vous êtes curieux de savoir pourquoi, alors ce chapitre devrait vous intéresser. Toutes ces situations ont une origine génétique. On estime en effet que, dans la population, la fréquence des maladies d'origine génétique est de 3 à 5%: il peut s'agir de maladies ou de prédispositions génétiques héréditaires, ainsi que d'anomalies génétiques non héréditaires, comme les anomalies chromosomiques. Un certain nombre de personnes ont d'ailleurs hérité de maladies qui se déclarent tardivement dans le cours de leur vie.

Les maladies héréditaires peuvent se transmettre en suivant différents modes de transmission héréditaire. Pourquoi en est-il ainsi?

MUTATIONS DOMINANTE ET RÉCESSIVE

A l'exception des gamètes, à savoir ovules et spermatozoïdes, chaque cellule de notre corps contient deux copies de chaque gène. Que se passe-t-il si les deux copies d'un gène sont différentes, l'une normale et la seconde défectueuse? Il se peut que cela n'ait pas d'effet. La copie normale fait son travail et dissimule le défaut de la seconde. On dit alors que le gène défectueux est récessif. Mais il est possible que la copie défectueuse ait un effet même en présence de la copie normale. Dans ce cas, on dit que le gène défectueux est dominant. Les causes de cette dernière situation, la dominance, peuvent être variées. Parfois, la présence d'une seule copie normale du gène n'est simplement pas suffisante: elle ne peut pas assurer la production de sa protéine en quantité suffisante pour satisfaire les besoins de la cellule. Dans d'autres cas, la protéine produite par la copie défectueuse du gène interfère avec la protéine produite par la copie normale du gène.

Si une anomalie héréditaire est due à un gène défectueux dominant, l'anomalie apparaît chez un individu dès qu'une seule copie du gène est défectueuse. A moins que la copie défectueuse ne vienne d'être produite à la suite d'une mutation, cela indique que l'un des parents de l'individu atteint souffrait de la même anomalie. Par contre, si une maladie héréditaire est due à un gène récessif, il faut que les deux copies du gène concerné soient défectueuses pour que la maladie apparaisse. Dans ce cas, les deux parents peuvent avoir chacun une seule de leurs deux copies qui est défectueuse; ils sont donc eux-mêmes normaux tout en transmettant chacun une copie défectueuse à leur enfant.

Les maladies génétiques transmises par des gènes dominants sont plus fréquentes que celles qui sont transmises par des gènes récessifs. Il y a quelques années, on donnait les chiffres suivants: plus de 1400 maladies génétiques différentes dues à la présence d'un seul gène mutant dominant, contre seulement 600 dues à la présence des deux copies mutées d'un gène récessif, et 140 anomalies héréditaires montrant une hérédité liée au sexe. Dans ce dernier cas, les anomalies sont héritées de manière différente par les filles et par les garçons; le schéma de l'hérédité liée au sexe provient de la façon dont le sexe est déterminé dans l'espèce humaine.

DÉTERMINATION DU SEXE

Si nous prenons des cellules de notre corps – en se frottant légèrement l'intérieur de la joue, on en obtient facilement de tout à fait adéquates –, nous pouvons, après avoir traité les cellules avec un colorant approprié, observer l'intérieur du noyau et voir nos chromosomes. La figure 10.1 montre ce qui est visible, dans le cas du sexe féminin. Au chapitre 4, nous avons vu que chaque chromosome est fait d'une très longue molécule d'ADN, empaquetée à l'aide de protéines, et que les êtres humains ont deux jeux de 23 chromosomes (46 en tout) dans chaque cellule somatique. Les deux séries diffèrent quelque peu chez l'homme et chez la femme, mais au niveau d'une seule paire. La femme possède deux exemplaires du même chromosome, qu'on appelle le chromosome X. L'homme a un seul chromosome X, accompagné d'un chromosome correspondant un peu différent, le chromosome Y; ce dernier est absent dans le sexe féminin. Les 22 paires restantes de chromosomes sont semblables chez les hommes et les femmes; les deux sexes ont donc 46 chromosomes dans les cellules de leur corps, et en prime cette minuscule différence.

Le chromosome X est plus grand que le chromosome Y. Il s'est trouvé des gens, qui avaient une connaissance très superficielle de la biologie, pour dire que l'homme était supérieur à la femme puisque son cerveau pesait 100 grammes de plus. On pourrait imaginer que certains aillent maintenant prétendre que les femmes sont

(a)

(b)

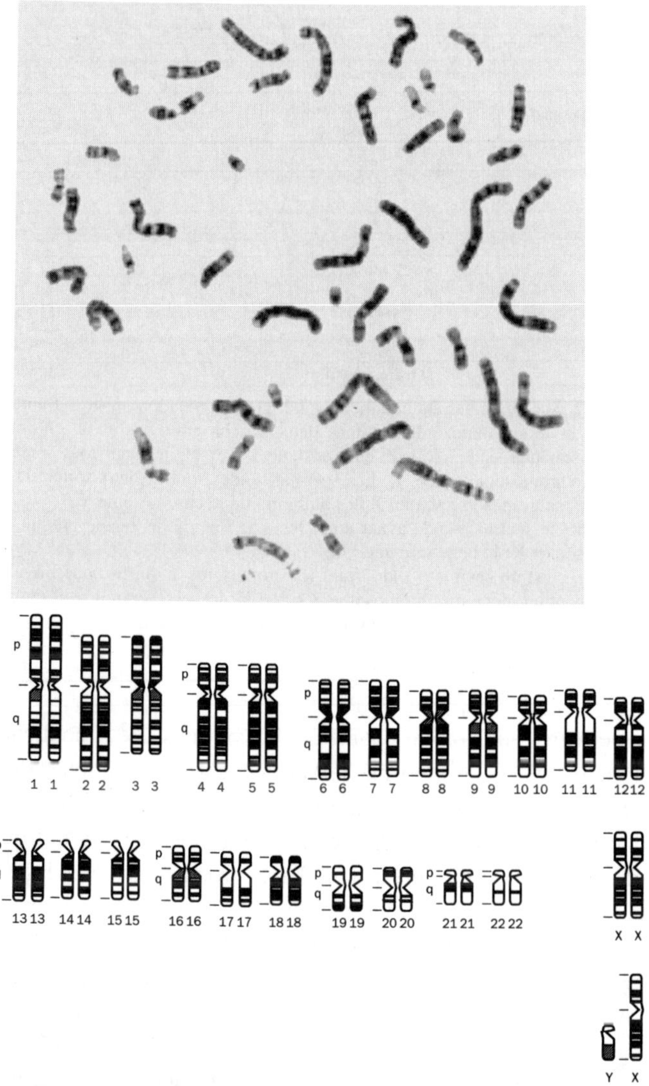

Fig. 10.1 Chromosomes d'une cellule somatique.
(a) Photographie de chromosomes humains colorés avec un colorant qui les rend bien visibles. Les chromosomes les plus longs ont environ 5 µm (micromètres) de long. Sur une photographie tirée sur papier, on peut découper la silhouette de chaque chromosome; on assemble ensuite les paires et on les arrange par ordre de grandeur pour obtenir un caryotype, tel qu'il est représenté sur la figure suivante. (Photographie fournie par J. Williams, St James University Hospital. Leeds, UK.)
(b) Chromosomes d'une cellule humaine arrangés par paires (schématisés ici).
Les 23 paires de chromosomes humains chez la femme. Il y a 22 paires d'autosomes (chromosomes non sexuels), numérotés de 1 à 22, et deux chromosomes sexuels X. Dans une cellule somatique mâle, il y aurait 22 paires d'autosomes et deux chromosomes sexuels, un chromosome X et un chromosome Y (représentés à droite en bas). Certaines régions du chromosome se colorent plus ou moins fortement et chaque chromosome présente ainsi des bandes plus ou moins foncées qui ont un aspect particulier et qu'un œil exercé peut reconnaître pour distinguer les chromosomes des différentes paires entre eux.

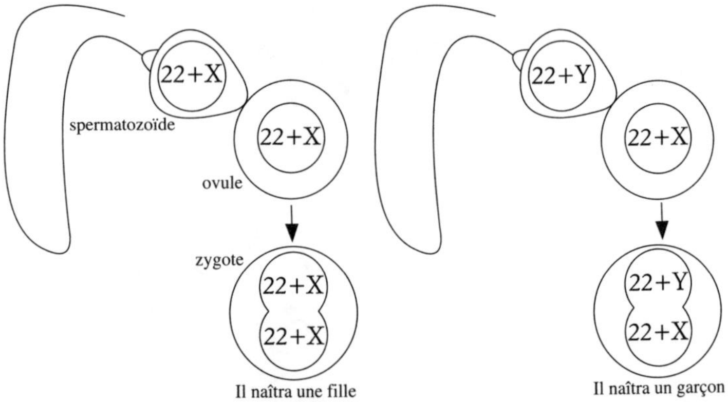

Fig. 10.2 Schéma montrant comment se fait la détermination du sexe d'un bébé. L'ovule et le spermatozoïde ont tous deux 22 chromosomes et un chromosome sexuel (soit une seule série de chromosomes). Les ovules sont tous semblables, avec un chromosome sexuel X. Les spermatozoïdes sont de deux sortes: la moitié contient le chromosome sexuel X et l'autre moitié le chromosome Y.
A gauche, le spermatozoïde ayant un X féconde l'ovule, le zygote produit a deux chromosomes X: le bébé sera une fille.
A droite, c'est un spermatozoïde ayant le chromosome Y qui féconde l'ovule et le zygote contient donc un chromosome X et un Y: le bébé sera un petit garçon. La fusion des deux noyaux est tout juste en train de commencer.

supérieures aux hommes parce que le chromosome X contient plus d'ADN que le chromosome Y. Mais cette argumentation serait tout aussi stupide. Ce qui par contre est accepté scientifiquement, c'est que la différence entre femmes et hommes est due au fait que les unes ont des cellules présentant deux chromosomes X et les «uns» des cellules comportant un X et un Y. Même le sexe est déterminé génétiquement. Mais comment le sexe du bébé est-il établi? Nous avons vu au chapitre 5 que lorsque les gamètes se forment, une division spéciale réduit de moitié le nombre des chromosomes de la cellule. Un seul chromosome de chaque paire est hérité par le gamète. Dans l'espèce humaine, lorsque les gamètes se forment, il y a donc le choix entre le chromosome X et le chromosome Y: la moitié des spermatozoïdes contiennent le chromosome X, l'autre moitié le chromosome Y. Par contre, tous les ovules d'une femme sont identiques et contiennent le chromosome X. La fusion d'un spermatozoïde avec un ovule peut donc produire deux sortes de zygotes. Si le spermatozoïde contient le chromosome X, alors le zygote aura deux chromosomes X et le bébé sera une fille; si le spermatozoïde contient un chromosome Y, le zygote contient un chromosome X et un chromosome Y et il se développe en donnant un garçon (fig. 10.2). C'est donc le hasard seul qui décide si le bébé sera une fille ou un garçon.

HÉRÉDITÉ LIÉE AU SEXE

Certains traits génétiques, par exemple l'hémophilie et le daltonisme (ne pas pouvoir distinguer le vert et le rouge), sont des maladies plus fréquentes chez les garçons que chez les filles. Ce type de maladies est provoqué par un gène récessif situé sur le chromosome X. Maintenant tout s'éclaire ! L'homme ne possède qu'un chromosome X, donc une seule copie de chacun des gènes situés sur le chromosome X. Si la copie est défectueuse, il est atteint. Une femme a deux chromosomes X, il faudrait que les deux copies du gène soient défectueuses, sur les deux chromosomes X, pour que la maladie se manifeste chez elle. Il y a beaucoup moins de chances que cela se produise, puisqu'elle devrait hériter une copie défectueuse de chacun de ses deux parents et non pas d'un seul ; cela explique le nombre plus élevé de cas chez les hommes que chez les femmes. Voilà pourquoi on parle d'hérédité liée au sexe pour ce type de transmission héréditaire.

En dehors des chromosomes X et Y qui déterminent le sexe, il reste 22 paires de chromosomes, qu'on nomme autosomes. Une maladie quelconque ou une anomalie provoquées par un gène mutant situé sur l'un de ces autosomes auront la même fréquence chez le sexe féminin et chez le sexe mâle. Le mode de transmission des gènes situés à un endroit quelconque de ces 22 chromosomes est dit autosomique.

TRANSMISSION HÉRÉDITAIRE SI UN SEUL GÈNE EST DÉFECTUEUX

Beaucoup d'anomalies héréditaires sont dues à la mutation d'un seul gène. Il peut s'agir d'un gène dominant situé sur un autosome ou de deux copies d'un gène récessif défectueux, ainsi que d'un gène situé sur le chromosome X. Le tableau 10.1 donne une liste de quelques maladies héréditaires et de leur fréquence dans les populations du Nord de l'Europe. La fréquence de nombreuses maladies héréditaires varie d'une population à l'autre ; nous reviendrons sur ce point à la fin du chapitre. Les fréquences des maladies liées au sexe sont données pour le sexe masculin ; les femmes peuvent être touchées par ces maladies, mais comme les gènes responsables sont récessifs, les fréquences sont très inférieures.

MALADIES FAMILIALES : INNÉES OU ACQUISES ?

Certains caractères donnent l'impression de se transmettre héréditairement, mais sans suivre aucun des modèles que nous avons déjà vus ici. Par exemple la taille. Il est certainement vrai que des parents grands ont plutôt des enfants grands, et que des parents de petite taille auront des enfants de petite taille, mais il n'y a pas un gène unique responsable de la différence entre une grande et une petite taille. Il s'agit plutôt d'un grand nombre de

Tableau 10.1 Exemples de maladies héréditaires, leur base génétique et leur fréquence.

Maladie	Base génétique	Fréquence dans les populations du Nord de l'Europe pour 1 000 naissances
mucoviscidose	autosomique récessive	0,5
myopathie de Duchenne	liée au sexe récessive	0,3
hypercholestérolémie familiale	autosomique dominante	2,0
syndrome du X fragile	liée au sexe récessive	0,9
hémophilie A	liée au sexe récessive	0,1
maladie de Huntington	autosomique dominante	0,5
phénylcétonurie	autosomique récessive	0,1
rein polykystique	autosomique dominante	0,8
daltonisme	liée au sexe récessive	10,0
anémie falciforme	autosomique récessive	0,1
thalassémie	autosomique récessive	0,05

Base génétique

autosomique récessive:
gène mutant situé sur un autosome (chromosome non sexuel); les deux copies doivent être mutantes pour que la maladie apparaisse.

autosomique dominante:
gène mutant situé sur un autosome; il suffit d'une seule copie mutante pour que la maladie apparaisse.

liée au sexe récessive:
gène mutant sur le chromosome sexuel X. Chez la femme, les deux copies doivent être mutantes pour qu'il y ait maladie. Les hommes n'ont qu'un seul chromosome X et si celui-ci contient une copie mutante, alors l'individu est malade.

(tiré de *D. J. Weatherall, 1991*)

gènes différents qui ont un effet sur la taille et, chez les différents individus, il se trouve des combinaisons variées de ces gènes. Aucun de ces gènes n'a encore été identifié. De plus, la taille est un caractère qui est influencé par le milieu, principalement le régime alimentaire dans ce cas. C'est l'amélioration de l'alimentation qui est responsable de l'augmentation constante de la taille en Europe, tout au long de ces siècles passés, plutôt qu'un changement quelconque au niveau des gènes. De nombreuses maladies ont le même mode de transmission et sont ainsi répandues dans les familles, sans qu'on puisse facilement décider si elles sont dues aux conditions communes du milieu que la famille partage (acquises), ou si elles ont une cause génétique (innées). Certains types de cancer montrent ce mode de transmission et nous en discuterons les causes possibles au chapitre 12.

Les généticiens ont tiré parti d'un phénomène biologique pour tenter de résoudre ce problème: ils ont exploité l'existence de vrais et de faux jumeaux. Les vrais jumeaux non seulement se ressemblent parfaitement, mais ils ont des génomes identiques. Les vrais jumeaux se développent à partir d'un unique zygote; les deux premières cellules produites par la première division se développent chacune en un nouvel individu; les vrais jumeaux représentent par conséquent un mini-clone; c'est pour cette raison que les vrais jumeaux sont toujours du même sexe. Les faux jumeaux proviennent de deux ovules différents de la mère, fécondés par deux spermatozoïdes différents du père. Les faux jumeaux peuvent donc être de sexes différents et n'ont pas plus de ressemblance génétique que des frères et sœurs quelconques. Cependant, comme les vrais jumeaux, ils partagent le même milieu jusqu'à leur naissance et ils ont le même âge. Il y a 3 naissances de vrais jumeaux sur 2 000 naissances. Les faux jumeaux sont deux fois plus fréquents. L'existence de vrais et de faux jumeaux devrait en principe nous permettre de déterminer dans quelle mesure un trait, par exemple une maladie, est dû au milieu ou à une cause génétique. L'idéal serait de pouvoir comparer des jumeaux vrais et des jumeaux faux qui, pour une raison quelconque, auraient été séparés tôt après la naissance, puis élevés dans des conditions différentes; mais cette situation se produit très rarement.

Le plus souvent, on compare des jumeaux vrais et des jumeaux faux, sans que les uns ou les autres aient été séparés. Pour pouvoir tirer des conclusions de telles études, il est important que les jumeaux des deux catégories qu'on veut comparer aient été élevés dans des conditions de milieu semblables. Si les gènes apportent une forte contribution à l'apparition de la maladie, les paires de vrais jumeaux, qui ont le même génome, devraient se ressembler plus que les faux jumeaux. Il est dommage pour cette sorte d'études qu'il soit si difficile de trouver des jumeaux vrais et faux ayant vécu dans des conditions de milieu comparables. En tout cas, la grande majorité des jumeaux vivant à proximité d'un centre de génétique humaine doivent apprendre à être tolérants, eux qui sont constamment importunés au nom de la science! Le tableau 10.2 montre les résultats de quelques études de jumeaux.

Pour de nombreuses maladies dont le mode de transmission héréditaire ne peut pas s'expliquer par la présence d'un gène responsable unique, la part élevée de la contribution héréditaire est malgré tout évidente. Lorsque un faux jumeau souffre par exemple de diabète non insulinodépendant, la probabilité que l'autre jumeau ait aussi cette maladie est de 100%. Chez des faux

Tableau 10.2 Etude d'anomalies chez des jumeaux.

Trait	Concordance*		
	Vrais jumeaux (%)	**Faux jumeaux (%)**	**Fréquence dans les populations du Nord de l'Europe (%)**
bec de lièvre/fissure palatine	35	5	0,1
diabète insulinodépendant	50	5	1
diabète non insulinodépendant	100	10	–
épilepsie	37	10	1
schizophrénie	60	10	1
maladie maniaco-dépressive	70	15	1
démence sénile (ou maladie d'Alzheimer)	45	5	–

* concordance: la probabilité que le second jumeau soit affecté dans les paires de jumeaux où un jumeau est affecté.

(tiré de *D. J. Weatherall, 1991*)

montre que les gènes interviennent tout autant que les habitudes familiales dans de nombreuses maladies.

MALADIES DUES À DES ANOMALIES CHROMOSOMIQUES

Certaines maladies apparaissent parce que l'individu n'a pas reçu un ensemble normal de 46 chromosomes, dont 23 en provenance de chacun de ses parents. Cela peut se présenter quand des erreurs se produisent pendant la formation des gamètes, au cours de la réduction du nombre de chromosomes. La trisomie 21, par exemple, est causée par la présence d'un chromosome supplémentaire, de sorte que les individus malades ont 3 chromosomes au lieu des deux de la paire 21. Ces patients sont anormaux sur le plan physique et sur le plan mental.

Certaines anomalies de ce type sont dues à une mauvaise répartition des chromosomes sexuels. Le syndrome de Klinefelter se manifeste chez des individus qui possèdent deux chromosomes X et un Y; ces hommes ont alors une stature élevée et sont souvent stériles. La présence d'un seul chromosome X, non accompagné d'un chromosome Y, provoque le syndrome de Turner; les femmes qui en sont atteintes sont petites et habituellement stériles. A côté de ces anomalies provoquées par la perte d'un chromosome ou par la présence d'un chromosome supplémentaire, d'autres anomalies apparaissent suite à la perte ou à la duplication d'un fragment de chromosome. On estime que la totalité de ces types d'anomalies chromosomiques sont responsables des avortements spontanés (fausses couches) dans une proportion de 10% de toutes les grosde la réduction du nombre de chromosomes. La trisomie 21, par exemple, est causée par la présence d'un chromosome supplémentaire, de sorte que les individus malades ont 3 chromosomes au lieu des deux de la paire 21. Ces patients sont anormaux sur le plan physique et sur le plan mental.

Certaines anomalies de ce type sont dues à une mauvaise répartition des chromosomes sexuels. Le syndrome de Klinefelter se manifeste chez des individus qui possèdent deux chromosomes X et un Y; ces hommes ont alors une stature élevée et sont souvent stériles. La présence d'un seul chromosome X, non accompagné d'un chromosome Y, provoque le syndrome de Turner; les femmes qui en sont atteintes sont petites et habituellement stériles. A côté de ces anomalies provoquées par la perte d'un chromosome ou par la présence d'un chromosome supplémentaire, d'autres anomalies apparaissent suite à la perte ou à la duplication d'un fragment de chromosome. On estime que la totalité de ces types d'anomalies chromosomiques sont responsables des avortements spontanés (fausses couches) dans une proportion de 10% de toutes les grossesses, et qu'ils sont responsables de 50% environ de tous les avortements spontanés. Dans le cas de la trisomie 21, l'âge de la mère influence la fréquence d'apparition de la maladie. Plus la mère est âgée, plus l'enfant court le risque d'être atteint. Le risque est de 2% pour des enfants de mères de plus de 40 ans; il est de 0,1% pour des enfants de mères ayant 20 ans. On sait d'ailleurs que l'âge du père peut intervenir dans d'autres cas.

MALADIES GÉNÉTIQUES APPARAISSANT TARDIVEMENT

S'il est traumatisant pour des parents de voir des enfants souffrir de maladies génétiques comme la myopathie de Duchenne – puisqu'ils savent leur enfant condamné à mener une vie rien moins que normale – il est tout aussi terrible de savoir que son enfant a une vie normale dans le moment présent, mais qu'il sera sévèrement handicapé de nombreuses années plus tard. Or, plusieurs maladies ne se déclarent que très tard au cours de la vie. C'est le cas de la maladie de Huntington, pas si rare puisqu'elle affecte une personne sur 2 000 dans le Nord de l'Europe. Elle se manifeste vers l'âge de quarante ans, lorsque débute la dégénérescence du cerveau. Les facultés physiques et intellectuelles se détériorent progressivement, et la mort suit lentement dans un intervalle de 10 à 15 ans. La maladie est due à une mutation autosomique dominante par rapport au gène normal. Il suffit d'avoir une seule copie mutée du gène pour être atteint; c'est pourquoi les parents, chez qui la maladie apparaît ultérieurement, ont eu 50% de chances de transmettre une copie défectueuse à n'importe lequel de

Tableau 10.3 Effets des maladies génétiques sur l'espérance de vie.

Maladie	**Apparaît à l'âge moyen de** (ans)	**Durée de la maladie** (nombre d'années moyen)	**Nombre d'années perdues**	**Cause de la mort**
mucoviscidose*	2	8	60	infection pulmonaire
trisomie 21	0	35	35	malformation associée ou infection
myopathie de Duchenne	4	16	50	faiblesse
hypercholestérolémie familiale	55	10	5	thrombose coronarienne
hémophilie A*	0	50	20	hémorragie
maladie de Huntington	45	15	10	dégénérescence du cerveau et infection
phénylcétonurie*	0	40	30	infection

La base génétique de toutes ces maladies est donnée dans le tableau 10.1, sauf dans le cas de la trisomie 21, qui est causée par la présence d'un chromosome supplémentaire (pour des détails se reporter au texte).

* sans traitement

(tiré de *D. J. Weatherall, 1991*)

leurs enfants. Jusqu'à un passé très récent, il était impossible de prédire qui allait être atteint de cette maladie. On a pu isoler le gène responsable en 1993; cela signifie que maintenant, il est possible de dépister le gène mutant chez quelqu'un. Un certain nombre d'autres maladies se comportent comme la maladie de Huntington et ne se déclarent qu'à l'âge mûr (tab. 10.3).

Des avancées de cette sorte risquent de faire apparaître une série de problèmes sociaux et économiques. Devrait-on discriminer une personne parce que sa vie productive va s'arrêter vingt ans plus tôt que la moyenne normale? Serait-il acceptable que des compagnies d'assurance-maladie refusent d'assurer quelqu'un parce qu'un gène mutant le condamne à la maladie et à une mort précoce? Nous discuterons ce sujet dans un chapitre ultérieur.

RACES, MILIEU ET MUTATIONS

La fréquence des maladies peut varier énormément d'une race à l'autre. Dans certains cas, ces différences sont dues au milieu dans lequel vit traditionnellement la race, mais, dans d'autres cas, elles sont dues au fait que les différentes races présentent des fréquences de gènes mutants différentes. En outre, des gènes qui sont nuisibles dans certains milieux peuvent être avantageux dans d'autres. Le tableau 10.4 donne une liste de maladies héréditaires dont la fréquence varie d'une race à l'autre. La thalassémie, maladie du sang, est cent fois plus fréquente dans les populations du pourtour méditerranéen que chez les populations du Nord de l'Europe. L'anémie falciforme (nommée ainsi parce que les globules rouges prennent la forme d'une faucille) est, quant à elle, cent fois plus fréquente dans les populations africaines que dans les populations du Nord de l'Europe. La mucoviscidose, à l'inverse, est cinquante fois plus répandue chez les Européens du Nord que chez les peuples originaires d'Afrique.

La thalassémie et l'anémie falciforme sont chacune causées par des gènes récessifs affectant les globules rouges du sang. On a calculé que 7% environ de la population mondiale doit avoir l'un ou l'autre des gènes mutants responsables de ces deux maladies. Toutefois, la plus grande partie de ces gènes mutants est concentrée dans le Nord et le Centre de l'Afrique, dans les pays bordant la Méditerranée, ainsi qu'en Inde et en Asie du Sud-Est. Pourquoi? Parce que les individus qui possèdent une seule copie des gènes, soit pour la thalassémie, soit pour l'anémie falciforme, sont résistants à la malaria. Or, jusqu'au milieu de ce siècle, la malaria sévissait dans les régions où ces gènes mutants sont répandus. D'ailleurs encore aujourd'hui, la malaria est la cause la plus fréquente de mortalité par infection dans le Tiers Monde. La protection contre la malaria, qui est associée à la présence de ces gènes mutants, provient de ce qu'ils détériorent – même présents sous forme d'une seule copie – les propriétés des globules rouges, de telle sorte que ces globules ne peuvent plus être infectés par le

Tableau 10.4 Variations dans la fréquence de quelques maladies héréditaires, dans des populations différentes.

Maladie	Population	Fréquence pour 1 000 naissances
phénylcétonurie	Royaume-Uni	0,3
	Noirs américains	rare
maladie de Huntington	Nord de l'Europe	0,5
	Japon	0,03
mucoviscidose	Nord de l'Europe	0,5
	Noirs américains	0,01
thalassémie	pourtour de la Méditerranée	10-20
	Royaume-Uni	0,05
anémie falciforme	Africains	10-20
	Royaume-Uni	0,1

(tiré de *D. J. Weatherall, 1991)*

parasite de la malaria (*Plasmodium falciparum*). L'anémie falciforme est un bon exemple de maladie sévère, qui est due à un gène dangereux (il est toujours extrêmement grave d'avoir les deux copies de ce gène mutant) pouvant cependant, dans certaines conditions, s'avérer avantageux tant qu'il est présent à un seul exemplaire. La sélection a choisi de garder en équilibre, dans une population, les désavantages d'une maladie grave – lorsque les deux copies mutées du gène sont présentes – avec la meilleure résistance à la malaria qu'entraîne la présence d'une copie mutante et d'une copie normale du gène. Il en va de même de la thalassémie.

Les gènes dictant la couleur de la peau fournissent un autre exemple de gènes pouvant être tantôt bénéfiques, tantôt dangereux, selon le milieu. Dans des endroits où il y a beaucoup de soleil, il est souhaitable d'avoir une peau foncée, puisque le pigment foncé (mélanine) protège contre les rayons UV, qui sont une importante cause de cancer. Les mêmes gènes peuvent par contre être nuisibles dans une région peu ensoleillée, car une petite quantité de rayons UV est tout de même nécessaire pour que la vitamine D soit synthétisée. Actuellement, il est possible d'acheter un peu de vitamine D, il est donc facile pour quelqu'un qui est originaire d'Afrique de vivre en Laponie; de leur côté, les gens dont la peau est peu pigmentée doivent aussi continuer de prendre des précautions pour se protéger des rayons UV dans les régions tropicales.

La phénylcétonurie, qui est aussi une maladie héréditaire, peut nous servir d'exemple à son tour et nous montrer comment l'effet d'un gène peut dépendre du milieu. Cette maladie est due à l'absence d'une seule enzyme (la phénylalanine hydroxylase), dont la tâche est de contrôler la quantité de phénylalanine dans le sang, en transformant la phénylalanine en excès en un autre acide aminé. En absence de l'enzyme, la phénylalanine qui provient d'un régime alimentaire normal ne peut pas être dégradée. Sa trop grande concentration dans le sang est toxique et entraîne chez l'enfant un retard mental, pour des raisons que nous ne comprenons pas encore. Un régime alimentaire, sans aucune phénylalanine, serait tout aussi désastreux, car il est indispensable d'avoir un apport de cet acide aminé pour construire les protéines humaines. Pour l'enfant malade, la solution consiste donc à recevoir un régime alimentaire contenant ni trop ni trop peu de phénylalanine, laquelle est un acide aminé essentiel. Cela lui garantit une croissance normale, malgré la présence du gène défectueux. Depuis de nombreuses années, un test simple effectué sur tous les nouveaunés permet de dépister ceux qui sont atteints de phénylcétonurie; on donne alors à ces derniers un régime spécial, en modifiant en fait leur environnement, de sorte que leur constitution génétique n'a plus d'importance. On voit par cet exemple que la connaissance précise de l'origine d'une maladie génétique et, en même temps, de sa cause biochimique peut conduire à la découverte d'un remède simple et efficace.

PEUT-ON ÉCHAPPER À UNE MALADIE GÉNÉTIQUE ?

Si une personne a une maladie génétique, quelle est la probabilité que ses enfants en héritent ? La réponse à cette question importante dépend de la base génétique de la maladie. Nous avons déjà vu quelques exemples.

Quand une maladie est causée par la présence d'un gène mutant dominant situé sur un chromosome autosomique (c'est-à-dire un des 22 chromosomes qui ne servent pas à la détermination du sexe), alors il y a un risque de 50% que l'enfant d'un parent malade hérite la maladie.

Lorsque le gène concerné est récessif (il faut que les deux copies du gène soient défectueuses pour que l'anomalie se réalise), la réponse est plus complexe. Il se peut qu'une personne donnée n'ait qu'une copie mutée du gène, il/elle ne sera pas atteint/e, mais sera ce qu'on nomme un porteur ou une porteuse. La moitié des gamètes produits par un porteur ou une porteuse contiennent le gène mutant. La fécondation des gamètes produira des zygotes, et donc des enfants dont la moitié auront reçu la copie défectueuse. Il y a deux cas possibles. Si le gène est sur un chromosome X et que la personne est une femme, alors, puisque les mâles n'ont qu'un chromosome X qu'ils héritent de leur mère, la moitié de ses fils seront malades et la moitié de ses filles seront porteuses (ou conductrices). Si, par contre, le gène est sur un autosome, aucun des enfants ne sera atteint, à moins que les deux parents ne soient porteurs. Examinons ce qui se passe lorsque les deux parents sont porteurs : il y a 1 chance sur 4 que l'enfant soit atteint, puisqu'une moitié des ovules et une moitié des spermatozoïdes possèdent le gène mutant ; la fécondation des ovules par les spermatozoïdes se fait au hasard, ce qui signifie qu'une moitié des ovules ayant la copie défectueuse du gène auront 50% de chances d'être fécondés par un spermatozoïde ayant la copie défectueuse du gène, et de produire ainsi un zygote ayant les deux copies mutées du gène : un quart de tous les zygotes donneront des individus malades (fig. 10.3 et chap. 13).

Bien que la manière la plus commune de posséder deux copies mutantes d'un gène soit de recevoir un gène mutant de chacun de ses parents, il est aussi possible d'hériter un seul gène mutant d'un parent ; quant au second, il peut alors se former par mutation, tôt

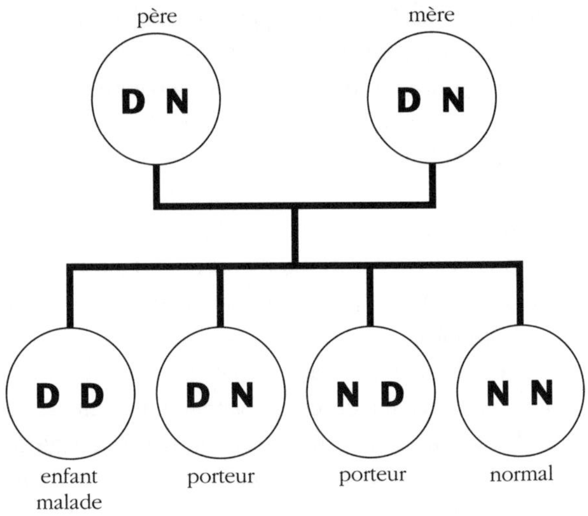

Fig. 10.3 Comment des parents, qui possèdent un gène mutant CFTR récessif, peuvent avoir un enfant malade de mucoviscidose.
(CF, dans le nom du gène, provient du nom anglais de la maladie, *cystic fibrosis*).
La mutation du gène CFTR peut causer la mucoviscidose. Les porteurs de cette maladie ont une copie normale (N) du gène et une copie défectueuse (D) du gène CFTR. Le gène défectueux est autosomique et récessif, c'est pourquoi un enfant sera atteint de mucoviscidose seulement s'il reçoit deux copies défectueuses du gène, une de chaque parent. La moitié des ovules produits par la mère contiendront une copie défectueuse du gène CFTR et la moitié des spermatozoïdes du père contiendront une copie défectueuse du gène CFTR. Le spermatozoïde se fixe sur un ovule et le féconde au hasard, de sorte qu'il y a quatre possibilités:

(a) le zygote contient deux gènes CFTR défectueux (DD) et l'enfant aura la mucoviscidose;
(b) le zygote reçoit une copie défectueuse du père mais pas de la mère (DN) et l'enfant sera porteur de la mucoviscidose, mais pas malade;
(c) le zygote reçoit une copie défectueuse de la mère, mais pas du père et il sera aussi un porteur de la maladie;
(d) le zygote reçoit deux copies normales du gène (NN); tout va bien.

dans la vie de l'embryon. Le mécanisme de réplication de l'ADN est précis, mais il peut faire des erreurs et il semble que le taux de ces erreurs diffère d'un gène à l'autre. Les maladies génétiques peuvent par conséquent être causées par des mutations nouvelles, que les personnes malades n'ont pas forcément héritées de leurs parents.

Lorsque plusieurs gènes sont responsables d'un trait héréditaire, il est beaucoup plus difficile de prédire les chances de transmettre le trait. Il est possible de donner une probabilité moyenne pour tous les gens affectés dans une population, mais l'estimation au niveau individuel est très peu fiable.

Actuellement, combien de porteurs y-a-t-il dans le monde pour toutes les maladies causées par la présence de gènes mutants récessifs ? Environ 2% des populations de l'Europe du Nord sont porteurs pour la phénylcétonurie et 5% pour la mucoviscidose. Personne n'est capable d'évaluer actuellement le nombre de porteurs dans le cas de gènes induisant le cancer ou d'autres maladies, qui nécessitent une combinaison de plusieurs gènes mutants pour se manifester ; dans le cas de certains cancers héréditaires, on sait déjà qu'au moins cinq gènes doivent être mutés, dont certains peuvent être hérités (chap. 12). Il n'est pas absurde d'affirmer que chaque être humain est au moins porteur d'un gène muté, et peut-être davantage. Le mythe d'une race supérieure ne peut aujourd'hui survivre que dans l'esprit malade d'un raciste ignorant !

Chapitre 11

DU DIAGNOSTIC GÉNÉTIQUE À LA THÉRAPIE GÉNIQUE

SAVOIR OU NE PAS SAVOIR, *that is the question*! A l'avenir, des gens de plus en plus nombreux devront se poser cette question terrible. Nous savons maintenant que beaucoup de maladies courantes sont dues à des gènes défectueux, souvent même à l'altération d'un seul gène. Certains gènes concernés ont déjà été clonés. Ainsi, chacun peut actuellement faire des tests afin de savoir s'il porte le gène qui cause la mucoviscidose, la maladie de Huntington, le syndrome de fragilité du chromosome X[1] ou quelque autre maladie de ce type. Quelques gouttes de notre sang suffisent à un laboratoire pour effectuer des analyses d'ADN qui utilisent l'information obtenue à partir de gènes clonés et, quelques jours plus tard, nous avons la réponse. En 1994, ce type de diagnostic était déjà possible pour plus de deux cents maladies génétiques.

Les enfants d'une personne souffrant de la maladie de Huntington ont un risque de 50% d'être eux-mêmes atteints. Souhaitent-ils savoir s'ils seront frappés par une maladie qu'on ne sait pas traiter pour le moment? Désirent-ils planifier leur vie en connaissance de cause ou préfèrent-ils rester dans l'ignorance, tout en risquant alors de transmettre la maladie à leurs propres enfants? La proportion des gens qui devront affronter ce dilemme est, pour l'Europe du Nord, de 1 sur 2 000.

La sœur d'un retardé mental, atteint du syndrome de fragilité du chromosome X, se trouvera devant le même choix. Bien qu'elle ne soit pas malade elle-même, elle a un risque de 50% d'être porteuse du gène mutant. Si elle est porteuse, la moitié (statistiquement) de ses fils risquent de présenter une arriération mentale. Si elle sait qu'elle porte le gène mutant, elle peut décider, si c'est en accord avec ses principes, de faire un diagnostic génétique chaque

---

[1] On a nommé cette anomalie ainsi, car le chromosome X est modifié d'une façon telle qu'il a tendance à se casser lorsqu'on prépare les chromosomes pour les examiner au microscope. Cette modification conduit souvent à un retard mental, et c'est, avec la trisomie 21, la cause la plus fréquente de retard mental qu'il soit possible de diagnostiquer spécifiquement.

fois que le fœtus est de sexe mâle, tout en envisageant une interruption volontaire de grossesse s'il est atteint, ou bien elle peut préférer ne pas avoir d'enfants.

COMBIEN DE GÈNES MUTANTS RESPONSABLES DE MALADIES SONT-ILS DÉJÀ CLONÉS ?

Ainsi que nous l'avons vu, plus de trois mille maladies différentes causées par la présence d'un ou de plusieurs gènes modifiés sont déjà répertoriées. Nous avons nommé ces gènes défectueux des gènes mutants. Tous ces gènes apparaissent par la mutation de gènes normaux. Lors du clonage de ces gènes, on clone le gène normal. Le nombre de gènes normaux de ce type qui ont été déjà été clonés augmente très rapidement; le tableau 11.1 en présente quelques-uns. Cette liste donne aussi quelques détails sur l'anomalie héréditaire et sur le genre de mutations qui en est la cause. En 1993, les chercheurs ont été très surpris de découvrir que le gène mutant responsable de la maladie de Huntington est plus long que le gène normal. La séquence CAG, qui se présente quelques fois le long de l'ADN dans le gène normal, est répétée des centaines de fois dans le gène mutant. Personne ne sait encore comment cette augmentation peut se produire ni pourquoi elle est nuisible.

Tableau 11.1 Quelques gènes humains, déjà clonés, qui sont responsables d'une maladie génétique lorsqu'ils sont défectueux.

Maladie	**Gène responsable**[1]	**Cloné en**	**Type de défaut**
thalassémie	HBB	1975	mutation ponctuelle[2] ou délétion[3]
anémie falciforme	HBB	1975	mutation ponctuelle
phénylcétonurie	PH	1983	mutation ponctuelle ou délétion
hypercholestérolémie familiale	récepteur LDL	1985	mutation ponctuelle ou délétion
déficience immunitaire combinée sévère	ADA	1986	mutation ponctuelle ou délétion
myopathie de Duchenne	DMD	1986	délétion
mucoviscidose	CFTR	1989	mutation ponctuelle ou délétion
syndrome du X fragile	FMR-1	1991	répétitions du triplet CGG[4]
maladie de Huntington	HD	1993	répétitions du triplet CAG[4]

[1] Nom officiel du gène.

[2] Mutation ponctuelle: modification dans l'ADN au niveau d'une seule base. Il peut y avoir des dizaines de mutations ponctuelles différentes, chacune entraînant la même maladie. Cela est compréhensible compte tenu de la structure du gène (chap. 4).

[3] Délétion: modification de l'ADN qui comporte la perte d'une ou de plusieurs bases. Il peut y avoir des dizaines de délétions différentes, chacune entraînant la même maladie.

[4] Le triplet (CGG ou CAG) est répété un grand nombre de fois. Le nombre de répétitions varie d'un individu atteint à l'autre.

COMMENT PRÉVENIR LES MALADIES GÉNÉTIQUES ?

La maladie génétique est provoquée par la présence d'un gène défectueux; celui-ci ne fait plus son travail parce qu'il a été modifié par une mutation, par exemple une mutation ponctuelle ou une délétion (chap. 4). Il faudrait donc éviter la radioactivité, les rayons ultraviolets, ainsi que le contact avec les substances mutagènes, telle que l'aflatoxine par exemple. On dit qu'une substance chimique est mutagène, si elle provoque des mutations dans l'ADN.

Il y a autour de nous des centaines, si ce ne sont pas des milliers de substances chimiques qui produisent des mutations. Les substances mutagènes provoquent par ailleurs également des cancers. Nous discuterons les causes du cancer dans le chapitre 12 et le tableau 12.3 donne une liste de quelques substances cancérogènes. Quelle est la dose dangereuse dans le cas de chaque mutagène et quelle est la limite acceptable des rejets nocifs dans le milieu et des diverses contaminations ? Ces questions alimentent une longue controverse entre scientifiques, écologistes, industriels et politiciens. On pense que de nombreux gènes mutants, actuellement présents dans la population, sont dus aux erreurs de réplication de l'ADN ; si nous ne pouvons vraisemblablement pas y changer grand-chose, au moins devrions-nous faire tout notre possible pour garder l'environnement à l'abri des substances mutagènes.

Pour aborder les maladies génétiques, il est possible d'utiliser plusieurs stratégies. On peut premièrement rechercher les gènes mutants chez les futurs parents et les conseiller, dans le cas où leurs enfants risquent de porter une anomalie génétique. Deuxièmement, il est possible de chercher, chez le fœtus, la présence de maladies génétiques dépistables et d'offrir une interruption de grossesse volontaire, si le fœtus est atteint. Cette approche soulève toutefois de nombreux problèmes, puisque l'avortement reste inacceptable pour beaucoup de gens. Troisièmement, on pourrait éventuellement fertiliser les ovules *in vitro*, dépister la présence d'anomalies génétiques dans les œufs fécondés, puis implanter seulement les œufs génétiquement normaux. La thérapie génique, technique toute récente, nous offre une quatrième possibilité, dont nous parlerons plus loin dans ce chapitre.

La mucoviscidose est une maladie génétique terrible, commune dans les populations originaires du Nord de l'Europe. Cette maladie est due à la modification du gène CFTR (CF pour *cystic fibrosis*, nom anglais de la maladie). Ce gène est placé sur un autosome, non pas sur un chromosome sexuel. Le gène mutant est récessif, si bien que pour être malade, l'enfant doit avoir reçu une copie mutante de chaque parent. Dans la descendance des populations de l'Europe du Nord, 5% des gens sont porteurs du gène mutant. Si un homme sait qu'il porte ce gène mutant, il doit s'interroger sur le risque d'avoir des enfants avec une femme elle aussi porteuse de ce gène, et vice versa: dans ce cas, 1 enfant sur 4, statistiquement, aurait la mucoviscidose (fig. 10.3). Il est désormais facile de déterminer si une personne porte le gène CFTR mutant. Si les deux partenaires d'un couple découvrent qu'ils sont porteurs tous les deux du gène mutant, ils ont le choix entre renoncer tout à fait à avoir des enfants ou avoir des enfants, tout en demandant chaque fois un diagnostic prénatal par analyse de l'ADN, éventuellement accompagné d'une interruption volontaire de grossesse si le fœtus est atteint. La recherche du gène défectueux est cependant compliquée par le fait qu'il y a plusieurs sortes de mutations susceptibles de détériorer un gène normal (mutations ponctuelles ou délétions, par exemple). L'analyse ne parvient souvent à détecter qu'un seul type de gène mutant. Habituellement, on cherche à dépister le type de gène mutant le plus courant dans la population, le dépistage ne peut donc pas exclure avec 100% de certitude la présence chez un individu d'un gène mutant différent, échappant à la détection.

Quant à la trisomie 21, dans la majorité des cas, le conseil génétique ne peut être d'aucune utilité au moment de fonder une famille. Cette anomalie est due à la présence d'un chromosome supplémentaire et sa fréquence va en augmentant avec l'âge de la mère. Dans le cas des mères âgées de 20 ans, 1 bébé sur 1 000 est affecté, alors que 1 bébé sur 50 est atteint parmi ceux nés de mères âgées de 40 ans. Ce phénomène n'est pas dû à un gène mutant hérité, mais il dépend d'un événement qui a lieu au moment de la formation des ovules et qui est aléatoire, pour autant que nous le sachions. Dans le cas de la trisomie 21, le diagnostic prénatal (caryotype), suivi si c'est nécessaire d'une interruption volontaire de grossesse, permet d'empêcher la naissance d'un enfant atteint.

Pour le porteur d'un gène mutant, peu importe qu'il s'agisse du gène mutant CFTR de la mucoviscidose ou de tout autre gène mutant, le problème reste le même. Que doivent faire les individus? Que doivent faire les gouvernements? C'est un problème complexe, à la fois éthique et social, sur lequel nous reviendrons plus loin.

LES MÉTHODES RÉCENTES DE LA THÉRAPIE GÉNIQUE

Très peu de maladies génétiques peuvent recevoir une thérapie efficace et, le plus souvent, on ne traite que les symptômes. Les gènes mutants ne sont pas modifiés par les médications. L'injection d'insuline pour les diabétiques est un traitement dont on entend souvent parler: il est très efficace et assez peu coûteux. Dans le cas de la phénylcétonurie, c'est la mise en place d'un régime alimentaire pauvre en phénylalanine qui prévient les effets de la maladie (chap. 10). Quant aux maladies du sang, on a essayé de les maîtriser par la transplantation de moelle osseuse. En effet, les globules rouges du sang ont une vie très brève et sont continuellement produits par des cellules spéciales de la moelle osseuse. Pour les malades qui souffrent d'une maladie affectant les globules rouges, comme la thalassémie, il serait intéressant de recevoir une réserve de moelle osseuse: malheureusement, les greffes de moelle osseuse ne réussissent pas toujours, même lorsqu'elles proviennent de parents proches.

Par conséquent, quand une maladie est due à un gène mutant dominant, le nouvel espoir est de pouvoir remplacer celui-ci, dans les cellules du corps, par le gène normal; quant aux malades qui ont un gène mutant récessif, on espère leur donner des copies supplémentaires du gène normal: cette technique se nomme remplacement de gène ou, dans le langage médical, thérapie génique.

Le 14 septembre 1990, à l'Institut National de la Santé de Bethesda aux Etats-Unis, une fillette de 4 ans a été la première à recevoir une thérapie génique. Elle souffrait de déficit immunitaire combiné sévère. Cet état est dû à la mutation d'un seul gène (ADA). La présence de ce gène défectueux suffit pour que le système immunitaire ne fonctionne pas du tout. Les enfants atteints de cette maladie sont incapables de lutter contre les infections et doivent vivre en isolement dans un milieu sans germes. Même dans ces conditions, leur vie est habituellement brève. Or, après deux ans de thérapie, cette fillette pouvait fréquenter l'école normalement, ainsi que nager, danser ou patiner avec sa famille et ses amis. Cet exploit scientifique a été réalisé par Kenneth Culver, Michael Blaese et French Anderson.

Cela paraît tenir du miracle, mais ce n'est qu'un simple exemple de la façon dont la recherche fondamentale en génétique et en biologie moléculaire peut, à long terme, guérir certains fléaux de l'humanité. Pouvons-nous désormais guérir n'importe quelle maladie génétique? Avant de répondre, il faut, comme d'habitude, comprendre les principes qui se cachent derrière ce succès.

Le gène ADA est indispensable au bon fonctionnement des lymphocytes T, ces globules blancs qui sont les pièces maîtresses de notre système immunitaire (chap. 6). Les lymphocytes T ont une vie brève; et, comme les globules rouges du sang, ils sont continuellement produits par la division de certaines cellules de la moelle osseuse. On peut facilement cultiver ces dernières en laboratoire hors de l'organisme; ainsi, Culver, Blaese et Anderson ont pris quelques-unes de ces cellules chez la fillette, les ont cultivées en laboratoire et les ont transformées avec un ADN contenant une copie du gène ADA normal. Ils ont ensuite contrôlé que leurs cellules transformées contenaient bien le gène normal et qu'elles utilisaient ce gène pour faire de l'ARN messager. Ils ont alors réinjecté les cellules transformées à la fillette malade. Ce procédé doit être répété périodiquement.

Le succès de cette technique repose sur au moins trois points. En premier lieu, il s'agit d'un gène déjà cloné. Deuxièmement, le niveau de l'activité du gène ADA n'est pas critique: le système immunitaire retravaille comme chez une personne normale, que le gène normal introduit travaille à 10% de son niveau habituel ou qu'il travaille à 50%. Troisièmement, les cellules dans ce cas sont faciles à prélever et à cultiver à l'extérieur du corps humain. C'est la combinaison de ces trois facteurs qui a rendu possible ce premier succès.

Malheureusement, beaucoup de gènes doivent être actifs, dans le bon tissu et avec le bon degré d'activité. Il ne suffit donc pas de fournir le gène normal, mais il est indispensable de s'assurer que son activité est correcte. Dans beaucoup de cas, on ne connaît pas encore les séquences d'ADN qui sont nécessaires au contrôle correct de l'activité du gène. Il reste un autre problème majeur: de nombreux types de cellules, comme les cellules nerveuses, musculaires ou pulmonaires, ne peuvent pas être cultivés en laboratoire. Par ailleurs, la destination du gène normal peut représenter une difficulté: dans le cas de la mucoviscidose, une thérapie génique efficace exigerait que le gène soit placé dans les cellules du poumon du patient; quant à la maladie d'Alzheimer, il faudrait, à supposer qu'on ait trouvé les gènes mutés, remplacer des gènes dans les cellules du cerveau.

De quelles méthodes disposons-nous pour faire parvenir le gène normal jusque dans le tissu adéquat et pour le rendre actif au bon moment et dans la bonne proportion? L'idée actuelle la plus en vogue serait de glisser l'ADN du gène normal dans le génome d'un vecteur utilisant un virus. Ainsi que nous l'avons vu, certains virus montrent une spécificité pour les tissus qu'ils infectent: ils n'envahissent, par exemple, que les cellules du poumon ou que les cellules du cerveau. Il serait naturellement dangereux de confier à des virus pathogènes le transport du gène normal jusque dans les cellules correctes. Il est donc indispensable de modifier les virus pour les rendre inoffensifs, sans toutefois réduire leur capacité d'infecter leurs cellules-cibles; c'est possible, une fois de plus, par génie génétique. Cette stratégie paraît excellente en principe, elle mérite néanmoins d'être introduite avec la plus grande prudence et il faudrait l'essayer sur l'animal d'abord. Nous devons souligner que, dans le cas de nombreuses maladies, il n'existe pas de modèle animal, c'est-à-dire d'espèce animale susceptible de contracter la maladie humaine. Ce n'est qu'en 1992 que la souris portant un gène CFTR mutant a été obtenue, et elle a été produite, elle aussi, par génie génétique.

Comment doit-on décider s'il faut essayer une nouvelle thérapie génique ou non? Aux Etats-Unis, c'est un Comité consultatif[2] qui donne son autorisation avant qu'une thérapie génique soit entreprise. Des comités semblables fonctionnent en Europe. Il reste encore de nombreux problèmes biologiques et éthiques à résoudre, il faut cependant placer en regard l'aide potentielle immense qui pourrait être offerte à des millions de patients. De plus, la thérapie génique s'annonce comme une source possible de profits intéressants.

LE NOUVEL ELDORADO DE L'INDUSTRIE PHARMACEUTIQUE

Avez-vous un cancer? Avalez la pilule qui contient le gène normal! Souffrez-vous de la maladie d'Alzheimer! Prenez le bon remède! Vous voulez vous protéger du SIDA, injectez-vous les gènes de l'immunité contre le VIH! Ce ne sont encore que des rêves, mais il y a des milliers de chercheurs sérieux qui travaillent à réaliser ces rêves, dans des dizaines de nouvelles compagnies de thérapie génique. Par ailleurs, il y a des millions de nouveaux patients tous les ans pour chacune de ces maladies.

On estime que la vente des produits pharmaceutiques et médicaux fondés sur le génie génétique passera durant les dix prochaines années de quelques millions de dollars à plus de cent milliards. Les noms de ces nouvelles compagnies de thérapie génique sont pleins d'imagination: *Genzyme*, Transgène, Génética, *Viagene*, *Gen Vec*, *Targeted Genetics* (ou Génétique ciblée), Somatix, *Genetic Therapy* (ou Thérapie génique) et bien d'autres. Certaines ont été créées par des grandes firmes pharmaceutiques, d'autres ont déjà disparu.

Cela rappelle le bon vieux temps de la Ruée vers l'Or. Comme dans le film de Charlot, quelques personnes s'enrichissent, mais il s'agit d'une minorité. Pourtant toute «ruée vers l'or» porte en soi

[2] n.d.t. Comité consultatif de l'ADN recombinant de l'Institut National de la Santé (*Recombinant DNA Advisory Committee of the National Institutes of Health*)

quelque chose de fascinant. Il n'est pas étonnant, ainsi que le relève le journal *Science*, que certains spécialistes de la thérapie génique abandonnent le navire. Kenneth Culver, un des scientifiques responsables de la première thérapie génique, a quitté le *National Institutes of Health* (Institut National de la Santé) en 1993 pour travailler chez *Genetic Therapy.* Avec le temps, les liens de la science et de la technologie se resserrent. Cela peut créer des problèmes ; nous discuterons cet aspect de la recherche dans les deux derniers chapitres.

Chapitre 12

CANCER: MALCHANCE OU HABITUDE MALSAINE

LE CANCER est la cause de mortalité qui vient au deuxième rang dans les pays développés; il est responsable d'un million de morts par année aux Etats-Unis et en Europe. Il y a 150 différentes sortes de cancers: cancer de la peau (mélanome), cancer du poumon, cancer du col de l'utérus, cancer du larynx, etc. Tous ces différents cancers ont un point commun: au départ, une cellule désobéit aux règles que suivent ses compagnes du même type: c'est-à-dire qu'elle commence à se diviser à un rythme rapide et d'une façon incontrôlée; elle produit des cellules se comportant de la même manière qui constituent, dans certains cas, un grand amas de cellules (la tumeur) et finissent par entraîner la mort. C'est parce qu'il y a deux cents types différents de cellules dans le corps humain que le nombre de types différents de cancers est si élevé: chaque sorte de cellules peut en principe commencer à se diviser d'une façon incontrôlée. Le grand public se pose beaucoup de questions au sujet du cancer. Est-il infectieux? Pourquoi apparaît-il? Pourquoi davantage de gens meurent-ils actuellement du cancer que du temps de nos grand-parents? Est-ce dû à notre manière de vivre ou aux bombes atomiques, à la pollution de l'air et de l'eau? Comment peut-on traiter le cancer?

Le cancer était déjà connu en 400 avant Jésus-Christ, lorsque le médecin grec Hippocrate le baptisa carcinome, d'un mot grec signifiant crabe. Le mot latin signifiant crabe est *cancer.* On nomma la maladie ainsi, car les veines distendues qui rayonnaient de certaines tumeurs du sein ressemblaient à des crabes. Déjà en 1700, on soupçonnait que certains cancers étaient plus fréquents chez des personnes qui avaient un mode de vie particulier. En Italie, Bernardo Ramazzini relevait que les nonnes avaient un taux de cancer du sein plus élevé que les femmes mariées de la même région, et il avançait que cela provenait de leur célibat et du fait qu'elles n'avaient pas d'enfants.

Il s'agit de l'une des premières études épidémiologiques sur le cancer. L'épidémiologie est la branche de la médecine qui étudie l'incidence des maladies au niveau de grandes populations et leur cause; c'est actuellement une science très développée, qui fournit beaucoup de renseignements.

RESPONSABLES DU CANCER: ENVIRONNEMENT ET STYLE DE VIE

De récentes études épidémiologiques montrent que le même type de cancers a une incidence différente dans diverses régions du globe. Le tableau 12.1 donne des exemples de la variation de l'incidence de cancers courants dans des régions différentes. Pour les habitants du Queensland, en Australie, le risque de développer un cancer de la peau avant l'âge de 75 ans est de 20%, alors que la probabilité correspondante est de seulement 0,1% à Bombay. Les autres cancers les plus courants montrent des variations du même ordre. Qu'est-ce qui provoque cette variation d'incidence dans diverses populations: s'agit-il de différences au niveau des gènes, au niveau des modes de vie ou au niveau des environnements, ou les trois types de facteurs interviennent-ils ensemble?

Les épidémiologistes répondent à cette question en tirant parti des renseignements fournis par les populations migrantes, qui changent de milieu et de mode de vie, mais emportent avec elles leurs propres gènes. Aux Etats-Unis, on peut par exemple comparer des Noirs américains avec des Africains et avec des Blancs américains, tandis que des Américains d'origine japonaise sont comparés avec des Japonais et des Blancs américains. A partir de ce genre d'études, on a pu montrer qu'aux Etats-Unis, le milieu et le style de vie sont responsables de 70 à 90% des cancers. Cela signifie que 10 à 30% des cancers ont une cause uniquement géné-

Tableau 12.1 Différences de l'incidence des cancers communs dans des régions différentes.

Type de cancer	**% pour**	**Région de forte incidence**	**Incidence*** (en %)	**Région de faible incidence**	**Incidence*** (%)
sein	femmes	Conneticut	7	Ouganda	0,5
col de l'utérus	femmes	Colombie	10	Israël	0,7
foie	hommes	Mozambique	8	Norvège	0,1
poumon	hommes	Grande-Bretagne	11	Nigeria	0,4
bouche	hommes	Inde	plus de 2	Danemark	0,1
oesophage	hommes	Iran (Nord)	20	Nigeria	0,1
rectum	hommes	Danemark	2	Nigeria	0,1
peau	hommes	Queensland	plus de 20	Bombay	0,1
estomac	hommes	Japon	11	Ouganda	0,3
utérus	femmes	Californie	3	Japon	0,1

* incidence: la probabilité de contracter ce cancer particulier pendant les premières 75 années de la vie.

(tiré de *H. Varmus et R. A. Weinberg, 1993*)

Tableau 12.2 Principaux facteurs du milieu responsables de cancers aux Etats-Unis.

Facteur	**Pourcentage de toutes les morts dues à un cancer**
régime alimentaire	35
tabac	30
infection	10
comportement sexuel et lié à la reproduction	7
profession	4
alcool	3
pollution	2
additifs alimentaires	moins de 1
toutes les autres causes	8

(tiré de *H. Varmus et R. A. Weinberg, 1993*)

tique et sont indépendants du milieu et du mode de vie. Cependant, ce type d'études ne nous dit pas si le milieu cause des cancers en détruisant des gènes importants, ou s'il s'agit de quelque autre cause. Des recherches en biologie moléculaire nous ont appris que de nombreux facteurs environnementaux peuvent être mutagènes; nous y reviendrons plus loin. Le tableau 12.2 montre, pour les Etats-Unis, les principaux facteurs susceptibles de causer un cancer.

On pourrait être surpris de constater qu'aux Etats-Unis, le tabac et le régime alimentaire sont responsables chacun d'un tiers de tous les cancers dus à des causes environnementales. Notons en passant que les causes diététiques se réfèrent principalement à une alimentation incorrecte. Le plus souvent, les agents impliqués dans les cancers humains induisent des types particuliers de cancers; le tableau 12.3 donne une liste de divers facteurs environnementaux

Tableau 12.3 Agents présents dans le milieu et les types de cancers qu'ils peuvent induire.

Agent environnemental	**Organes-cibles des tumeurs**
aflatoxine (des cacahuètes moisies)	foie
alcool	pharynx, larynx, œsophage, foie
colorants à l'aniline	vessie
amiante	poumons
chiquer le tabac	bouche
virus Epstein-Barr	moelle osseuse, nasopharynx
virus de l'hépatite B	foie
virus des papillomes humains	col de l'utérus
virus de la leucémie humaine des lymphocytes T	thymus, rate
soleil (UV)	peau
rayons X	moelle osseuse
fumée du tabac	bouche, poumons, pancréas, œsophage, vessie

(tiré de *H. Varmus et R. A. Weinberg, 1993*)

et des types de cancers qu'ils peuvent provoquer. Les résultats du tableau 12.2 sont valables pour les Etats-Unis, mais ces chiffres restent certainement valables si on les extrapole aux autres pays développés. Dans les pays en voie de développement, ce sont d'autres agents qui jouent le rôle le plus important, notamment les infections. Le virus de l'hépatite B, par exemple, est endémique dans les régions voisines du Sahara et dans le Sud-Est asiatique: jusqu'à 20% de la population peut se trouver infectée par le virus; dans ces régions, on observe une très forte incidence du cancer du foie, qui peut toucher 1,5 personnes sur 1 000.

Comment se peut-il qu'autant d'agents différents puissent faire perdre aux cellules le contrôle de leur croissance et provoquer ainsi un cancer?

POUR COMPRENDRE LE CANCER, ÉTUDIONS LA BIOLOGIE DU DÉVELOPPEMENT

Chacun de nos organes est formé d'un certain nombre de cellules, et pas une de plus: un cancer apparaît lorsque des cellules cessent d'obéir à cette règle commune; le nombre de cellules augmente alors au-delà de l'acceptable, en rompant le subtil équilibre de notre organisme. Si nous voulons combattre le cancer en toute connaissance de cause, il faut que nous comprenions comment notre corps est construit, et comment il s'est développé depuis le moment où nous n'étions qu'un œuf. La science qui tente de comprendre ces événements est la biologie du développement; ce domaine de la biologie n'étudie pas seulement le développement des êtres humains, mais aussi celui de tous les autres organismes vivants. Depuis l'époque de Darwin, les biologistes ont compris que, sur le plan biologique, les êtres humains ne sont pas très différents des autres animaux, lesquels à leur tour ne sont pas si différents des plantes, ou des micro-organismes, les bactéries y compris. Nous avons déjà vu que l'information génétique de tous les êtres vivants est contenue dans l'ADN. Notre ADN et l'ADN d'une bactérie ne diffèrent que par la suite des bases A, T, C et G qu'ils contiennent. C'est pourquoi les biologistes du développement n'étudient pas seulement les humains, mais une foule d'autres animaux, y compris les souris, les grenouilles, des insectes, des vers, ainsi que des moisissures, et même des bactéries. Au travers de l'étude de ces organismes variés, nous commençons à pouvoir reconstituer le puzzle des mécanismes qui exercent une régulation sur le développement. La figure 12.1 montre les premiers stades du développement de la souris. A ses débuts, le développement d'un bébé humain est tout à fait identique. Le zygote, produit lors de la fécondation par la fusion de l'ovule et du spermatozoïde, commence à se diviser et donne naissance à deux cel-

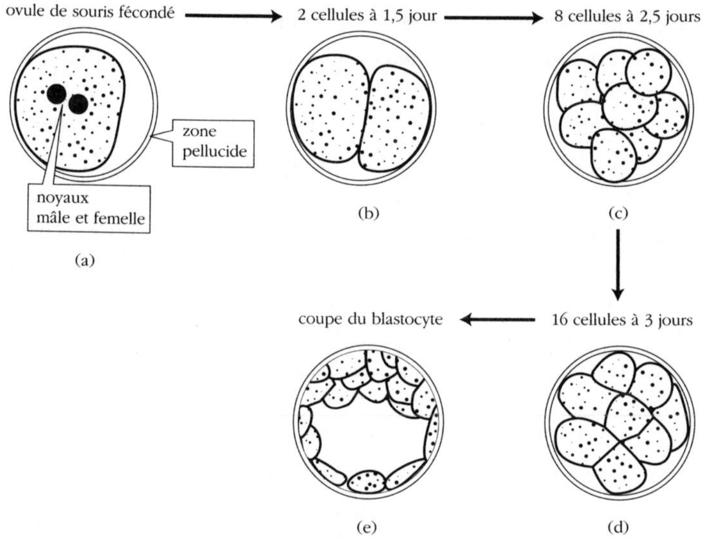

Fig. 12.1 Schéma des premiers stades de développement chez la souris.
(a) L'ovule a été fécondé, mais les deux noyaux, l'un en provenance de l'ovule et l'autre en provenance du spermatozoïde, n'ont pas encore fusionné. La zone pellucide est l'enveloppe de protéines qui entoure le jeune embryon.
(b) Les deux noyaux ont fusionné et formé le zygote, qui en se divisant a produit 2 cellules à l'intérieur de la zone pellucide.
(c) Deux nouvelles divisions ont suivi: l'embryon est maintenant formé de 8 cellules.
(d) La division suivante produit un embryon à 16 cellules.
(e) Les divisions suivantes amènent l'embryon au stade du blastocyste.

lules identiques (fig. 12.1b). Ensuite chacune se divise, si bien qu'il y en a quatre; en se divisant à leur tour une nouvelle fois, ces dernières en produisent huit (fig. 12.1c). A ce stade, les cellules ont toutes le même aspect. Les cellules continuent à se diviser; d'abord, elles constituent une sorte de ballon creux, le blastocyste (fig. 12.1e) et, bientôt, l'embryon prend forme. Rappelons en passant que toutes les cellules de l'embryon reçoivent le même ADN. Cependant, dès le stade à 16 cellules, les cellules de l'embryon ne sont plus identiques: les cellules différentes commencent à faire des protéines différentes. Comment et pourquoi cela se produit-il?

Nous savons que chaque gène code pour une protéine et qu'il y a environ 100 000 gènes différents dans le génome humain, lesquels codent en principe pour 100 000 protéines différentes. Chez la souris, c'est très semblable. Que ce soit dans le zygote, dans l'embryon qui se développe ou même dans une cellule quelconque de l'adulte, ces gènes ne sont pas tous continuellement en train de produire une protéine. Dans notre maison, nous avons en principe la possibilité d'allumer toutes les lampes en même temps que la radio, le réfrigérateur, la télévision et toute une kyrielle d'autres objets nécessitant du courant électrique. C'est vrai en principe, mais il est peu probable que ces appareils fonctionnent simultanément vingt-quatre heures sur vingt-quatre. Nous les allumons ou nous les éteignons en fonction de nos besoins. Il en va de même pour les gènes présents dans les cellules de l'embryon en train de se développer et, par ailleurs, dans toutes les cellules de notre corps (chap. 4). Certains gènes sont actifs en fonction des besoins de la cellule, et la plupart sont inactifs. Comment se fait-il qu'au stade à 16 cellules de l'embryon humain, des différences apparaissent, selon les cellules, dans le choix des gènes qui entrent en activité. Très vraisemblablement, les cellules situées à l'extérieur de l'embryon répondent d'une manière déterminée à leur environnement, qui diffère de celui des cellules du centre. En outre, des cellules différentes ont des contacts physiques différents avec les autres cellules. Par exemple, une cellule de l'intérieur a des points de contact avec trois ou quatre cellules, mais pas avec la zone pellucide – ce nom a été donné à l'enveloppe protéinique entourant le jeune embryon. Quant aux cellules de l'extérieur, elles sont en contact avec la zone pellucide, mais seulement avec une ou deux cellules.

Les cellules communiquent les unes avec les autres par ces contacts et cette communication amène les gènes à être mis en activité ou pas. Cela permet aux cellules de se différencier en nouveaux types ayant des propriétés diverses. L'adhésion cellulaire est l'une de ces propriétés: certaines cellules ont tendance à s'attacher à leurs «consœurs» du même type, à cause des protéines présentes à leur surface et capables de se lier entre elles. Ces protéines de la surface cellulaire sont produites par des gènes qui sont devenus actifs pendant le développement. D'autres cellules ont plutôt tendance à se lier à la zone pellucide. Ainsi, la position des cellules puis l'adhésion cellulaire ont pour effet la mise en place d'une régulation des gènes. Cette régulation des gènes entraîne une spécialisation de plus en plus poussée des nouvelles cellules, de sorte qu'en neuf mois un bébé se développe. Après la naissance du bébé, les cellules continuent à communiquer les unes avec les autres. Des petites protéines, nommées facteurs de croissance, jouent un rôle important dans cette communication. La somatotropine, ou hormone de croissance humaine, est une hormone libérée par l'hypophyse, puis véhiculée par le sang; cette protéine (chap. 9) est un facteur de croissance: elle est capable de se fixer sur toute cellule munie, à sa surface, d'une protéine réceptrice spécifique et elle lui donne ainsi le signal d'activer à son tour certains gènes, ou de les désactiver.

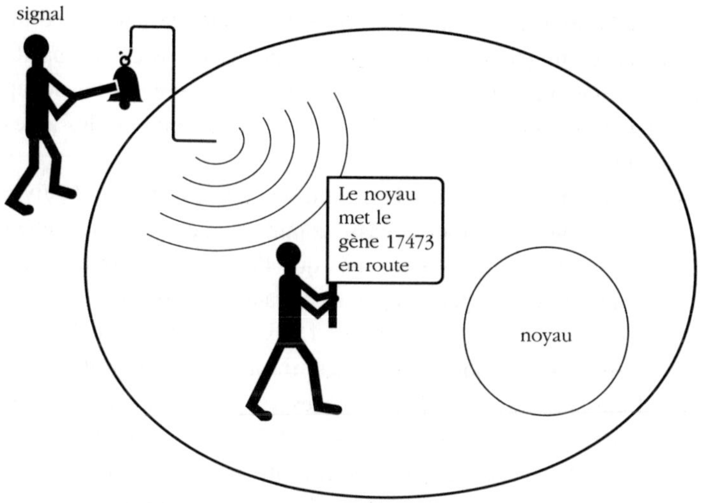

Fig. 12.2 Régulation de l'expression des gènes par le milieu.
Un premier messager, par exemple une hormone, donne un signal: il fait sonner une cloche en atteignant la surface de la cellule. Dans la cellule, un second messager entend le signal et court vers le noyau pour activer le gène.
Il s'agit d'un modèle schématique!

Le développement du bébé continuera ainsi jusqu'à ce qu'il soit adulte. A ce moment, il aura 10 000 000 000 000 ou 10^{13} cellules, de plus de 200 types différents et dont chacune connaît sa place et son rôle.

En résumé, on pense actuellement que la régulation des gènes durant le développement se déroule ainsi: une cellule reçoit une information de l'extérieur, vraisemblablement en provenance de diverses sources, et cette information est saisie par un messager cellulaire qui la porte au noyau: un ou plusieurs gènes sont alors activés ou désactivés (fig. 12.2). Les biologistes du développement se heurtent à de sérieuses difficultés alors qu'il s'agit de découvrir à quel moment et dans quels divers types de cellules du corps les 100 000 gènes sont actifs ou inactifs, et, par ailleurs, de préciser quels sont les signaux responsables de cette organisation mouvante. On sait que si une erreur se glisse dans ce processus, il y a une chance qu'une cellule quelconque parmi ces 10^{13} cellules «oublie» sa place et son rôle, et qu'elle commence à se diviser d'une façon incontrôlée.

LA MUTATION D'UN GÈNE PEUT CAUSER UN CANCER

C'est l'étude des souris et des bactéries qui a conduit les chercheurs à comprendre l'origine moléculaire du cancer. En 1975, le chercheur américain Bruce Ames a montré, sur des bactéries, que la plupart des facteurs cancérogènes puissants provoquaient aussi de nombreuses mutations. La corrélation entre la capacité d'un composé chimique à causer un cancer chez la souris et sa capacité à causer une mutation chez la bactérie était si élevée que beaucoup de gens furent convaincus que les cancers devaient être dus à des mutations.

Actuellement, le déclenchement d'un cancer nous paraît suivre le scénario que voici: tout se passe comme si une voiture se mettait à rouler de plus en plus vite, sans que l'on puisse l'arrêter. Cela peut se produire, soit parce que l'accélérateur est coincé, soit parce que les freins ne fonctionnent pas. Dans la cellule, l'accélérateur est contrôlé par de nombreux gènes «promoteurs de croissance», et le frein par une autre série de gènes «suppresseurs de tumeur». Tous ces gènes jouent un rôle important dans le développement de l'embryon. Les gènes promoteurs de croissance (gènes de l'accélérateur) sont les gènes qui reçoivent l'information donnant l'ordre à la cellule de continuer à se diviser. Les gènes suppresseurs de tumeur (gènes du frein) sont inactifs jusqu'au moment où un ou plusieurs messages disent à la cellule de cesser de se diviser, parce que le nombre correct de cellules est atteint. Ces deux fonctions sont indispensables pour assurer un développement normal. Les ennuis commencent lorsque les gènes promoteurs de croissance deviennent trop actifs (ils sont dès lors nommés oncogènes ou gènes promoteurs de tumeurs), soit lorsque les gènes suppresseurs de tumeur ne fonctionnent plus, par exemple à cause d'une mutation. Nous savons maintenant que la plupart des facteurs cancérogènes sont mutagènes et qu'ils causent souvent des cancers en détruisant les gènes suppresseurs; il arrive toutefois que certains facteurs cancérogènes miment les facteurs de croissance, en donnant à la cellule de faux ordres de se multiplier. Combien de gènes doivent-ils subir une mutation pour qu'un cancer se déclare? Cela dépend du type de cellules, et cela varie aussi avec chaque type de cancer.

Pour certains cancers, tel le rétinoblastome, un cancer de la rétine, il suffit que les deux copies d'un seul gène (nommé RB) soient défectueuses. Cette maladie est donc due à un gène mutant récessif qui peut soit avoir été hérité soit avoir été produit par mutation au cours du développement. Ce cancer est très rare et un tiers des enfants qui en sont atteints ont déjà hérité au moins d'une copie du gène RB mutant récessif du père ou de la mère. Chez les deux tiers restants des enfants, les deux copies du gène RB ont muté pendant le développement. Il ne faut pas oublier que le processus de réplication de l'ADN n'est pas parfait: il arrive que des erreurs se produisent et provoquent des mutations.

Dans le cas de certains cancers, on sait que plusieurs gènes doivent d'abord devenir défectueux avant qu'une tumeur n'apparaisse. Le cancer du côlon, par exemple, se développe quand cinq ou six gènes sont modifiés. Ce sont des études épidémiologiques qui nous fournissent la première indication sur le nombre de gènes défectueux dans le cas d'un cancer déterminé (tab. 12.3): il suffit d'analyser mathématiquement le taux de mortalité annuel des personnes d'âges différents qui sont mortes de ce cancer particulier; on peut alors en tirer le nombre de gènes qui ont dû muter. La figure 12.3 montre comment la mortalité due au cancer du côlon, aux Etats-Unis, change avec l'âge. Jusqu'à 40 ans, la probabilité d'avoir un cancer du côlon est très faible, mais ensuite elle augmente très rapidement. Plus le nombre de gènes qui doivent muter est élevé, plus la période de latence qui précède un type de cancer particulier est longue. S'il faut que cinq gènes soient inactivés avant que le cancer ne se déclenche, comme c'est le cas pour le cancer du côlon, il s'écoule un laps de temps très long avant que les cinq gènes concernés aient muté. Cela explique en partie pourquoi la fréquence de ce type de cancers est élevée chez les personnes âgées. Dans les pays développés, la fréquence de certains cancers a ainsi augmenté simplement parce que l'espérance de vie s'est allongée au cours des cent dernières années.

L'étape suivante consiste à tenter de mettre le doigt sur les cinq gènes (parmi nos 100 000 gènes !) qui ne fonctionnent plus nor-

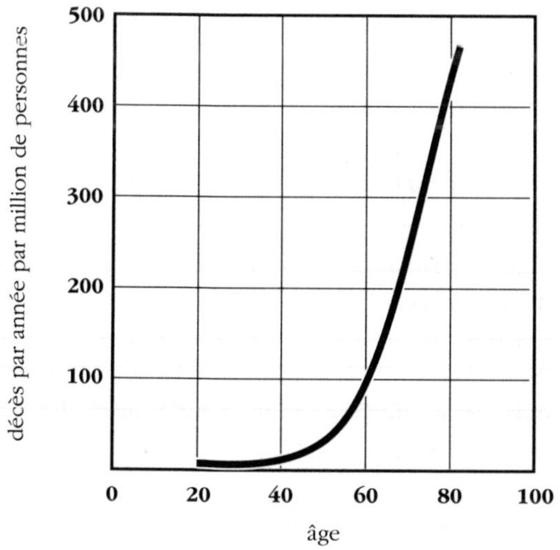

Fig. 12.3 Mortalité annuelle due au cancer du côlon, pour 1 million de personnes, pour des âges différents.

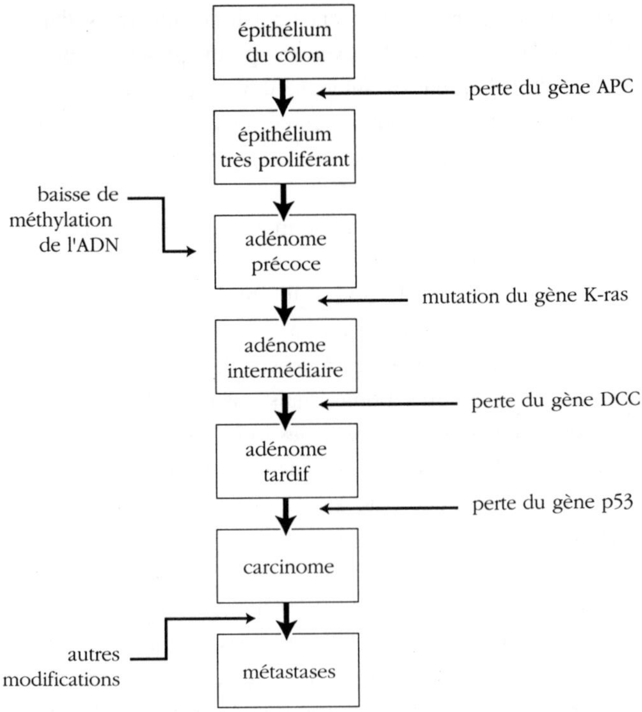

Fig. 12.4 Étapes du développement du cancer du côlon.
Le schéma montre une progression typique; d'autres cancers suivent d'autres évolutions impliquant d'autres gènes. L'épithélium du côlon est la couche de cellules qui recouvre sa paroi intérieure. Un adénome est une forme bénigne de tumeur, ne pouvant pas s'étendre. Le carcinome est une tumeur maligne, envahissante. APC, K-ras, DDC et p53 sont les divers gènes qui doivent muter pour que le cancer du côlon se développe. APC, DDC et p53 sont des gènes suppresseurs de tumeurs, K-ras est un gène promoteur de croissance. La méthylation est une modification chimique de l'ADN, qui change l'activité d'un gène.

malement et qui entraînent le développement d'un cancer du côlon. Cela exige un gros travail d'analyse génétique au niveau moléculaire. Le cancer du côlon est actuellement le mieux caractérisé des cancers mettant en cause plusieurs gènes. La figure 12.4 montre en détail les gènes responsables, de même que les étapes du développement de ce cancer.

Actuellement, nous savons que le cancer n'est normalement pas infectieux, mais qu'il est causé par l'inactivation de certains gènes. Le danger d'infection se limite aux cancers dus à des virus. Pourtant même dans ces cas, l'infection virale n'est que l'un des maillons de la chaîne causale qui conduit au cancer; habituellement, il faut en plus que certains gènes soient inactivés.

Il pouvait paraître paradoxal que le cancer soit causé soit par les conditions du milieu soit par la mutation de gènes. On comprend mieux maintenant qu'il n'y a pas de contradiction: en fait, les agents du milieu, tels que les rayons ultraviolets, le benzopyrène et les autres facteurs cancérogènes, peuvent causer des mutations et inactiver des gènes suppresseurs de tumeurs. Il se peut que les gènes mutants soient hérités; il est possible aussi que la copie normale du gène acquière une mutation pendant la réplication de l'ADN ou bien qu'elle soit mutée sous l'effet de facteurs cancérogènes.

LA MÉTASTASE EST LE VRAI TUEUR

Avant qu'une tumeur ne soit détectable, elle peut déjà comporter dix milliards de cellules. Certaines de ces cellules peuvent se détacher de la tumeur et migrer vers d'autres endroits du corps, où elles sont le point de départ d'une nouvelle tumeur, nommée métastase. La production de métastases comprend des événements biochimiques complexes: ces derniers permettent tout d'abord aux cellules de se détacher de la tumeur; ensuite, les cellules migrent par le sang ou par le liquide lymphatique, quittent finalement le système circulatoire et deviennent le point de départ d'une nouvelle tumeur. Pour certains types de cancers, on évalue à un million le nombre de cellules qui passent chaque jour dans le sang lorsque la tumeur a un centimètre d'épaisseur, et il est presque certain que l'une d'entre elles va produire une nouvelle tumeur. Le cancer du sein peut migrer vers les os, le mélanome vers les poumons et le cerveau, le cancer du côlon vers le foie. La figure 12.5 montre les chemins empruntés par les invasions des métastases d'un mélanome, tumeur qui a son origine dans la peau.

Il n'est pas toujours facile de dépister les tumeurs avant qu'elles ne commencent à se disséminer; c'est ce qui rend les métastases si dangereuses. C'est comme si vous détectiez un incendie dans votre maison et que vous appeliez les pompiers; avant leur arrivée, le feu se propage en des dizaines d'endroits à l'intérieur de votre maison et on ne peut plus le maîtriser. Dans 90% des cas, ce n'est pas la tumeur cancéreuse primaire qui est mortelle, mais les tumeurs secondaires causées par les métastases. On ne comprend pas encore bien ce processus, mais on espère trouver un moyen d'empêcher les tumeurs de se disséminer. Personne ne sait quand ce rêve se réalisera.

PEUT-ON ESPÉRER ÉRADIQUER LE CANCER ?

Les traitements anticancéreux actuels sont principalement empiriques. Les diverses stratégies consistent à enlever la tumeur par intervention chirurgicale, ou à utiliser la chimiothérapie et les rayons. Il est important d'enlever la tumeur, parce que cela ralentit la vitesse de formation des métastases. La chimiothérapie et les

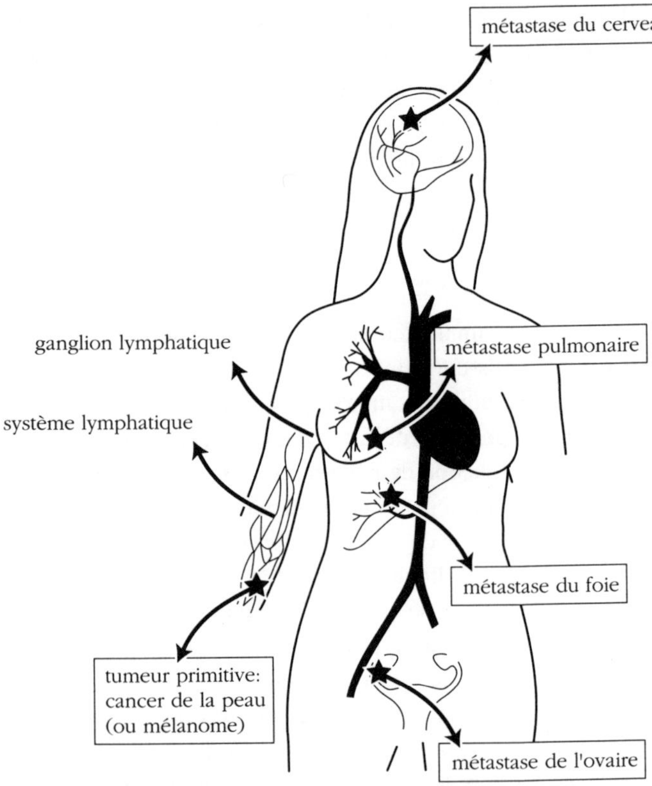

Fig. 12.5 Formation des métastases d'une tumeur maligne.
Une tumeur primaire de la peau est parue sur l'avant-bras, c'est un mélanome. Les cellules de la tumeur primaire envahissent un vaisseau lymphatique et sont transportées vers un ganglion lymphatique, où elles continuent à se diviser. Les cellules cancéreuses entrent alors dans un vaisseau sanguin et sont transportées vers toutes les parties du corps, y compris le cerveau, les poumons, le foie et les ovaires.

rayons, quant à eux, peuvent avoir un certain effet thérapeutique puisqu'ils tuent plus souvent les cellules malades que les cellules saines, et qu'ils retardent ainsi également la formation des métastases; la chimiothérapie et les rayons ont cependant des effets indésirables, tels que la perte des cheveux. Par ailleurs, tous ces traitements ne font le plus souvent que freiner la maladie, sans la guérir.

Dans ces conditions, pour un scientifique qui travaille sur le cancer, comment ne pas rêver? Certains espèrent trouver un moyen de faire parvenir une substance toxique aux seules cellules cancéreuses: on pourrait tirer profit du fait que les protéines de surface des cellules tumorales diffèrent de celles des cellules normales. D'autres chercheurs tentent de comprendre les mécanismes par lesquels les cellules s'envoient des signaux les unes aux autres, et répondent à ces signaux en modifiant l'organisation de la régulation de leurs gènes: si ces signaux étaient compris, on pourrait alors espérer les bloquer. On rêve, enfin, d'identifier et de cloner les gènes qui ont muté et sont responsables du cancer: si on pouvait conduire une thérapie génique avec ces gènes, il deviendrait possible de guérir le cancer.

Il est difficile de prédire si l'un ou l'autre de ces rêves a des chances de se réaliser et à quel moment. Cependant, il ne faudrait pas oublier qu'aux Etats-Unis, 70 à 90% de tous les cancers sont dus à l'environnement ou au mode de vie. Le plus sage en tout premier lieu serait de faire de la prévention. Fumer cause le tiers de tous les cancers! Mais le succès de la prévention, tant au niveau mondial qu'au niveau individuel, dépend de facteurs à la fois sociaux, psychologiques, politiques et économiques si variés qu'il est impossible de prévoir jusqu'à quel point des mesures préventives pourraient réduire le nombre de cancers. Les 10 à 30% restants des cancers sont dus aux erreurs que font les cellules en dupliquant leur ADN. C'est le reflet de l'imperfection humaine et, actuellement, aucun généticien n'a de moyens à proposer pour éviter ces mutations cancérogènes spontanées.

Chapitre 13

GÈNES : UNE ENQUÊTE POLICIÈRE

DANS les chapitres précédents, nous avons exposé l'état actuel de notre savoir dans le domaine de l'hérédité. Cette science est le fruit d'une longue histoire. Si l'état actuel de notre compréhension a exigé le développement de nombreuses techniques, c'est en fait l'évolution des idées qui a joué le rôle essentiel. Dans ce chapitre, nous allons décrire comment sont nées les idées maîtresses sur l'hérédité et comment elles ont évolué jusqu'à former cette imposante somme de connaissances que nous appelons génétique : cette science qui, d'une part, promet d'améliorer considérablement la qualité de la vie humaine, mais qui, d'autre part, fait planer une sombre menace. Ce bref aperçu historique est à mettre en relation avec les derniers chapitres où nous examinerons le rôle du scientifique dans notre société et, particulièrement, celui du généticien, de même que le rôle de la société à l'égard de la science.

TOUS LES ORGANISMES SONT FORMÉS DE CELLULES

C'est relativement tard dans l'histoire de l'humanité que l'on a découvert que la cellule était l'unité de base de tous les êtres vivants. En 1677, le marchand drapier hollandais Anton Van Leeuwenhoeck, dont le passe-temps était de construire des microscopes rudimentaires, fut le premier à observer des micro-organismes trop petits pour être vus à l'œil nu, dont certaines bactéries. En 1838, il y a un peu plus de cent cinquante ans, le botaniste allemand Matthias Schleiden observa des tissus végétaux à l'aide des microscopes, bien meilleurs, de son époque et il suggéra que les plantes étaient constituées d'unités simples, les cellules. Peu de temps après, le zoologiste allemand Theodor Schwann fit la même constatation pour les animaux. Il fallut encore vingt ans pour que la constitution cellulaire de tous les êtres vivants soit reconnue. Le pathologiste allemand Rudolph Virchow formula cette théorie, ainsi qu'elle s'applique aux animaux, en ces termes : « Chaque animal apparaît comme la somme d'unités vitales, dont chacune porte en soi toutes les caractéristiques de la vie. »

Il devenait alors évident que pour comprendre les principes de la vie, il était indispensable de comprendre comment les cellules étaient faites et comment elles fonctionnaient. La compréhension de l'hérédité passait obligatoirement par la caractérisation de deux types de cellules essentielles pour engendrer une nouvelle vie humaine : l'ovule et le spermatozoïde. Le spermatozoïde est une cellule spécialisée pour la nage, et il ne contient pas grand-chose d'autre en dehors des structures nécessaires à la nage et de son noyau. C'est pourquoi on soupçonna que le noyau jouait un rôle important dans la conception d'une vie nouvelle. En 1879, le biologiste allemand Walther Flemming parvint à observer, à l'aide d'un microscope, que des petits corpuscules, nommés chromosomes, se dupliquent à l'intérieur du noyau. Vingt ans plus tard, en 1903, le savant américain Walter Sutton observait que, pendant la formation des gamètes, chaque gamète ne reçoit qu'un seul des deux chromosomes de la paire contenue dans la cellule de départ. Les gamètes sont les cellules spéciales utilisées au cours de la reproduction sexuée, soit les ovules et les spermatozoïdes dans l'espèce humaine (chap. 5). Cette répartition régulière devait, selon Sutton, avoir une raison, et il pensa que l'information génétique était écrite d'une façon quelconque et à un endroit quelconque du chromosome. Cette hypothèse n'était pas tirée de ses seules observations personnelles, mais elle se fondait également sur les travaux de Mendel, antérieurs de 40 ans : Mendel avait découvert que les caractères, qu'il avait observés chez les plantes de pois, étaient déterminés par ce qu'il nommait des paires de déterminants, et qu'un seul déterminant de chaque paire passait, à chaque génération, de chacun des parents à son descendant ; les déterminants de Mendel correspondent à nos gènes actuels.

Cette théorie de la base chromosomique de l'hérédité, proposée par Sutton, unifia le domaine de la génétique, qui était parvenu à supposer l'existence des gènes sans s'occuper de leur nature physique, et le domaine de la biologie cellulaire, qui avait observé la régularité des divisions de la cellule et du noyau, sans attribuer de fonction aux structures observées.

POURQUOI LES JEUNES RESSEMBLENT-ILS À LEURS PARENTS ?

Cette question, on se la pose depuis des milliers d'années. La première réponse écrite se trouve dans un texte attribué au célèbre médecin grec Hippocrate, qui croyait que le sperme contenait les propriétés du corps dont il provenait. Aristote pensait que le sperme donnait, à la mère, les instructions nécessaires pour faire un enfant, comme on pourrait donner des indications à un menuisier pour construire un meuble avec du bois. Il émettait en fait une idée très moderne : le sperme contient de l'information. Cette idée fut cependant oubliée par les générations suivantes. La littérature du Moyen Age fait peu allusion à l'hérédité. Les philosophes étaient peut-être trop occupés à deviner combien d'anges pouvaient se tenir sur une tête d'épingle, et à discuter la nature de leur sexe. En 1660, l'Italien Marcello Malpighi défendit l'idée que l'ovule contenait un petit être humain préformé, un «*homunculus*», que la mère avait reçu de sa mère qui l'avait elle-même reçu de la sienne, et ainsi de suite. Cette théorie de l'emboîtement devait faire remonter l'histoire de l'*homunculus* à Eve. Après qu'en 1677, Leeuwenhoeck eut découvert que le sperme contenait des spermatozoïdes, l'*homunculus* fut situé dans le spermatozoïde. Cependant, dans aucune de ces deux versions, la théorie de l'*homunculus* ne réussissait à expliquer pourquoi l'enfant héritait certains caractères de sa mère, mais d'autres de son père.

Les premières expériences décisives qui conduisirent à la découverte des lois de l'hérédité furent menées par Gregor Mendel, à Brno; cet abbé augustinien, fils de paysans, avait fait des études d'horticulture, d'agronomie et de physique, entre autres; il publia sa théorie en 1865. Il savait qu'il était possible de modifier la couleur des fleurs des plantes ornementales en croisant certaines plantes entre elles, et que ces croisements donnaient des résultats reproductibles. Il désirait comprendre le principe qui se cachait derrière ce phénomène. Pour mener à bien ses expériences, il utilisa le pois (*Pisum sativum*), parce qu'il pouvait obtenir des marchands locaux différentes variétés, qui avaient des caractères se reproduisant de génération en génération sans changement, par exemple la taille de la plante ou la forme de la graine. Il nomma ce type de variétés «lignées pures».

La figure 13.1 montre deux exemples de ces variétés, une variété de pois possède des graines toujours lisses, comme les petits pois que nous achetons au marché, alors que l'autre variété a des graines ridées. Mendel choisit deux variétés portant des caractères contrastés et il les croisa entre elles. Les pois sont des plantes autofertiles; la même fleur produit à la fois des gamètes femelles et des gamètes mâles; le pollen, qui contient les gamètes mâles, féconde normalement les gamètes femelles contenus à l'intérieur des ovules du pistil de la même fleur. On peut cependant croiser les variétés: il faut enlever les anthères d'une fleur, c'est-à-dire les organes qui produisent le pollen, et amener le pollen de l'autre variété pour féconder le pistil de la fleur. Mendel mit en route son plan expérimental en croisant deux variétés de lignée pure (fig. 13.2). En utilisant le pollen d'une variété à graines lisses, il féconda les 60 fleurs d'une variété à graines ridées, auxquelles il avait enlevé les anthères. Il recouvrit chaque fleur qu'il avait pol-

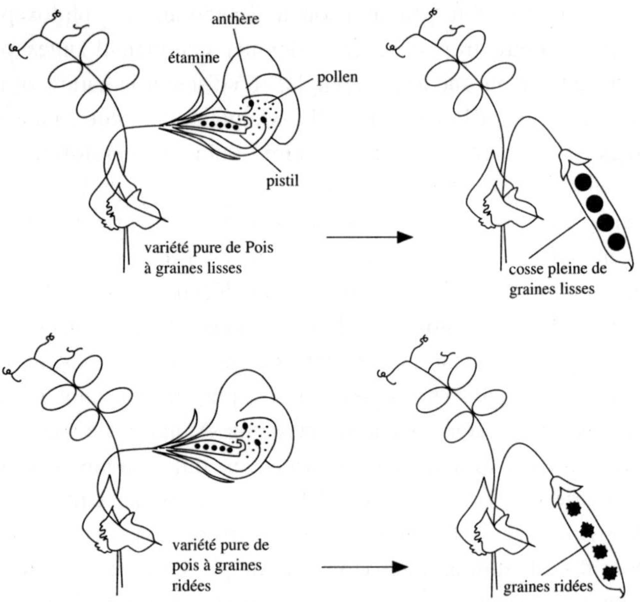

Fig. 13.1 Deux variétés pures de pois.
Le schéma supérieur montre la fleur d'une variété à graines lisses; les ovules dans le pistil sont fécondés par le pollen de la même fleur, ce qui produira le développement de graines toutes lisses.
Le schéma inférieur montre la même chose pour une variété à graines ridées.

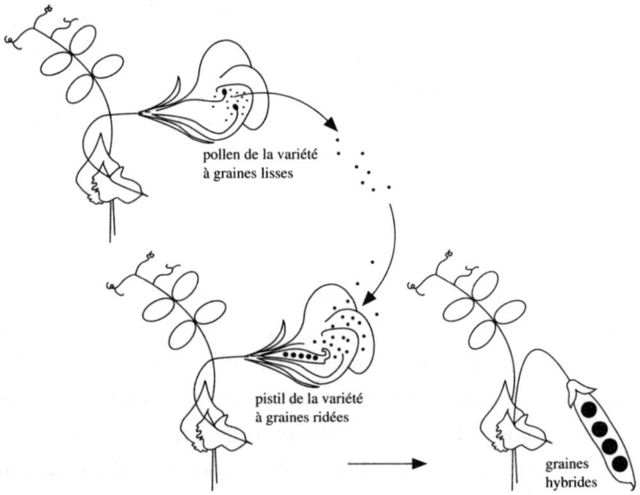

Fig. 13.2 Production des hybrides de la première génération à partir de deux variétés de pois de lignée pure: l'une à graines lisses et l'autre à graines ridées.
On utilise le pollen de la plante A, de variété pure à graines lisses, pour féconder les ovules dans le pistil de la plante B de la variété à graines ridées. Plus tard sur la plante B, les cosses résultant de la pollinisation croisée ont mûri: bien que génétiquement hybrides, toutes les graines sont lisses.

linisée avec un sac de papier, pour empêcher les insectes d'apporter du pollen d'autres fleurs. Il obtint ainsi plusieurs centaines de graines qui étaient toutes lisses. Il obtint le même résultat, c'est-à-dire seulement des graines lisses, en croisant du pollen de la variété à graines ridées avec des pistils de la variété à graines lisses. Le caractère ridé avait disparu !

Ensuite, Mendel sema 253 de ces graines lisses et laissa les plantes qu'elles produisirent s'autoféconder (fig. 13.3). Il obtint 7 324 graines, mais cette fois, elles n'étaient pas toutes lisses ! Seulement 5 474 graines étaient lisses et le reste, soit 1 850, étaient ridées. Il remarqua que cela correspondait presque exactement à trois quarts de graines lisses et un quart de ridées. Le caractère ridé avait réapparu ! Il fit les mêmes expériences pour six autres caractères. Avec des variétés qui, par exemple, étaient pures pour les caractères jaune ou vert de la graine ; toutes les graines de la première génération étaient jaunes et, après autofécondation, les trois quarts des graines produites étaient jaunes et un quart étaient vertes.

Avec une grande perspicacité, Mendel émit l'idée que l'information pour les graines ridées n'était pas perdue dans la première génération, mais seulement masquée. Il nomma dominants les caractères visibles sur la première génération lors d'un croisement entre deux variétés pures, et récessifs les caractères masqués. Donc le caractère lisse était un caractère dominant et le caractère ridé était un caractère récessif. De même, jaune était un caractère dominant et vert un caractère récessif. Il pensait que ce qui déterminait un caractère, quoi que ce fût, était une unité discrète (formant un

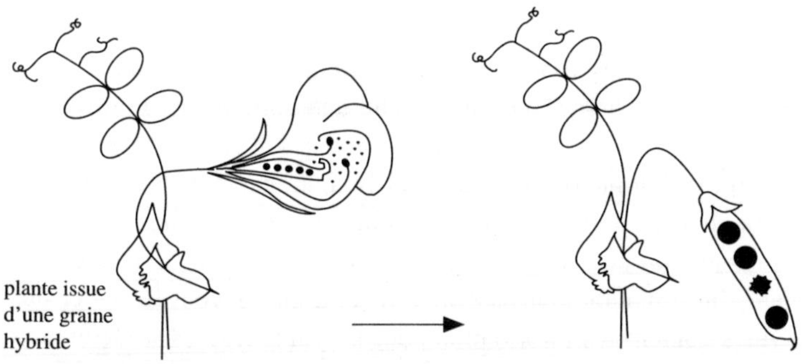

Fig. 13.3 Autopollinisation des plantes hybrides de la première génération, qui résultent du croisement entre les variétés à graines lisses et à graines ridées.
La plante s'est développée à partir de la graine hybride : c'est une plante hybride de première génération. On la laisse s'autopolliniser, les cosses se forment et on observe qu'elles contiennent en moyenne (c'est vrai pour un grand nombre de cosses !) trois graines lisses pour une graine ridée.

tout indivisible); il imaginait probablement ses déterminants sous la forme d'une particule quelconque. Les déterminants de Mendel sont les gènes actuels, mais ici nous allons continuer de les considérer comme des unités d'information génétique. Selon la première hypothèse de Mendel, chaque parent contenait deux unités d'information pour chaque caractère. Dans une variété pure, elles étaient identiques. La variété pure à graines lisses devait donc contenir deux unités d'information pour le caractère lisse (LL), la variété pure à graines ridées deux unités pour le caractère ridé (ll[1]). Lorsque deux variétés pures différentes sont croisées, les descendants, que nous appelons hybrides, reçoivent pour chaque caractère une unité d'information de chacun de leurs parents; ainsi, quand une variété à graines lisses est croisée avec une variété à graines ridées, chaque descendant reçoit une unité d'information pour la graine lisse et une unité d'information pour la graine ridée (Ll). Mendel disait que même si l'information pour les deux caractères, dominant et récessif, était présente, seule l'information pour le caractère dominant était utilisée, et qu'ainsi le descendant d'un croisement entre deux variétés pures apparaîtrait identique à son parent de variété pure portant le caractère dominant. Il comprit, pour utiliser la terminologie moderne, que le phénotype d'une plante (son apparence) pouvait être différent de son génotype (l'ensemble de ses gènes). Deux plantes pouvaient avoir le même phénotype même si elles contenaient des gènes différents. Cependant, si ces plantes qui résultent du croisement entre deux lignées pures, et qu'on nomme hybrides de première génération, en viennent à se reproduire, les différences présentes dans leurs gènes se révèlent.

A leur tour, les hybrides de la première génération produiraient, dans leur pollen et dans leurs ovules, des gamètes mâles et des gamètes femelles dont une moitié porterait une unité pour l'information graine lisse (L) et une moitié une unité pour l'information graine ridée (l). La fécondation entre ces gamètes se passe au hasard, l'information génétique qu'ils contiennent ne modifiant pas leurs chances de fécondation. Certains grains de pollen contenant l'information pour la graine lisse vont féconder des ovules contenant l'information pour la graine lisse, d'autres vont féconder des ovules contenant l'information pour la graine ridée. De façon analogue, des ovules contenant l'information pour la graine lisse ou

---

[1] n.d.t. La lettre majuscule L est utilisée pour signifier que l'information lisse est dominante et la minuscule l pour signifier que l'information ridée est récessive. La lettre reste la même, car il s'agit des informations concernant un seul caractère, la forme de la graine.

pour la graine ridée vont être fécondés par du pollen porteur de l'information pour la graine ridée. Vu qu'une moitié de chaque type de gamètes contient l'information pour la graine lisse, un quart (une moitié fois une moitié) de toutes les fécondations produit des descendants n'ayant que l'information pour la graine lisse (LL); donc ceux-ci sont purs pour l'aspect lisse de la graine. De façon analogue, un quart de toutes les fécondations produira une descendance pure pour le caractère graine ridée (ll). Et qu'en est-il pour la moitié restante des descendants produits? Ils vont recevoir une unité d'information pour la graine lisse et une unité pour la graine ridée (Ll). Ils sont comme la génération hybride produite par le croisement de deux lignées pures. Ils vont avoir le caractère dominant et des graines lisses, mais ils ne sont pas de lignée pure. La seconde génération consistera par conséquent en trois quarts avec les graines lisses (dont un quart LL de lignée pure pour le caractère dominant; une moitié Ll avec le caractère dominant mais pas de lignée pure) et un quart avec les graines ridées (ll). Mendel poursuivit plus loin ses expériences pour montrer que les trois quarts de la deuxième génération, qui montraient le caractère dominant, étaient en réalité de deux types, dont un tiers produisaient des individus de lignée pure et deux tiers se comportaient comme des hybrides de première génération, en produisant de nouveau, par autofécondation, des descendants à graines lisses et à graines ridées.

Mendel élargit ses études sur l'hérédité en réalisant des croisements entre des variétés qui différaient par plusieurs caractères. Il trouva que la transmission de chaque caractère était indépendante des autres. Par exemple, lors d'un croisement entre une variété pure ayant des graines lisses et jaunes et une autre ayant des graines ridées et vertes, tous les hybrides de première génération avaient des graines lisses et jaunes. Lorsque ces graines eurent donné des plantes et qu'elles se furent autofécondées, trois quarts des descendants avaient des graines lisses, un quart des graines ridées. Il observa en outre que les trois quarts des descendants avaient des graines jaunes et qu'un quart avait des graines vertes Ces résultats étaient par conséquent les mêmes que lorsqu'il avait effectué des croisements avec des différences portant sur un seul caractère. Le nouveau résultat qui émergeait de ce type de croisement était que la transmission d'un caractère n'avait pas d'influence sur la transmission d'un second caractère. Ainsi, sur les trois quarts des descendants qui avaient des graines lisses, trois quarts des graines étaient jaunes et un quart des graines étaient vertes. Semblablement, sur le quart des descendants qui avaient des graines ridées, trois quarts étaient jaunes et un quart vertes. Son travail avait établi le principe de l'indépendance de la transmission des divers caractères, renforçant son idée que l'information génétique était portée par des petites unités.

NATURE ET LOCALISATION DES GÈNES

L'œuvre de Mendel, publiée en 1865 en allemand, est restée dans 120 bibliothèques autour du monde pendant 35 ans sans que personne ne relève son importance ! C'est seulement vers 1900 que trois biologistes retrouvèrent, chacun de son côté, les «Règles» de Mendel : le Hollandais Hugo de Vries, l'Allemand Carl Correns et l'Autrichien Erik Tschermak. Peu après, le chercheur anglais William Bateson soumit l'idée que l'étude de l'hérédité méritait sa propre appellation et il proposa le terme «génétique» (du grec, *gen*, né, produit). Dès lors l'étude de la génétique alla bon train, mais il faut souligner une chose étonnante : la génétique allait s'épanouir pendant plus de cinquante ans sans que personne ne sût ce qu'était un gène. En faisant des croisements et en observant les phénotypes des descendants obtenus, il fut possible malgré tout de déduire une foule de renseignements sur la nature et sur l'organisation des gènes.

Vers 1908, Thomas Morgan, un généticien américain, avait commencé à utiliser les mouches du vinaigre dans l'étude de la génétique ; l'espèce employée était la plupart du temps *Drosophila melanogaster*. Les atouts principaux de cette petite mouche étaient la rapidité de l'élevage, qui ne dure que trois semaines par génération, et le nombre élevé de descendants : cent pour un seul accouplement. En outre, elle prenait peu de place et sa nourriture coûtait très peu. La première mouche mutante obtenue par Morgan avait des yeux blancs au lieu de rouges ; Morgan fit des expériences qui montrèrent que le phénotype mutant était hérité d'une manière simple. Il établit rapidement une réserve de mouches portant de nombreux caractères différents, ce qui lui permit de faire un grand nombre de croisements. Il observa que, si une partie des caractères se transmettaient à la descendance de façon indépendante, ainsi que Mendel l'avait décrit, d'autres caractères avaient cependant tendance à se transmettre en groupe ; il nomma ce phénomène liaison. En lieu et place du schéma plus généralement observé de transmission indépendante, certaines combinaisons parentales de caractères avaient tendance à être héritées ensemble par les descendants, mais même dans ce cas, la liaison était rarement complète. Certaines paires de gènes étaient étroitement liées et les combinaisons parentales étaient presque toujours héritées par les descendants, alors que d'autres combinaisons montraient une liaison plus lâche, toutefois avec des combinaisons parentales prépondérantes mais des combinaisons non parentales[2] assez fréquentes.

Il mit au point une méthode pour évaluer la liaison quantitativement et il l'utilisa pour montrer que les valeurs des liaisons pouvaient servir à construire des cartes indiquant la position relative des informations génétiques (cartes factorielles).

Si vous voyagez de Marseille à Paris, vous passez d'abord par Lyon, puis par Dijon, avant d'arriver à Paris. Lyon est à peu près à mi-chemin entre Marseille et Paris; Dijon est plus près de Paris que de Marseille. Nous avons ainsi esquissé une carte grossière de ce trajet. Une carte factorielle se construit de la même manière. En utilisant nos valeurs, les facteurs de liaison, nous trouvons que le gène B est attaché de façon lâche avec les gènes A et D, et que le gène C est lié[3] de manière plus étroite aux gènes B et D, mais très peu avec le gène A.

Si nous mettons maintenant le gène A à la place de Marseille, le gène B à la place de Lyon, le gène C à la place de Dijon et le gène D à la place de Paris, nous avons converti notre carte géographique en une carte factorielle. Morgan montra que toute une série de gènes pouvaient être reliés de cette manière, par une carte factorielle linéaire, mais que dans le cas de la mouche du vinaigre, il y avait quatre groupes de liaison différents, dont trois contenait beaucoup de gènes et le quatrième moins de gènes mais tous assez étroitement liés. Les gènes de chaque groupe de liaison dans leur ensemble obéissaient aux lois de Mendel, et les gènes à l'intérieur d'un groupe de liaison étaient hérités indépendamment de ceux qui appartenaient à un autre groupe de liaison. Comme nous avons identifié les villes qui se trouvent sur la route qui mène de Marseille à Paris, nous pouvons aussi en identifier d'autres, situées sur une route totalement différente, par exemple entre Milan et Rome.

Ces découvertes ne fournissaient pas de réponse sur la nature des gènes, mais elles en disaient long sur leur localisation. En

---

[2] n.d.t. Si une mère mouche a des ailes longues et un corps noir, et si le père mouche a des ailes courtes et un corps gris, certains descendants peuvent avoir des ailes longues et un corps gris, d'autres peuvent avoir des ailes courtes et un corps noir (combinaisons de caractères nouvelles, non parentales), même si une majorité ont les combinaisons parentales de caractères: ailes longues et corps noir ou ailes courtes et corps gris.

[3] n.d.t. En fait, plus deux gènes sont proches sur le même chromosome, plus ils sont liés; plus ils sont distants l'un de l'autre, plus ils ont de chances d'être séparés l'un de l'autre mais on connaîtra tous ces détails de la structure des chromosomes historiquement seulement plus tard. La figure 5.3 montre le petit accident qui peut se produire: l'enjambement (ou recombinaison) qui sépare deux gènes placés sur le même chromosome.

observant l'intérieur du noyau de la mouche du vinaigre, *Drosophila*, il fut possible de découvrir quatre paires de chromosomes[4], filaments faits de protéines et d'acides nucléiques. Comme nous l'avons vu, Sutton avait déjà suggéré en 1903 que les chromosomes puissent être les structures contenant les facteurs héréditaires. Son hypothèse s'appuyait sur une toute autre catégorie d'expériences: il avait observé le comportement des chromosomes pendant la division cellulaire et pendant la formation des gamètes. Le recoupement des observations de Sutton et de celles de Morgan établit solidement la théorie chromosomique qui affirmait que les chromosomes étaient le site de l'information génétique, mais ces expériences furent loin de prouver qu'il en était ainsi.

La percée s'acheva lorsque les recherches de la génétique s'étendirent aux bactéries. Les bactéries se développent rapidement et les expériences durent des semaines plutôt que des années. En 1928, le chercheur anglais Frederick Griffith montra qu'en mélangeant des bactéries tuées par la chaleur avec d'autres bactéries qui avaient des caractéristiques différentes, il pouvait retrouver des descendants présentant les caractères des deux souches: la morte et la vivante. C'est ce phénomène qu'il nomma transformation (chap. 5). Il se dit que les bactéries mortes avaient dû transmettre quelque chose aux bactéries vivantes et que ce quelque chose avait modifié leur constitution génétique. Il fallut encore beaucoup de temps pour que l'on découvrît la nature chimique de ce quelque chose.

En 1944, les généticiens américains Oswald Avery, Colin McLeod et Maclyn McCarty établirent que la substance responsable de la transformation était l'ADN. Cela fut la première preuve évidente que cette substance, tout d'abord décrite par le chimiste suisse Friedrich Miescher à Tübingen en 1871 – donc plus de 70 ans auparavant –, contenait la clé du vivant, les gènes. Tôt après, on découvrit que les molécules d'ADN étaient très longues et à première vue relativement monotones, ne contenant que de l'adénine, de la thymine, de la cytosine et de la guanine (A, T, C et G, fig. 4.2). Les ADN, qu'on pouvait extraire de toutes sortes d'organismes différents, bactéries, mouches du vinaigre, souris, poissons, plantes ou sang humain, avaient une caractéristique commune: dans tout ADN, la proportion des bases A et T pouvait varier, mais le nombre des A et celui des T était toujours égal. La même chose était vraie pour C et G, le nombre des C étant toujours identique à celui des G.

---

[4] n.d.t. Trois grands et un petit, ce qui explique les groupes de liaison que Morgan avait observés.

Ces faits, combinés avec des informations sur la structure de l'ADN obtenues par l'analyse de l'ADN à l'aide de rayons X, et agrémentés d'une approche théorique concernant les caractéristiques structurales requises par une molécule qui porterait une information génétique, conduisirent l'Anglais Francis Crick et l'Américain James Watson, qui travaillaient ensemble à Cambridge, à proposer pour la molécule d'ADN une structure en double hélice. C'était en 1953, cinquante-trois ans après la redécouverte des lois de Mendel.

Désormais, l'âge d'or de la biologie moléculaire s'ouvrait. Comment se faisait-il qu'une molécule aussi peu variée que l'ADN – une molécule ne contenant pratiquement que quatre bases et rien de plus, capable au mieux de coder de l'information avec quatre lettres – puisse diriger la fabrication de milliers d'enzymes, et par quel mécanisme? On savait déjà depuis plusieurs années que chaque organisme possède des multitudes de gènes et d'enzymes. Il avait été démontré en 1941 par les généticiens américains George Beadle et Ed Tatum, qui travaillaient sur une moisissure (*Neurospora crassa*), que beaucoup de ces gènes dictent la production d'enzymes. Ils montrèrent que, dans certains cas, la mutation d'un gène empêche la croissance de la moisissure, à moins qu'on fournisse une vitamine à son milieu de culture. Ils démontrèrent que ce comportement est dû au fait que la moisissure, suite à une mutation, a perdu une enzyme indispensable à la fabrication de la vitamine en question. Ils émirent l'hypothèse que chaque gène codait pour la production d'une enzyme, ce qui se révéla juste et qui est parfois résumé dans la formule «un gène-une enzyme».

Cette dernière théorie avait été formulée avant que la structure de l'ADN ne soit établie. La structure de l'ADN n'éclaira que deux points. Elle offrait un mécanisme pour expliquer la duplication du matériel génétique, puisque la double hélice d'ADN est capable de produire, en servant elle-même de modèle, deux molécules-filles ayant chacune une structure identique à celle de la molécule initiale (fig. 4.4). Elle fournissait également une explication pour les liaisons entre plusieurs gènes, si la même longue molécule d'ADN peut contenir l'information correspondant à de nombreux gènes. Elle laissait inexpliquée la façon dont l'ADN peut diriger la formation des protéines. Nous l'avons vu au chapitre 3, les protéines sont de longues molécules, construites avec des acides aminés de 20 sortes différentes; chaque protéine contient de nombreux groupes acide aminé. Au chapitre 3, nous avons expliqué qu'il faut une suite de trois bases sur l'ADN pour coder chaque acide aminé; c'est ce qu'on nomme un triplet ou un codon. Le code génétique a été mis à jour grâce au travail de nombreux laboratoires. Les excellentes expériences de génétique, menées dans le Laboratoire de biologie moléculaire de Cambridge (Angleterre) et conduites par une équipe de chercheurs sous la direction de Sydney Brenner et Francis Crick, apportèrent une contribution importante. Crick avait déjà suggéré auparavant qu'il devait y avoir un messager qui transporterait l'information génétique nécessaire pour la synthèse des protéines, de l'ADN situé dans le noyau jusque dans le cytoplasme où les protéines sont construites; ce messager est maintenant connu sous le nom d'ARN messager.

François Jacob et Jacques Monod de l'Institut Pasteur, à Paris, avaient fait remarquer qu'il était trop simple de se représenter un gène qui travaillerait sans arrêt pour produire une protéine et qu'au contraire, l'utilisation de l'information génétique devait subir une régulation. Ils proposèrent pour la structure du gène le modèle de l'opéron: c'est-à-dire qu'un gène ou un groupe de gènes sont associés avec un fragment d'ADN, nommé promoteur, qui a pour fonction, non de préciser la structure d'une protéine, mais de contrôler la transcription du gène adjacent en ARN messager (fig. 4.7). Ce modèle, présenté en 1961 pour un gène de la bactérie *Escherichia coli*, se révéla correct et universel, du moins dans son principe fondamental.

Vers le milieu des années 60, on savait comment l'ADN code l'information génétique et comment il est utilisé pour construire les protéines. De nombreux détails allaient encore se préciser, mais le mystère avait été élucidé. Les étapes ultérieures furent importantes (tab. 13.1, 13.2, 13.3 et 13.4), mais l'époque héroïque touchait à sa fin.

ENCORE LA GUERRE: ENTRE VIRUS ET BACTÉRIES

Une nouvelle fois, la guerre entre virus et bactéries nous livre un secret du vivant inattendu. Quelques grandes découvertes ont été faites par hasard – si on admet que le hasard ne peut servir qu'un scientifique averti. La découverte de la pénicilline en était un exemple, et en voici un deuxième. Au début des années 50, Salvador Luria et Giuseppe Bertani, venus de leur Italie natale se réfugier aux Etats-Unis, travaillaient dans des laboratoires différents de l'Université de l'Illinois sur des bactéries, ainsi que sur des virus infectant les bactéries, c'est-à-dire des bactériophages. Ils étudiaient des types de virus et de bactéries différents, mais ce qu'ils découvrirent était très semblable.

Au chapitre 6, nous avons vu qu'un virus peut infecter une cellule de la bactérie *Escherichia coli* et produire en moins d'une demi-heure environ une centaine de particules virales. Les expé-

Tableau 13.1 Repères dans l'histoire de la théorie cellulaire.

1665	**R. Hooke** (1635-1703; UK) décrivit les premières «cellules», qu'il observa dans du liège, un tissu végétal mort.
1677	**A. van Leeuwenhoek** (1632-1723; NL) observa, à l'aide d'un microscope rudimentaire, des bactéries et d'autres microbes et il les décrivit. On croyait généralement que les microbes naissaient par génération spontanée.
1765	**L. Spallanzani** (1729-1799; I) fut le premier à montrer que la génération spontanée n'existait pas. Il fit bouillir de la viande dans de l'eau et ferma le tout hermétiquement: le bouillon resta clair. Les partisans de la génération spontanée objectèrent que le manque d'air avait empêché les microbes de se créer dans le récipient scellé.
1838	**M. J. Schleiden** (1804-1881; D), à la suite de ses observations au microscope, suggéra que les plantes étaient composées d'unités, qu'il nomma cellules.
1839	**T. Schwann** (1810-1882; D) fit les mêmes propositions pour les tissus animaux.
1858	**R. Virchow** (1821-1902; D) proposa ce qui allait bientôt devenir la forme admise de la théorie cellulaire: «Tout animal apparaît comme la somme d'unités vitales, dont chacune porte en soi les caractéristiques de la vie au complet.»
1864	**L. Pasteur** (1822-1895; F) acheva l'œuvre de Spallanzani: en utilisant un flacon muni d'un col de cygne, qui laissait l'air entrer mais pas les microbes, il démontra que le bouillon restait clair; ce fut la mort de la théorie de la génération spontanée.

riences se font normalement avec des millions de bactéries et de virus, de sorte que des milliards de nouvelles particules virales sont produites. En utilisant des bactéries de types légèrement différents, on parvint à établir que l'histoire d'un virus a de l'importance dans le processus d'infection.

Dans la pièce de théâtre qui va suivre, il y a quatre acteurs: deux sortes de bactéries très semblables, mais pas identiques, *E. coli K12* et *E. coli K12*(P1), et deux types de virus, lambda et lambda(P1). Nous vous prions d'excuser les noms étranges de nos acteurs. Il y a une logique derrière tous les noms scientifiques, mais pour comprendre cette histoire, il n'est pas nécessaire de comprendre l'origine de ces noms. Après tout, si vous allez dans le Pays de Galles, dans le village de Llanfairpwllgwyngyll[5], vous n'avez pas besoin de connaître l'origine de ce nom pour savoir qu'il s'agit de ce village particulier, et goûter son charme.

Si le phage lambda est utilisé pour infecter *E. coli K12*, l'infection se déroule normalement: des phages se forment qui

[5] Le nom complet est plus long, Llanfairpwllgwyngyllgogerychwyrndrobwllllantysiliogogogoch. Cela veut dire: l'église de Sainte Marie, dans un creux auprès du noisetier blanc, au voisinage du tourbillon, vers la grotte rouge de St. Tysilio. Ce nom, une fois compris son langage, nous donne beaucoup de renseignements, comme les noms scientifiques.

peuvent infecter d'autres *E. coli K12* efficacement et produire de nouveaux phages comme prévu. Il se passe une chose étonnante, si on emploie les phages lambda pour infecter *E. coli K12*(P1). Seuls très peu de phages sont capables d'infecter cette bactérie: seulement une vingtaine sur un million. Pourtant chaque phage qui a réussi à infecter *E. coli* K12(P1) produit des nouveaux phages que nous pouvons appeler phages lambda (P1), qui sont capables de continuer à infecter *E. coli* K12(P1) efficacement. Le phage (P1) peut également infecter *E. coli* K12 avec 100% d'efficacité. Ces résultats sont résumés dans la figure 13.4.

Il fut très rapidement évident que les phages lambda pouvaient injecter leur ADN dans les *E. coli K12*(P1), mais que cet ADN viral était dans la plupart des cas détruit, de sorte que seules vingt infections sur un million réussissaient. L'ADN construit au cours des infections réussies, puis empaqueté dans les nouvelles particules virales que nous avons nommées (P1), doit présenter une modification quelconque, puisque dès lors tous les phages (P1) peuvent infecter *E. coli K12*(P1) sans être détruits. On a par conséquent supposé que les *E. coli K12*(P1) peuvent détruire l'ADN des phages lambda, mais que les quelques molécules d'ADN viral qui sont synthétisées avec succès dans *E. coli K12*(P1) sont modifiées de sorte qu'elles résistent à la destruction.

Il fallait trouver les réponses à deux questions; premièrement, pourquoi l'ADN du phage lambda était-il détruit à l'entrée quand il infectait *E. coli K12*(P1), alors que le propre ADN de la bactérie ne l'était pas? Et secondement, pourquoi les phages qui avaient résisté à la destruction pouvaient produire de nouvelles particules virales elles-mêmes protégées. Si le phage lambda avait été multiplié dans *E. coli K12*(P1), il était protégé. Mais dès que les phages lambda s'étaient multipliés dans *E. coli K12*, la protection disparaissait.

Le mystère fut éclairci une douzaine d'années plus tard. *E. coli K12*(P1) est capable de faire deux enzymes différentes qui manquent dans *E. coli K*12. La première, l'enzyme de modification, modifie l'ADN de façon très spécifique. L'enzyme de modification réagit avec les ADN qui viennent d'être répliqués, en modifiant chimiquement certaines bases, mais seulement si elles se présentent dans un ordre spécifique. Seules les bases adénine (A) et cytosine (C) peuvent être modifiées. La modification consiste simplement en l'addition d'un groupe méthyle[6]; et pour cette raison, les enzymes de modification se nomment méthylases; la

[6] Le groupe méthyle est composé d'un atome de carbone portant trois atomes d'hydrogène. Il peut s'écrire CH_3.

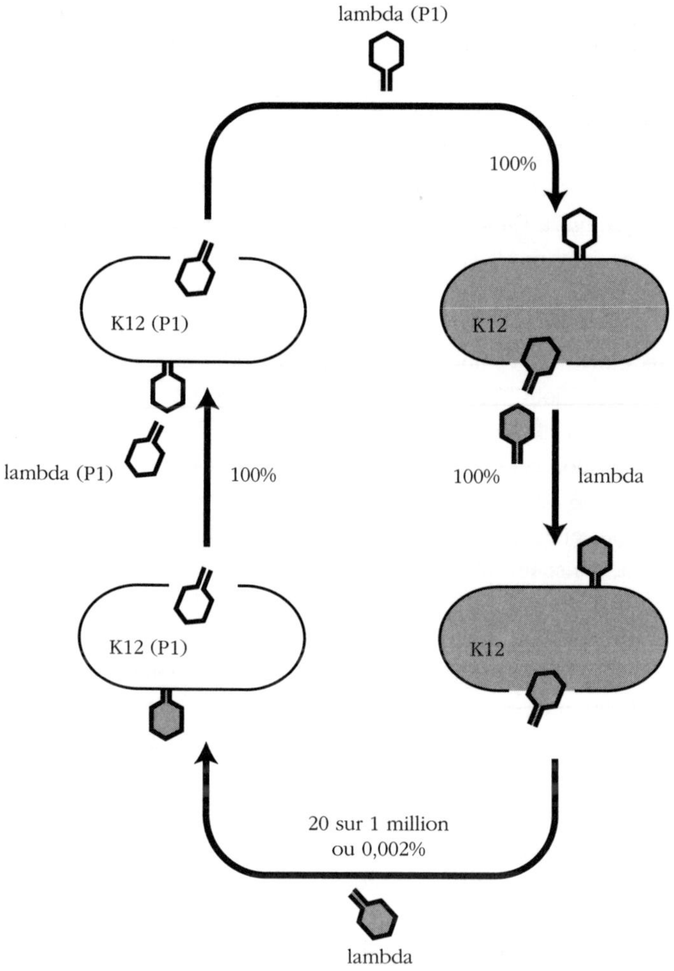

Fig. 13.4 Le phénomène de la restriction d'hôte et de la modification.
On voit deux types de bactéries d'*E. coli*, K12 et K12(P1), et deux sortes de phages, lambda et lambda (P1). Les phages sont des virus infectant des bactéries; ils sont représentés par une forme ressemblant à un petit flacon: c'est l'aspect sous lequel ils nous apparaissent en microscopie électronique. Les phages produits dans les bactéries K12(P1), nommés lambda (P1), sont capables d'infecter les bactéries K12 avec 100% d'efficacité (flèche du haut). Les bactéries infectées K12 font des phages lambda, qui peuvent aussi infecter les bactéries K12 avec 100% d'efficacité, mais qui ont beaucoup de peine à infecter les bactéries K12(P1), c'est-à-dire avec un succès de seulement 0,002% (flèche du bas). Les rares bactéries infectées produisent des phages lambda (P1) qui peuvent infecter les bactéries K12 et K12(P1) avec une efficacité de 100%.

méthylation de l'ADN joue un rôle dans la régulation des gènes et elle est impliquée dans le développement du cancer du côlon par exemple (fig. 12.4).

La seconde enzyme est dénommée enzyme de restriction[7], elle reconnaît la même séquence spécifique que l'enzyme de modification et elle coupe l'ADN à cet endroit, pour autant que la séquence n'ait pas été modifiée (chap. 7).

Vu que la bactérie *E. coli K12*(P1) utilise son enzyme de modification et méthyle toujours son ADN (de même que tout ADN viral produit à l'intérieur d'elle-même), l'enzyme de restriction ne peut pas détruire l'ADN de cette bactérie ni celui d'un virus quelconque qui s'est formé à l'intérieur de cette bactérie. Si le phage lambda(P1) infecte une bactérie *E. coli K12* qui n'a aucune de ces deux enzymes, les nouvelles particules virales produites auront un ADN non modifié et elles auront par conséquent de grandes difficultés à infecter la bactérie *E. coli K12*(P1).

Pourquoi ce mécanisme étrange de restriction d'hôte et de modification serait-il apparu au cours de l'évolution ? Poser cette question, et tenter d'y répondre, peut sembler dépourvu d'esprit critique puisque toute spéculation dans le domaine de l'évolution reste difficile à contrôler ; il est cependant probable que la restriction et la modification de l'ADN sont des mécanismes de défense, protégeant les bactéries contre l'ADN étranger. Quelle que soit la signification de ces enzymes de restriction, du point de vue évolutif, leur découverte a bouleversé la génétique moléculaire, comme nous l'avons déjà vu au chapitre 7. En 1971, l'Américain Hamilton Smith a montré pour la première fois qu'une enzyme de restriction peut couper une séquence d'ADN en un point précis : c'est cette année-là qu'on pourrait considérer comme la première année de l'ère de la manipulation de la vie. En fait, le premier ADN modifié par génie génétique a été construit en 1973. En 1990, on a tenté la première thérapie génique sur des personnes humaines.

Après les expériences de Luria et de Bertani, qui conduisirent à la découverte des enzymes de restriction, moins de quarante ans se sont écoulés jusqu'à la première tentative de thérapie génique : ce traitement consiste à soigner les effets qu'un gène défectueux a sur l'organisme humain, en procurant au malade le gène normal. Il est difficile de trouver un exemple qui illustre mieux la manière dont la recherche fondamentale peut avoir des applications inattendues. Nous reviendrons sur ce point dans un autre chapitre.

PCR, LA NOUVELLE PÊCHE MIRACULEUSE

Il y a quelques années, des scientifiques américains isolèrent à partir d'une source chaude du Parc de Yellowstone une bactérie

[7] n.d.t. Elle exerce une restriction sur la multiplication des phages, d'où le nom qu'elle a reçu.

encore inconnue. Cette bactérie, *Thermus aquaticus*, a la remarquable propriété de se développer à 86 °C. Cette nouvelle preuve de la diversité biologique impressionna de nombreux scientifiques; d'autres pensèrent que c'était gaspiller l'argent du contribuable que de perdre son temps sur des bizarreries pareilles, alors qu'il y avait tant à faire pour la recherche sur le cancer.

Ainsi qu'il arrive souvent dans le domaine scientifique, ce qui n'était qu'un simple objet de curiosité pour certains fut l'occasion d'une avancée technologique pour d'autres. Kary Mullis, un chercheur travaillant pour la compagnie de biotechnologie Cetus, mit au point la technique de réaction de polymérisation en chaîne (PCR, en bref et en anglais).

C'est une découverte si importante qu'en 1993, elle valut le Prix Nobel à son auteur. La technique est simple; elle permet de recopier des milliards de fois un gène déterminé, tout en le choisissant sur des milliers et des milliers d'autres gènes; le processus se nomme amplification du gène. Pour avoir une chance de succès, il faut connaître, au moins approximativement, la séquence du gène qu'on cherche. Ensuite, on construit en laboratoire deux courts fragments d'ADN monobrin; actuellement, c'est une machine qui peut se charger de cette tâche. Ces deux courts fragments sont nommés amorces; il faut qu'ils correspondent aux séquences proches des extrémités de la portion d'ADN qu'on désire isoler. Des millions de copies de ces amorces sont alors mélangées avec l'échantillon d'ADN d'où l'on souhaite isoler un gène particulier et qui contient lui aussi des millions de molécules d'ADN (fig. 13.5a). Les composants nécessaires à la construction d'ADN, y compris l'enzyme ADN-polymérase, sont ajoutés et le mélange est chauffé à 90°C. A 90°C, les deux brins de l'ADN vont se séparer. On refroidit le mélange à 55°C. A 55°C, des brins complémentaires de l'ADN peuvent se réassocier pour reformer une double hélice. Les brins de l'ADN originel peuvent donc se réassocier l'un avec l'autre. Les amorces quant à elles vont pouvoir s'associer avec des brins de l'ADN originel de l'échantillon qui portent des séquences complémentaires. Elles vont donc s'associer avec les séquences situées à l'une ou l'autre des deux extrémités du gène qu'on essaie d'isoler (fig. 13.5b).

Pour pouvoir synthétiser de l'ADN, l'ADN-polymérase doit disposer d'une chaîne à copier et d'une autre qui serve de point de départ, c'est pourquoi on donne à cette dernière le nom d'amorce. A 55°C, la synthèse de l'ADN se fait à partir de chacune des amorces que nous avons placées dans le mélange. Chaque exemplaire de notre gène-cible aura donné deux brins à copier, et nous aurons

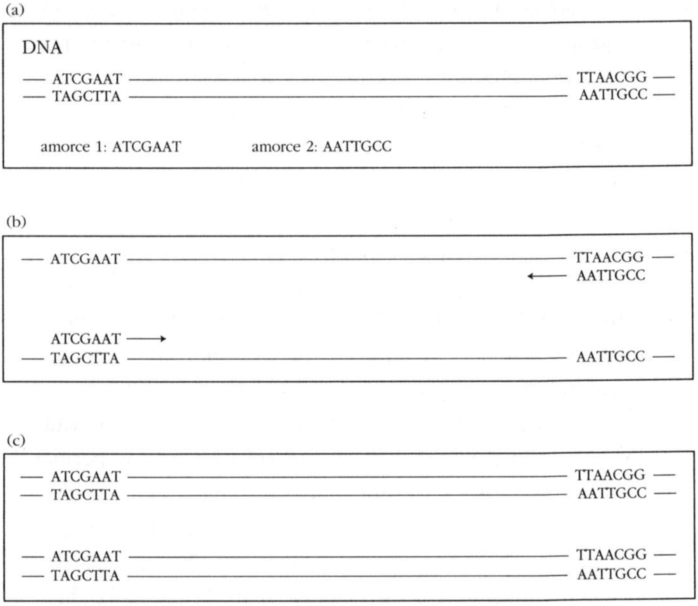

Fig. 13.5 Principe de la réaction de polymérisation en chaîne (PCR).
(a) Un grand nombre de molécules d'ADN, dont certaines contiennent la séquence que nous désirons isoler, sont mélangées avec les deux amorces d'ADN. Dans la figure, la suite des bases n'est pas représentée partout dans le détail; la séquence à isoler peut mesurer jusqu'à 3 000 bases de long.
(b) Après le premier cycle à haute température (90°C), suivi par un refroidissement à 55°C, les deux amorces s'apparient avec les séquences qui leur correspondent et la synthèse de l'ADN commence, en suivant la direction des flèches.
(c) On a obtenu deux copies de l'ADN qu'on souhaite isoler. A chaque cycle de chauffage et de refroidissement, le nombre de copies double.

donc deux copies de notre gène (fig. 13.5c). Nous répétons alors tout le cycle: nous chauffons de nouveau le mélange à 90°C et le refroidissons ensuite une fois de plus. Après le deuxième cycle, nous avons 4 copies du gène que nous avons ciblé, après le troisième cycle, nous en avons 8, après le quatrième, 16, etc. Après disons 35 cycles, nous aurons 30 000 000 000 copies de notre gène! Cette technique permet d'isoler un gène connu, qu'on pourrait par exemple vouloir rechercher chez un patient pour déterminer si la séquence en est normale ou mutante. La réaction de polymérisation en chaîne est une technique puissante qui est déjà largement utilisée pour la recherche fondamentale et pour le diagnostic clinique. Il n'est pas étonnant que la firme suisse Hoffmann-La Roche ait payé trois cents millions de dollars pour racheter ce brevet.

Mais pourquoi la bactérie *Thermus aquaticus* est-elle mêlée à tout cela? C'est que la réaction de polymérisation en chaîne a été facilitée depuis qu'on dispose d'une ADN-polymérase qui supporte 90°C. La majorité des enzymes sont détruites bien en dessous de cette température, mais pas celles de cette bactérie qui vit dans les sources chaudes.

LA GÉNÉTIQUE HUMAINE COMBLE SON RETARD

Parmi les généticiens, plusieurs jouissaient en outre d'une formation dans le domaine médical, c'est par exemple le cas de Luria. Cependant, dans l'ensemble, le monde médical fut lent à percevoir l'importance de la génétique et, à quelques exceptions près, les médecins ne comprirent pas le rôle qu'elle pourrait jouer pour le bien-être et la santé de la collectivité. Il est curieux que le nombre exact des chromosomes humains n'ait pas été établi avec précision avant 1956, alors que les techniques d'observation des chromosomes existaient depuis presque un demi-siècle. Et ce n'est qu'en 1959 qu'on posa pour la première fois le diagnostic d'une maladie due à la présence d'un nombre anormal de chromosomes: cette année-là, les Français J. Lejeune et R. Turpin montrèrent que le «mongolisme» était dû à la présence d'un chromosome supplémentaire dans la paire 21, et la maladie s'appela dès lors trisomie 21 (chap. 10); c'est cette découverte qui a probablement poussé le monde médical à prendre la génétique plus au sérieux. En 1980, une nouvelle secoua fortement les esprits: on avait la preuve que des virus pouvaient induire un cancer dans l'organisme humain.

A partir de ce moment, l'intérêt du monde médical pour la génétique alla croissant à un rythme sans cesse accéléré. On peut constater que quatre années seulement séparent la première tentative de thérapie génique, en 1990, de l'inauguration, en mars 1994, d'un premier centre de thérapie génique, celui de l'Université de Pennsylvanie aux Etats-Unis (*Institute for Human Gene Therapy of the University of Pennsylvania, USA*).

La génétique humaine avance à pas de géant!

Tableau 13.2 Quelques points de repère dans l'histoire de la génétique.

Ve siècle av. J.-C. **Hippocrate** (460 av. J.-C-377 av. J.-C; GR) remarque que les traits et les maladies ont une composante héréditaire.

1859 **C. Darwin** (1809-1882; UK) présente sa théorie de l'évolution par la sélection naturelle, qui unifie la diversité du monde vivant.

1860 Les rôles du spermatozoïde et de l'ovule dans la reproduction sont établis.

1865 **G. Mendel** (1822-1884; A) étudie des variétés de pois qui ont sept caractères très différents; par exemple, elles avaient des graines soit lisses, soit ridées ou bien leurs cosses étaient soit vertes, soit jaunes. Par une analyse quantitative de deux générations successives, il déduisit que les caractères du pois se transmettaient à la descendance sous formes d'unités discrètes (entières). Le caractère pouvait être soit dominant soit récessif. Les caractères étaient contrôlés par la présence de deux facteurs (on les nomme actuellement gènes), un qui provient de la mère et l'autre du père. La publication de Mendel resta dans cent vingt bibliothèques pendant trente-cinq ans, sans que son importance scientifique soit appréciée à sa juste valeur.

1868 **E. Heckel** (1834-1919; D) remarque que le spermatozoïde est une cellule surtout composée de matériel nucléaire et il suppose que le noyau est responsable de l'hérédité.

1871 **F. Miescher** (1844-1895; CH) découvre l'acide nucléique du noyau, le futur ADN.

1875 **D. Hertwig** (1849-1922; D) observe la fécondation animale. Il pensa que chaque noyau provenait d'un autre noyau.

1879 **W. Flemming** (1843-1905; D) décrit la duplication des chromosomes dans le noyau.

1900 **C. Correns** (1864-1933; D), **E. Tschermak** (1871-1962; A) et **H. de Vries** (1848-1935; NL) redécouvrent, chacun de leur côté, les lois de Mendel. Chacun d'entre eux a cité, dans son travail, les résultats et les conclusions de Mendel datant de 1865.

1903 **W. S. Sutton** (1877-1916; US) observe que les gamètes reçoivent un chromosome de chacune des paires de chromosomes présentes dans une cellule habituelle. Ses travaux ont contribué à montrer que l'information héréditaire se trouve dans les chromosomes (Théorie chromosomique de l'hérédité).

1908 **T. H. Morgan** (1866-1945; US, Prix Nobel en 1933) travaille sur la mouche du vinaigre (*Drosophila melanogaster*); il démontre que le gène, unité de la transmission héréditaire, peut se modifier suite à une mutation.

1909 **W. Johannsen** (1857-1927; DK) propose le terme de gène *(geen)* pour l'unité responsable de l'hérédité.

1927 **H. Muller** (1890-1967; US, Prix Nobel en 1946) et **L. J. Stadler** (US) montrent, indépendamment, que les rayons X peuvent induire des mutations chez la mouche drosophile.

1941 **G. W. Beadle** (1903-;US, Prix Nobel en 1958) et **E. L. Tatum** (1909-1975; US, Prix Nobel en 1958) travaillent sur la moisissure *Neurospora crassa* et montrent que chaque gène est responsable de la production d'une enzyme.

1943 **S. E. Luria** (1912-1991; US, Prix Nobel en 1969) et **M. Delbrück** (1906-1981; US, Prix Nobel en 1969) montrent que la bactérie *Escherichia coli* peut, de manière spontanée, devenir résistante à des bactériophages (virus infectant des bactéries). Cela bouleversa la génétique et ce fut le triomphe d'*Escherichia coli* en tant qu'objet de recherche de la génétique.

1944 **O. T. Avery** (US), **C. M. Macleod** (US) et **M. McCarty** (US): leur travail avec la bactérie *Pneumococcus pneumoniae* est le point de départ d'une longue controverse sur la nature du matériel contenant le message héréditaire, supposé être l'ADN.

Tableau 13.2 (suite) Quelques points de repère dans l'histoire de la génétique.

1945	**M. Delbrück** (1906-1981; US, Prix Nobel en 1969) fonde, à Cold Spring Harbour, l'«école des phages» (étude des bactériophages, ces virus qui infectent les bactéries), qui a eu un immense impact sur la génétique et la biologie moléculaire.
1949	**E. Chargaff** (US) découvre que, dans l'ADN, le contenu en adénine et le contenu en thymine sont identiques, et que le contenu en guanine est le même que le contenu en cytosine. La quantité de A+T est toutefois différente dans les ADN d'espèces différentes.
1950	**H. F. Wilkins** (UK, Prix Nobel en 1962) et **Rosalind F. Franklin** (UK) obtiennent les premières images de diffraction de rayons X de l'ADN, qui montrent que celui-ci a une structure régulière.
1951	**Barbara McClintock** (1904-1992; US, Prix Nobel en 1983) travaille sur le maïs et montre que certains gènes peuvent se déplacer d'un endroit du chromosome à un autre.
1952	**A. D. Herskey** (US, Prix Nobel en 1969) et **M. Chase** (US) découvrent que l'ADN est le matériel génétique des bactériophages. Le nombre de ceux qui soutenaient encore l'hypothèse que le matériel génétique était constitué par des protéines s'amenuise.
1953	**F. Crick** (UK, Prix Nobel en 1962) et **J. D. Watson** (US, Prix Nobel en 1962) interprètent les radiographies de Wilkins et Rosalind Franklin et proposent une structure en double hélice pour l'ADN. Ils soulignent que cette structure permet à la molécule d'ADN de se dupliquer d'une façon très simple.
1953	**S. E. Luria** (1912-1991; US, Prix Nobel en 1969), **M. L. Human** (US), **G. Bertani** (US) et **J. J. Weigle** (US) découvrent le phénomène de restriction et de modification chez les bactériophages, ce qui conduira à la découverte des enzymes de restriction.
1956	**F. Crick** (UK) avance l'idée du dogme central de la biologie moléculaire: $$\text{ADN} \rightarrow \text{ARN messager} \rightarrow \text{protéine}$$ Il suggère également l'idée d'un «adaptateur» qui permettrait la lecture de l'ARN pendant sa traduction en protéine, ce que nous appelons maintenant ARN transfert ou ARNt.
1961	**L. Orgel** (UK), **S. Brenner** (UK) et **F. Crick** (UK) établissent que le code génétique consiste en triplets (suites de trois bases), en étudiant des virus infectant des bactéries.
1961	**F. Jacob** (F, Prix Nobel en 1965) et **J. Monod** (1910-1976; F, Prix Nobel en 1965) montrent que chez la bactérie *E. coli* l'activité des gènes peut être contrôlée par des facteurs externes et proposent le premier modèle de régulation du gène.
1970	**S. Mitzutani** (US) et **H. Temin** (US, Prix Nobel en 1975) et, indépendamment, **D. Baltimore** (US, Prix Nobel en 1975) découvrent, en travaillant sur des virus, que le dogme central de Crick doit être modifié: il existe une enzyme qui permet la synthèse d'ADN à partir d'ARN, on la nommera transcriptase inverse. La porte est ouverte à la recherche sur le rôle des virus à ARN dans le déclenchement de cancers chez l'animal et l'homme.
1977	**R. J. Roberts** (US, Prix Nobel en 1993) et **P. Sharp** (US, Prix Nobel en 1993) mettent en évidence la présence d'introns chez les eucaryotes.

Tableau 13.3 Quelques jalons dans l'histoire de la biochimie, en relation avec la génétique.

1828	**F. Wöhler** (1800-1882; D) synthétise la première molécule organique en laboratoire: c'était de l'urée; l'urée se trouve dans l'urine. Cette synthèse montra que les molécules organiques peuvent être faites à partir de molécules non organiques. Ce fut la fin du vitalisme.
1857	**L. Pasteur** (1822-1895; F) met en évidence la première réaction enzymatique *in vivo*: le glucose était transformé, par la levure de bière, en alcool éthylique (éthanol) lors de la production du vin par fermentation.
1897	**E. Buchner** (1860-1917; D, Prix Nobel en 1907) met en évidence la première réaction enzymatique en éprouvette: le glucose est transformé en éthanol par des extraits de cellules de levure de bière, en absence de toute cellule vivante.
1900	**E. Fischer** (1852-1919; D, Prix Nobel en 1902) décrit la liaison chimique CO-NH (chap. 3) qui relie entre eux les acides aminés d'une protéine.
1926	**J. Sumner** (1887-1955; US, Prix Nobel en 1946) purifie la première enzyme; il s'agit de l'uréase, qui sert à dégrader l'urée.
1949	**L. Pauling** (1911-1994; US, Prix Nobel en 1954) montre que la maladie de l'anémie falciforme est due à une molécule d'hémoglobine anormale.
1949	**J. Brachet** (B) et **T. Caspersson** (S) découvrent que l'ARN est localisé dans le cytoplasme des cellules eucaryotiques, qui est également le site de la formation des protéines.
1953	**F. Sanger** (1918- ; UK, Prix Nobel en 1958) détermine pour la première fois la séquence des acides aminés d'une protéine; il s'agit de l'insuline.
1956	**A. Kornberg** (US, Prix Nobel en 1959) montre que l'ADN peut être dupliqué en éprouvette.
1957	**V. M. Ingram** (UK) montre que l'hémoglobine des individus atteints d'anémie falciforme ne diffère de celle des individus normaux que par un seul acide aminé. Après l'élucidation du code génétique, on comprend qu'une modification au niveau d'une seule base suffit à induire une maladie chez l'homme.
56-58	**P. C. Zamecnik** (USA) et **M. B. Hoagland** (USA) trouvent la molécule dont Crick supposait l'existence («l'adaptateur»); c'était l'ARN transfert, abrégé ARNt.
1961	Trois laboratoires différents isolent l'ARN messager.
1965	**W. Arber** (CH, Prix Nobel en 1978) découvre que le phénomène de restriction-modification est dû à l'existence d'une enzyme qui coupe l'ADN (mais pas d'une manière très spécifique).
1970	**H. Smith** (US, Prix Nobel en 1978) isole la première enzyme de restriction qui coupe l'ADN au niveau d'une séquence de bases très spécifique:
	NAISSANCE DE L'ÈRE DU GÉNIE GÉNÉTIQUE
1973	**S. Cohen** (US) et H. Boyer (US) fabriquent le premier ADN recombinant.
1977	**A. M. Maxam** (US) et **W. Gilbert** (US, Prix Nobel en 1980) et, indépendamment, **F. Sanger** (UK, Prix Nobel en 1980) inventent deux manières différentes de séquencer l'ADN.
1983	**K. B. Mullis** (US, Prix Nobel en 1993) invente la réaction de polymérisation en chaîne (ou PCR, de l'anglais *Polymerase Chain Reaction*), technique qui fournit des milliards copies d'un fragment d'ADN.
1987	**M. Smith** (Can, Prix Nobel en 1993) obtient *in vitro* une mutation sur un gène et le réintroduit dans la cellule vivante.

Tableau 13.4 Quelques jalons dans l'histoire de la génétique humaine.

1900	**K. Landsteiner** (1868-1943; A, Prix Nobel en 1930) découvre le système ABO des groupes sanguins. Cela permet de faire des transfusions de sang sans danger.
1902	**A. Garrod** (1858-1936; UK) étudie une maladie humaine, l'alcaptonurie: les patients excrètent de l'acide homogentisique dans leur urine, qui devient noire. A partir de l'arbre généalogique des familles des patients, Garrod remarqua que la loi de la transmission héréditaire découverte par Mendel offrait «une explication raisonnable de ces phénomènes», qui étaient compatibles avec un mode de transmission récessif. Il fut le premier à suggérer la relation entre un défaut héréditaire et l'absence d'une enzyme. Bien que Garrod occupât à Oxford la chaire de médecine la plus prestigieuse, sa contribution féconde à la génétique humaine ne fut pas appréciée à sa juste valeur de son vivant. Les biologistes ne prêtaient que peu d'attention au travail d'un médecin et le monde médical ne comprit pas l'importance de ses observations pour la médecine.
1911	**E. von Dungern** (D) et **L. Hirschfeld** (D) montrent que les types sanguins A, B et O sont transmis héréditairement, exemple remarquable de transmission mendélienne appliquée à un caractère humain.
1911	**F. P. Rous** (1879-1970; US, Prix Nobel en 1966) découvre le premier virus responsable de l'induction d'un cancer chez l'animal; il s'agissait du virus du sarcome de Rous, qui infecte le poulet.
1956	**H. J. Tijo** (S) et **A. Levan** (S) montrent que les cellules humaines possèdent 46 chromosomes.
1959	**J. Lejeune** (F) démontre que la maladie, nommée jusque-là «mongolisme», est due à la présence de trois chromosomes homologues de la paire 21, au lieu de deux; c'est pourquoi on parle dès lors de trisomie 21.
1965	**H. Harris** (UK) et **B. Ephrussi** (US) mettent au point des méthodes pour faire fusionner des cellules de souris avec des cellules humaines. Cela a permis de déterminer la place de certains gènes sur des chromosomes précis et de construire une carte humaine. D'autres méthodes ont été mises au point depuis et, actuellement, plus de 2 600 gènes humains, qui codent pour des protéines de fonction connue, ont été cartographiés.
1980	**M. Bishop** (US, Prix Nobel en 1989) et **H. Varmus** (US, Prix Nobel en 1989) montrent que certains virus peuvent induire des cancers chez l'homme.
1981	**M. Wirgler** (US) isole pour la première fois un gène qui, une fois muté, cause un cancer.
1990	**M. Blaese** (US), **K. Culver** (US), et **French Anderson** (US) tentent la première thérapie génique (au *National Institutes of Health*, Bethesda, USA).

TROISIÈME PARTIE

Chapitre 14

LE MONSTRE DE FRANKENSTEIN ET AUTRES HISTOIRES D'HORREUR

Le monstre de Frankenstein fut imaginé par Mary Shelley, dont le roman fut publié en 1818 alors qu'elle n'était âgée que de 19 ans.

Le héros du livre, Victor Frankenstein, se rend de Genève, sa ville natale, à l'Université d'Ingolstadt, en Allemagne. Là, il méditera sur la vie et sur la mort, sujets toujours aussi prenants aujourd'hui.

«La vie et la mort me paraissaient des obstacles que je devrais d'abord dépasser pour déverser un torrent de lumière sur notre sombre monde. Une espèce nouvelle me bénirait comme sa source et son créateur; de nombreuses créatures heureuses et admirables me devraient leur existence. [...] En poursuivant ces réflexions, je pensais que si je pouvais donner la vie à la matière inerte, je pourrais avec le temps (bien que cela me fût impossible à ce moment) renouveler la vie, là où la mort avait apparemment voué le corps à la corruption. [...] Je récoltais des os dans les charniers et j'arrachais de mes doigts profanateurs les secrets inouïs du corps humain. [...] La salle de dissection et l'abattoir me fournirent la plupart de mes matériaux. [...] La saison était des plus belles; jamais les champs n'avaient offert une récolte plus riche ni les vignes de vendanges plus luxuriantes: mais mes yeux demeuraient insensibles aux charmes de la nature. [...] Avec une angoisse proche des tourments de l'agonie, je réunis autour de moi les instruments nécessaires pour infuser une étincelle de vie à la chose inanimée qui gisait à mes pieds. Il était déjà une heure du matin; la pluie battait lugubrement contre les carreaux et ma chandelle allait finir de se consumer, lorsque, à sa lueur vacillante, je vis l'œil jaune et morne de cette créature s'ouvrir; elle respira violemment, et un mouvement convulsif agita ses membres.»

C'est avec ces mots que Frankenstein explique comment il a réussi à créer un être humain à partir des os et des organes pris sur des cadavres. Hélas! La créature humaine qu'il a reconstruite se révélera être un monstre, énorme, laid et dangereux.

Se pourrait-il que les biologistes moléculaires construisent un jour pareil monstre? Ou réaliseront-ils d'autres monstruosités grâce aux techniques de la biologie moléculaire? Sera-t-il possible de créer des êtres humains qui s'adapteraient aux besoins de dictateurs (esclaves, soldats), de l'industrie (main-d'œuvre acceptant de faire des tâches ennuyeuses) ou de visionnaires comme Frankenstein («de nombreuses natures heureuses et admirables»)?

Nous devons en outre examiner si ces nouvelles techniques peuvent être utilisées pour fabriquer des armes biologiques mortelles, si elles peuvent menacer l'équilibre écologique de la planète ou si elles peuvent déboucher sur la fabrication de médicaments ou d'aliments dangereux. Toutes ces questions méritent d'être discutées sérieusement.

ALIMENTS ET REMÈDES GÉNÉTIQUEMENT TRANSFORMÉS : Y A-T-IL DANGER ?

Beaucoup de gens se souviendront de la tragédie de la thalidomide. En 1961, des milliers de nouveau-nés présentèrent des malformations des membres; on s'aperçut qu'elles étaient provoquées chez le fœtus par un médicament que les mères avaient pris à un moment particulier, et très bref, de leur grossesse. Plus tard, des expériences sur les animaux montrèrent que la thalidomide ainsi que beaucoup d'autres substances exerçaient sur le fœtus des effets variables selon l'espèce; lorsqu'une substance se révèle sans effet nuisible sur une espèce donnée, cela n'autorise donc aucune prédiction réellement fiable concernant une autre espèce. Le laps de temps si bref – en regard du déroulement de la grossesse –, pendant lequel le médicament opère son effet dévastateur, pose un problème supplémentaire considérable. Ainsi aurait-il été difficile, à double titre, de détecter des effets néfastes de ce médicament sur les animaux. L'histoire désastreuse de la thalidomide nous engage à la prudence, en illustrant à quel point il est malaisé de s'assurer qu'un médicament ne présente aucun danger. Cette tragédie a fait croire à des millions de gens que nous savons peu de choses sur l'action des nouveaux médicaments dans le corps humain; il n'est donc pas étonnant qu'aujourd'hui beaucoup de gens se demandent si les tomates cubiques, les pommes de terre super-grosses ou l'insuline déjà produite par des bactéries sont tout à fait sûres.

Chaque fois que le génie génétique intervient dans la fabrication de médicaments ou d'aliments, un contrôle strict est nécessaire. Il faut accepter certains arguments avec une extrême prudence, et il faut par exemple se méfier de l'argumentation suivante: une protéine provenant d'une espèce de plante alimentaire ne peut pas être dangereuse puisque nous mangeons déjà cette plante; il est donc sans danger de transférer le gène de cette protéine dans une autre espèce de plante alimentaire; en effet, s'il est sans danger de manger cette protéine produite dans une espèce végétale, il semble de même sans danger de la manger si elle est produite dans une autre espèce végétale. Cet argument est trompeur: non seulement cette protéine peut avoir une autre activité lorsqu'elle est produite par la plante transformée, mais elle pourrait, d'une manière imprévisible, affecter par sa présence les protéines normalement produites par cette plante. Il ne faut pas oublier qu'un organisme (ou même une simple cellule) est en vie à cause de l'interaction des milliers de sortes de molécules qu'il contient. Nous avons vu que la modification d'un seul gène peut parfois entraîner la mort. Il se peut aussi que la modification d'un seul gène, ou l'addition d'un nouveau gène, puisse transformer l'équilibre de la cellule d'une manière impossible à prédire. Si vous placez un kilo de sucre dans le coffre de votre voiture, il ne se passera rien; pourtant si vous l'introduisez dans votre réservoir de benzine, le moteur sera détruit. Même si ces éventualités paraissent peu probables, les plantes transformées doivent être contrôlées aussi soigneusement que des plantes venues des espaces interplanétaires.

LE MEILLEUR DES MONDES

Aldous Huxley, l'auteur du célèbre roman *Le Meilleur des Mondes* publié en 1932, était le neveu du biologiste Thomas Huxley, lequel avait été le contemporain et l'ami de Darwin. Aldous Huxley avait donc le bon profil pour mettre en scène de la manière la plus convaincante possible la vision d'un monde gouverné par un dictateur tenant entre ses mains le pouvoir scientifique et technocratique. La devise de cet Etat Mondial est: «Communauté, Identité, Stabilité». La meilleure façon d'y parvenir est de mettre les gens qui conviennent à la place qui convient. Dans ce meilleur des mondes, les bébés se développent à partir d'embryons qui sont fabriqués en laboratoire pour devenir les êtres humains de catégories Alpha, Béta, Gamma et Epsilon. Les alphas sont les futurs dirigeants de ce monde, les epsilons font partie de la classe inférieure et ils accomplissent le travail le plus ennuyeux, celui qui exige le moins d'intelligence. Afin d'obtenir des types de citoyens différents, on traite les bébés, pendant leur croissance, avec plus ou moins d'oxygène et avec des substances chimiques diverses. Pour disposer d'un nombre suffisant d'individus dans la classe inférieure, on a même inventé un procédé nouveau, le procédé de Bokanowsky, qui permet la production de 96 jumeaux, tous génétiquement identiques. Un entraînement psychologique pendant l'«éducation» des bébés garantit que leur intelligence, quel que soit son niveau, sera utilisée de la manière qui plaît aux dirigeants. Cet entraînement est basé sur les réflexes conditionnels, découverts par le physiologiste russe Pavlov, mais aussi sur l'utilisation de forces occultes.

La biologie moléculaire n'a pas encore rendu ce cauchemar possible, mais il existe aujourd'hui déjà des techniques qui mènent – cela peut se défendre – à une pente glissante. On utilise par exemple, depuis longtemps déjà, un test courant qui permet de dépister les embryons atteints de trisomie 21 (chap. 11), reconnaissables à leur nombre incorrect de chromosomes. A leur tour, les techniques récentes d'analyse de l'ADN permettent le dépistage des embryons qui portent des gènes mutés. Si le résultat du test est positif, les parents ont le choix entre laisser l'enfant se développer ou demander une interruption volontaire de grossesse. La sélection des embryons est donc déjà notre compagne de route et, vu que la biologie moléculaire se développe, nous disposerons de tests génétiques de dépistage de plus en plus nombreux. Chaque test – c'est un argument très valable – donne une chance aux parents d'éviter des souffrances inutiles. Mais il ne s'agit pas que de maladies. On peut entre autres déterminer le sexe de l'embryon : alors, comme beaucoup de cultures apprécient davantage les garçons que les filles, il devient possible d'offrir à ceux qui le désirent, et qui en ont les moyens financiers, de choisir le sexe de leur enfant, par exemple en ne laissant se développer que les embryons mâles. Cette pratique, si elle se généralisait, pourrait certainement conduire à des changements profonds dans ce genre de sociétés, sans qu'il soit possible de prédire les conséquences de la distorsion du sex-ratio. Il est certain qu'on doit interdire ce type de sélection d'embryons. Mais si on identifiait le gène mutant associé à une anomalie psychologique quelconque, que faire dans ce cas ? Devrait-on mettre à disposition le moyen de dépister les embryons porteurs de ce gène ? On peut défendre le point de vue qu'éliminer cet état psychologique risquerait d'appauvrir la société : le réservoir des individus créatifs s'amenuiserait. Il n'est pas toujours souhaitable d'éliminer quelque chose qui semble, à première vue, une variation génétique indésirable. Il ne faut pas esquiver les problèmes moraux immenses que cela soulève. Si nous devons en venir à autoriser une quelconque forme de sélection, nous devons définir avec soin les limites qu'on doit lui imposer. Il existe en tout cas une forme de manipulations des embryons, d'ailleurs encore techniquement irréalisable, qui doit demeurer totalement taboue: il devrait être interdit de faire, sur les embryons humains, des expériences affectant la lignée germinale, car celle-ci produit les gamètes et transmet l'information génétique à la génération suivante. Toute modification génétique de la lignée germinale peut donc se perpétuer. Dans un chapitre ultérieur sur l'éthique, nous verrons plus longuement pourquoi cette interdiction est indispensable. Si cet interdit n'était pas respecté par les habitants de notre planète, les horreurs du *Meilleur des Mondes* de Huxley risqueraient vraiment de se réaliser.

Un autre écrivain a anticipé sur ce que la biologie moléculaire pourrait offrir dans le domaine des armes biologiques. Dans son livre *Doch mit den Clowns kamen die Tränen* (*Et voici les clowns...*, dans sa version française) publié en 1987, J. M. Simmel a imaginé qu'une des deux puissances mondiales avait découvert un virus à la propriété intéressante: les individus infectés sont parfaitement normaux, si ce n'est qu'ils font tout ce qu'on leur dit de faire; ils n'ont plus aucune volonté personnelle; les citoyens de la grande puissance qui a découvert le virus, quant à eux, sont vaccinés.

ARMES BIOLOGIQUES

Il s'agit bien entendu d'une pure fiction, totalement irréalisable, en tout cas pendant encore très longtemps. Mais pourrait-on appliquer ce principe aux armes plus familières que sont les armes bactériologiques? Peut-on manipuler un organisme de manière à le rendre dangereux pour les «ennemis», mais pas pour ceux qui sont du «bon» côté? Pour utiliser le langage des films de gangsters, pourrait-il servir à tuer les méchants, mais pas les bons? Techniquement, cela serait probablement déjà possible, et peut-être que ce moyen a déjà été utilisé dans les guerres passées, mais l'impact, pour être suffisant, devrait s'appuyer sur un programme de vaccinations si gigantesque que le secret demeurerait difficile à cacher; l'ennemi saisirait l'occasion de prendre les devants avec ses propres armes ou de préparer sa riposte. Souhaitons qu'aucun homme politique ne soit assez fou pour mettre en route un tel jeu.

LES ORGANISMES TRANSFORMÉS SONT-ILS UN DANGER POUR LE MILIEU?

Si nous vivons sur notre planète, c'est que nous sommes adaptés à son milieu. Les centaines de milliers d'animaux différents, de plantes et de microbes qui vivent ensemble sur la terre ont trouvé un équilibre. Dans de nombreux endroits de la planète, l'eau est potable, l'air est respirable, la température et le degré d'humidité sont acceptables, et il y a assez de nourriture. Cependant la situation change rapidement. Dans d'autres endroits, les activités humaines, souvent guidées par la stupidité ou le pur égoïsme, rendent la vie insupportable. L'air est irrespirable, l'eau est polluée, la température change et le trou d'ozone s'élargit, laissant passer de plus en plus de rayons UV. Le génie génétique pourrait-il devenir un facteur supplémentaire de dégradation pour notre environnement?

Lorsqu'on change quelque chose dans un écosystème, que se passe-t-il? Beaucoup de gens se demandent déjà: *Pourquoi existe-t-il des moustiques et des guêpes? Pourquoi ne pourrait-on pas les éliminer?* Il est impossible de prédire ce qui arriverait à notre écosystème, si nous éliminions une espèce. Nous ne pouvons pas davantage prévoir ce qui se passerait, si nous introduisions des nouvelles variétés d'animaux ou de plantes génétiquement transformées. Ce qui s'est passé, lorsque des lapins sont arrivés en Australie ou lorsque des abeilles africaines ont été transportées au Brésil, illustre bien la manière dont surgissent les difficultés quand une espèce existante parvient dans un milieu qui n'est pas le sien. Ces organismes n'avaient d'ailleurs rien à voir avec le génie génétique!

Les lapins introduits en Australie devinrent rapidement un fléau, parce qu'ils n'avaient pas d'ennemis naturels. Ils se multiplièrent comme seuls les lapins savent le faire et, très vite, comme ils dévastaient le milieu, ils devinrent un problème écologique majeur.

Le second exemple est plus récent. En 1960, on a introduit au Brésil une souche d'abeilles africaines, en vertu de leur vigueur et parce qu'elles toléraient bien les températures élevées. Ces abeilles diffèrent des abeilles européennes par leur comportement très agressif. Quand une de ces abeilles pique, elle communique avec d'autres, qui sont à leur tour attirées vers la victime et l'attaquent. Le nombre de piqûres peut être si élevé que souvent la victime en meurt. Ces abeilles se sont répandues vers le Nord du Brésil, sont arrivées au Mexique en 1987, au Texas en 1990 et elles atteignent maintenant la Californie. Selon les articles des journaux, 150 personnes sont déjà décédées aux Etats-Unis et on craint que la situation n'empire.

La majorité des scientifiques seront d'accord pour admettre que les tomates transformées, qu'elles restent fermes ou soient cubiques, ne vont pas trop interférer avec l'équilibre écologique. En fait, une bonne partie des cultures pratiquées par l'homme ont été tellement sélectionnées en vue de l'obtention de caractères spéciaux, qu'elles auraient peu de chances de survivre sans soins. Imaginons un champ de blé mûr. Si, au lieu de le récolter, nous l'abandonnions et que nous revenions dix ans plus tard, nous verrions que le blé s'est fait si rare que notre récolte suffirait à peine à la confection d'une miche de pain. Le génie génétique appliqué à des plantes cultivées telles que le blé ne devrait par conséquent pas donner naissance à des plantes susceptibles de détruire notre système écologique. Cependant, certaines espèces cultivées ressemblent beaucoup à leurs parentes sauvages. Cela entraîne des risques dans deux sortes de cas. En premier lieu, il se peut que la plante puisse très bien survivre sans nos soins; en Angleterre, par exemple, le chou sauvage dérive des choux cultivés par les Romains pendant qu'ils occupaient le pays, il y a au moins deux mille ans.

Le second type de cas est celui des plantes cultivées qui ont beaucoup de parentes parmi les plantes sauvages: il arrive que les parentes sauvages se croisent avec la plante cultivée et, à cette occasion, les gènes créés par génie génétique pourraient se transmettre d'une plante cultivée à une espèce sauvage.

Des organismes obtenus par génie génétique, bactéries, virus ou plantes, ont déjà été disséminés dans le milieu, avant même qu'une discussion approfondie et publique sur les risques ait eu lieu. Dans certains cas, on peut prendre des précautions pour éviter une fuite accidentelle. Ainsi, dans la majorité des procédés du génie génétique, on utilise des souches mutantes spéciales d'*E. coli.* Ces souches ont été choisies parce qu'elles sont incapables de survivre hors d'un laboratoire. D'autre part, dans certains pays, y compris ceux où la recherche en génie génétique est la plus développée, on contrôle les protocoles des expériences de génie génétique pour s'assurer que des précautions de ce type sont observées. Cependant, tous les pays n'ont pas un contrôle strict et certains n'en ont aucun. Le contrôle est de toute façon difficile. Il est nécessaire d'exercer un contrôle dans la mesure où il y a un risque, et le risque est en soi-même difficile à évaluer.

Comment se fait l'évaluation du risque? Le risque lié à une activité comporte deux éléments. Tout d'abord, il y a l'éventualité que le pire se produise et, ensuite, il faut savoir à quel point le pire peut être affreux! Supposons que vous décidiez de traverser la route les yeux fermés. C'est de toute évidence une entreprise dangereuse, mais est-ce moins risqué sur une route de campagne déserte que sur une autoroute très fréquentée, puisqu'il y a moins de chances qu'un véhicule se trouve sur la route de campagne? Cependant, si vous êtes renversé, l'effet sera vraisemblablement le même sur les deux types de routes. On peut soutenir que quelque chose qui a très peu de chances de se produire, mais qui entraînerait des conséquences terribles, est aussi acceptable que quelque chose qui a bien des chances de se passer, mais dont les conséquences sont beaucoup moins graves.

Pour évaluer le risque que présente l'utilisation d'organismes produits par génie génétique, il faut donc en premier lieu examiner la probabilité que quelque chose aille mal. Par exemple, il pourrait s'agir de l'éventualité qu'une plante cultivée transmette un gène créé par génie génétique à une plante sauvage parente. Dans le cas des plantes cultivées, on a essayé de savoir quelle est la probabilité que cela se produise, mais il est difficile de mener ces expériences de manière réaliste. En second lieu, il faut déterminer la gravité de l'événement. Quels seraient les effets, par exemple, si une espèce de plante sauvage devenait résistante à un insecte: la plante elle-même deviendrait-elle un fléau en n'étant plus sous le contrôle de l'insecte qui la parasite? Il est très difficile d'être sûr qu'un organisme génétiquement transformé ne bouleversera pas l'équilibre écologique futur. Non seulement les calculs sont difficiles à faire, mais il est délicat de préciser leur cadre temporel. Sommes-nous responsables de la planète pour les prochains cent ou mille ans? Une expérience en champs peut être planifiée pour quelques années, certainement pas pour cent ans. Elle peut avoir lieu sous certaines conditions climatiques et écologiques. Et qu'arrivera-t-il sous un autre climat ou dans tout autre donné écologique?

Les optimistes affirment que l'homme peut contrôler ce que l'homme produit. Les pessimistes disent que cela n'a pas de sens d'évaluer des risques et qu'on doit renoncer à libérer des organismes produits par génie génétique jusqu'au moment où nous aurons une meilleure compréhension de l'écologie. Mais cela pourrait durer longtemps – peut-être même sans qu'on y parvienne jamais –, tandis que ceux qui ont beaucoup investi dans le génie génétique s'impatientent, et que ceux qui ont faim auraient des chances de pouvoir manger.

Il y a actuellement trop peu de débat public sur ce sujet. Il faut aborder les problèmes et prendre des décisions au sein d'un public plus large, plutôt que de laisser le débat aux seuls experts. Toutefois, ce débat doit se fonder sur une véritable information et nous espérons sincèrement que ce livre contribuera dans une modeste mesure à élargir la proportion des personnes qui pourront participer à ces prises de décisions en connaissance de cause et de façon rationnelle.

DISCRIMINATION FONDÉE SUR DES BASES SCIENTIFIQUES

Dans la société humaine, il arrive trop souvent que certains s'enrichissent en pratiquant la discrimination à l'encontre d'autres hommes et en les exploitant. C'est passablement odieux, mais lorsque les discriminations se fondent sur des raisons scientifiques, cela devient intolérable. Nous en donnons plusieurs exemples dans le chapitre suivant. Présentement, nous souhaiterions rendre le lecteur attentif à une autre sorte de discrimination susceptible de se fonder sur les connaissances que la biologie moléculaire nous a apportées.

Nous avons vu précédemment, au chapitre 10, que de nombreuses maladies humaines sont dues à l'absence ou à la modification d'un seul gène. Certaines d'entre elles apparaissent même si une seule des deux copies du gène est mutée. Par exemple, nous avons signalé (tab. 10.1) l'hypercholestérolémie familiale, laquelle affecte 20 bébés sur 10 000, la maladie du rein polykystique (8 sur 10 000), la maladie de Huntington (5 sur 10 000). Toutes ces maladies ont un point commun: leurs symptômes se déclarent chez l'adulte; la maladie progresse dès lors rapidement, entraînant habituellement la mort en une dizaine d'années. Nous avons déjà examiné à quel point il pouvait être utile de cloner les gènes responsables de ces maladies, avec l'espoir qu'il serait plus facile de leur trouver un remède, une fois le gène isolé et une fois déterminée la fonction de la protéine pour laquelle il code.

Toute médaille a son revers: lorsque le gène est isolé, il devient possible de dépister très longtemps à l'avance les personnes qui seront affectées par une maladie de ce type. Quelques gouttes de sang d'un individu suffiront à un laboratoire pour faire l'analyse d'ADN adéquate. Il pourrait être possible de réaliser de telles analyses sans l'accord des personnes concernées, en utilisant du sang destiné à un autre usage. Il serait alors extrêmement tentant pour un employeur d'exercer une discrimination contre les individus destinés à tomber malades de la maladie de Huntington à l'âge de quarante-cinq ans, sous prétexte que cela ne sert à rien de former une personne qui ne sera plus productive vingt ans plus tard. Le même renseignement pourrait conduire à une discrimination de la part des assurances-maladies ou des assurances-vie. Une compagnie d'assurance pourrait hésiter à prendre en charge quelqu'un qui est atteint d'une maladie de ce type. D'ailleurs, cette sorte de discrimination existe déjà (chap. 16).

Quelqu'un qui croit à la solidarité entre les gens ne peut pas accepter ce genre de discrimination. On devrait aider ceux qui ont la malchance d'avoir un gène «mauvais» plutôt que d'exercer une discrimination contre eux. Actuellement, il y a peu de gens concernés, mais dans quelques années, il sera possible d'élargir le nombre des maladies dépistables. Comme nous l'avons déjà dit, chacun d'entre nous a probablement un ou plusieurs gènes mutés. Le fait qu'il ne soit possible de reconnaître aujourd'hui qu'une faible partie de ces gènes mutés n'autorise personne à exercer une discrimination contre ceux qui les portent. Il est indispensable que, dans chaque pays civilisé, une législation interdise ce type de discrimination.

Chapitre 15

RÊVES ET CRIMES DE L'EUGÉNISME

BEAUCOUP DE GENS rêvent de retrouver le Paradis. Au Paradis, le climat était merveilleux, les fleurs superbes, la nourriture abondante. Il n'y avait pas besoin de travailler. Il n'y avait pas de mendiants, pas de gens mal bâtis. Personne n'était malade. Pas de fous. Il n'y avait pas de prostitution ni d'autre activité immorale. Pas d'homosexuels. Pas de criminels ni de drogués. Pas d'étrangers, donc pas de races inférieures (chaque nation pense que les étrangers sont de race inférieure : les Romains appelaient les non-Romains des « barbares »).

Un vrai Paradis ? On a parfois proposé de retrouver, à l'aide de la génétique, tous les bons côtés que l'on prêtait au Paradis – à l'exception de l'amélioration du climat et de l'abolition du travail. De retrouver certaines qualités humaines perdues était le but de l'eugénisme (ou eugénique).

EUGÉNISME PAR IDÉALISME

Les premières propositions eugénistes furent présentées en 1865 par Francis Galton dans une revue anglaise, puis, sous une forme plus complète, dans son livre *Hereditary Genius* publié en 1869. C'est Galton qui a forgé ce terme d'eugénique (du grec : *eu*, bien, et *genos*, naissance, origine) en 1883[1]. L'eugénique, ou eugénisme, était censée être une science, dont le but était d'améliorer l'espèce humaine en donnant « aux races, ou aux lignées de même sang, les plus aptes, une meilleure chance de prévaloir rapidement sur les moins aptes »[2]. Galton était né dans une riche famille de fabricants d'armes et de banquiers, la même année que Mendel, le père de la génétique moderne. Il croyait à une race idéale composée d'éminents écrivains, de philosophes, d'artistes,

---

1 n.d.t. Il y a un eugénisme en Europe, assez différent des courants anglais et américain. En France, en particulier, si à la suite de Galton on utilise le terme d'eugénisme, il y a une tradition médicale préexistante, soucieuse de progrès social, par le biais, entre autres, d'incitations à ne pas procréer ou même d'interdictions et de stérilisations, mais aussi par le biais d'un contrôle des naissances, de l'amélioration de l'hygiène et des conditions de la grossesse.

2 tiré de D. Kevles, 1985.

de scientifiques, d'hommes d'état, etc. Cette révélation lui était venue en étudiant la biographie des grands hommes. Il avait remarqué que ces hommes éminents avaient souvent des liens de parenté. Il en concluait que le talent et la personnalité étaient gouvernés par l'hérédité.

Le fait que les enfants de mineurs et de paysans devaient mener une vie dure, sans avoir le temps d'apprécier la musique ni d'étudier la philosophie, pourrait bien l'avoir conforté dans l'idée que cela aussi était lié à l'hérédité. Comme beaucoup de gens aisés, il ne pouvait pas comprendre que le milieu pût influencer la vie des gens. Il était sûr par conséquent qu'il «serait tout à fait réalisable pratiquement de produire une race d'hommes hautement doués, par une suite de mariages judicieux, effectués pendant plusieurs générations consécutives»[3].

Son intérêt pour l'hérédité avait été suscité par la lecture de *L'Origine des Espèces* de son cousin Darwin, ouvrage publié en 1859. Il se mit à étudier l'hérédité humaine à travers les statistiques. En 1884, il installa un Laboratoire d'anthropométrie dans l'enceinte de l'Exposition internationale de la santé, dans le quartier de South Kensington à Londres. On recueillit toutes sortes de renseignements auprès de milliers de personnes, dont beaucoup de parents accompagnés de leurs enfants: on mesura entre autres la taille et le poids, et on enregistra l'incidence des maladies. En 1889, Galton fit paraître l'analyse de ces informations dans un livre, *Natural Inheritance* (ou *Atavisme*); il y affirmait avoir trouvé la preuve que les maladies, les facultés artistiques, l'alcoolisme et beaucoup d'autres caractéristiques humaines étaient héréditaires (ou innées). Il mourut en 1911 et légua assez d'argent à l'*University College* à Londres, pour y fonder la Chaire Galton d'eugénisme. Le laboratoire Galton est alors dirigé par Karl Pearson et la mission originelle du laboratoire se fonde sur la croyance que «l'amélioration des conditions sociales ne compensera pas une mauvaise influence héréditaire» et que «[...] le seul moyen de conserver une nation forte sur le plan mental et physique est de veiller à ce que chaque nouvelle génération soit principalement issue des membres les mieux adaptés de la génération précédente»[4].

Les publications du laboratoire Galton influencèrent un jeune assistant de l'Université de Harvard, Charles Davenport. Cet organisateur dynamique convainquit la Fondation Carnegie à Washington de dépenser dix millions de dollars pour établir un

---

[3] tiré de D. Kevles, 1985.

[4] tiré de D. Kevles, 1985.

Département d'évolution expérimentale à Cold Spring Harbor, près de New York, en 1904. Charles Davenport en fut le directeur jusqu'en 1934. Il mit au point un questionnaire sur la famille (les *Family Records*), qui fut largement distribué et dans lequel on enregistra des données sur de nombreux caractères normaux ou anormaux. Le questionnaire devait rassembler les détails sur au moins trois générations, afin de rendre possible une analyse de l'arbre généalogique. Au moment de la redécouverte des travaux de Mendel, ces résultats furent analysés sous l'angle des lois de Mendel et publiés dans un livre, *Heredity in Relation to Eugenics* (ou *L'hérédité en relation avec l'eugénique*). Davenport soutenait que le caractère héréditaire de la transmission de nombreuses caractéristiques humaines, y compris la folie, l'épilepsie, l'alcoolisme et le retard mental, était évident.

Il écrivait en privé[5], en 1914: «L'idée d'un creuset appartient à l'âge prémendélien. Maintenant, nous savons que les caractères sont transmis héréditairement sous forme d'unités et ne se fractionnent pas facilement». Selon lui, si les caractères étaient dus à des unités discrètes (indivisibles), c'est-à-dire les gènes, la meilleure façon de défendre la population des bons Américains contre les mauvais gènes des étrangers était de laisser les mauvais gènes hors des Etats-Unis, en fermant la frontière aux races inférieures. Pour ceux qui étaient déjà Américains et qui avaient déjà les mauvais gènes, il n'y avait qu'une politique: il fallait les empêcher par la stérilisation de transmettre et de perpétuer les mauvais gènes et, si nécessaire, l'Etat devait la rendre obligatoire. Davenport croyait que s'il était légal pour l'Etat d'exécuter les assassins, il était aussi justifié pour l'Etat de priver d'autres citoyens du droit à se reproduire. Le tout était proposé au nom de l'idéalisme. La Société américaine d'Eugénique fut fondée en 1923 par les gens intéressés, au nombre desquels se trouvait Davenport; elle publia un Catéchisme d'eugénique trois ans plus tard. Ce livre missionnaire contenait beaucoup de promesses, celles entre autres d'augmenter le nombre de génies et d'augmenter la part de l'amour dans le mariage. Voici quelques extraits[6]:

«Question. Est-ce que l'eugénisme contredit la Bible?
Réponse. La Bible a beaucoup à nous apprendre sur l'eugénisme. Elle nous dit que l'homme ne récolte pas du raisin sur un buisson d'épines ni des figues sur des ronces.
Question. Est-ce que l'eugénisme signifie moins de sympathie pour les malheureux?

---

5 D. Kevles, 1985.

6 idem.

Réponse. Cela signifie plus de compréhension pour eux, et une tentative plus attentionnée d'alléger leur souffrance en veillant à ce que tout le possible soit fait pour diminuer le nombre des déficiences héréditaires.
Question. Quelle est la chose la plus précieuse au monde?
Réponse. Les cellules germinales humaines.»

EUGÉNISME PAR RACISME

Le racisme est aussi vieux que le monde. Il transparaît lors des guerres: un pays peut justifier son entrée en guerre avec un autre parce que les habitants du second pays sont perçus comme agressifs, malhonnêtes, inférieurs. A l'intérieur d'un pays, les gens se considèrent comme appartenant à la même race. En Europe, les seules «races» étrangères ont été les juifs et les tsiganes. Tout au long de leur histoire, ils durent se déplacer d'un pays à l'autre pour éviter les persécutions.

Aux Etats-Unis, nation faite par des immigrants, la situation était différente. Le premier groupe d'immigrants était formé principalement de blancs, anglo-saxons d'origine protestante. Peu après vinrent les Africains, amenés de force comme esclaves. Puis, au cours des cent dernières années, des vagues d'immigration venues d'Irlande, d'Italie, d'Allemagne, de Russie, de Pologne et de dizaines d'autres pays changèrent à leur tour la composition de la population. Le mélange de ces différentes cultures créa des frictions: ce n'est pas étonnant que le problème des races ait été si largement discuté aux Etats-Unis, pendant au moins un siècle.

Beaucoup de gens avaient l'impression, comme Davenport, que les nouveaux immigrants allaient rapidement rendre la population américaine «plus foncée par la pigmentation de sa peau, de taille plus petite, d'humeur plus instable, davantage portée sur le crime ainsi que sur les larcins, les enlèvements, les agressions, le meurtre, le viol et la débauche»[7].

Mais comment pouvait-on le prouver? Un premier moyen «scientifique» fut l'analyse généalogique de Davenport, et le second moyen «scientifique» consista à montrer que certaines personnes étaient inférieures parce que moins intelligentes. Après tout l'argument était solide, vous ne feriez pas confiance à des gens stupides pour construire des ponts, ou conduire des voitures et des trains?

Pour mesurer l'intelligence, on utilisa le test de Q.I. (quotient intellectuel). Ce test avait été développé en 1904 par deux psychologues français, Alfred Binet et Théodore Simon. Le Gouvernement français leur avait demandé un test pour dépister les enfants retardés mentaux. L'intention était de donner à ces enfants

[7] D. Kevles, 1985.

une éducation plus appropriée. Le test était composé d'un grand nombre de petits problèmes faits pour tester des qualités comme la mémoire ou l'aisance dans le calcul et l'expression orale. Le terme de Q.I. ou quotient d'intelligence, inventé par l'Allemand Wilhelm Stern, fut rendu populaire aux Etats-Unis en 1916 par un psychologue de l'Université de Stanford, Lewis Terman.

La véritable vogue du Q.I. commença pendant la Première Guerre mondiale: «Si la machine de l'armée doit fonctionner efficacement et sans heurts», remarquait Terman, «il importe que l'homme soit adapté à son travail comme la munition à l'arme»[8]. A partir de 1917, et en deux ans, 1 700 000 recrues passèrent le test. Le test devint de plus en plus populaire. Les firmes incorporaient des tests oraux dans les procédures de sélection de leur personnel. En 1923, un psychologue de l'équipe qui faisait passer le test, Carl Brigham, publia l'analyse d'un grand nombre de résultats dans *A Study of American Intelligence* (ou *Une Etude de l'Intelligence américaine*). D'après ce livre, il était clair que les «races» alpines et méditerranéennes étaient inférieures sur le plan intellectuel aux représentants de la race nordique, et que les Noirs américains étaient beaucoup moins intelligents que les Blancs américains. Ces conclusions furent critiquées et le sont encore parce que les tests utilisés étaient fortement biaisés du point de vue culturel. Ils ne faisaient aucun effort pour prendre en compte l'arrière-plan éducatif et culturel de l'individu soumis au test. Le test nous renseigne peu sur l'intelligence, il ne dit rien sur la transmission héréditaire de l'intelligence ou sur les différences dans le degré d'intelligence entre les races. A cette époque, une des critiques les plus vives émanait d'un journaliste, Walter Lippmann, qui présenta ses objections dans une série d'articles du *New Republic* en 1922; il écrivait:

«L'intelligence n'est pas une abstraction comme le poids ou la taille; c'est une notion extrêmement compliquée que personne n'a encore réussi à définir. Tout le mouvement de propagande basé sur le test d'intelligence ne vise qu'à traiter les gens qui ont des quotients d'intelligence faibles comme s'ils étaient congénitalement et désespérément inférieurs.
Les examinateurs croient qu'ils sont en train de mesurer une fois pour toutes la capacité d'un être humain, et que cette capacité est fatalement déterminée par l'hérédité de l'enfant.
Je déteste l'impudence qu'il y a à déclarer qu'on peut, en cinquante minutes, juger et classer les aptitudes d'un être humain face à la vie, comme si elles étaient prédéterminées [...] Je déteste l'abus de la méthode scientifique que cela comporte. Je déteste le sentiment de supériorité que cela crée et le sentiment d'infériorité que cela impose.»[9]

---

[8] D. Kevles, 1985.

[9] D. Kevles, 1985.

Le pire crime pour un scientifique est la fraude. Dans une série d'articles décrivant une étude faite sur des jumeaux et qui furent publiés entre 1943 et 1966, un psychologue anglais, Cyril Burt, assurait avoir mesuré que l'hérédité était le facteur qui influençait le plus l'intelligence. La plupart des chercheurs actuels pensent que son travail était frauduleux et que Burt avait fabriqué la majorité de ses résultats.

Malgré les critiques qu'il avait soulevées, le livre de Brigham procura néanmoins aux Etats-Unis une base «scientifique» pour justifier l'introduction, en 1924, d'une loi restreignant l'immigration (*Immigration Act*, la *Loi sur l'immigration*). Ainsi que le disait un membre du Congrès: «La raison première pour limiter le flot étranger [...] est la nécessité de purifier et de maintenir pur le sang de l'Amérique». Le président qui signa la loi, Calvin Coolidge, avait dit lorsqu'il était encore vice-président: «L'Amérique doit rester américaine. Il y a des lois biologiques qui montrent que [...] les Nordiques dégénèrent lorsqu'ils se mélangent avec d'autres races».

Les eugénistes travaillaient aussi à la purification de la «race américaine» sur le front intérieur. Davenport avait affirmé que de nombreux problèmes sociaux, allant de l'alcoolisme à l'épilepsie, de la criminalité à la faiblesse d'esprit, étaient transmis héréditairement. Il y avait donc de mauvais gènes et par conséquent, si on voulait un avenir sans criminels, il fallait empêcher les criminels de procréer. La solution résidait dans la stérilisation.

La première loi sur la stérilisation fut adoptée dans l'Indiana en 1907. Une loi allant encore plus loin fut acceptée dans l'Iowa en 1911. Elle rendait la stérilisation obligatoire pour ceux qui avaient été reconnus deux fois coupables de délits sexuels, trois fois de crimes comme l'usage de drogues. De nouveau, il y eut des critiques. L'avocat Charles Boston présumait que, par année, le nombre de condamnations pour viol était inférieur au nombre de personnes tuées par des automobiles. Il écrivait en 1913 que «si les tendances criminelles étaient héréditaires, il y aurait alors plus de raisons substantielles de stériliser les conducteurs imprudents que les violeurs». Les Américains dans leur majorité, selon un sondage de la revue *Fortune* en 1937, restaient en faveur de la stérilisation obligatoire des criminels récidivistes et des retardés mentaux. Jusqu'en 1941, 36 000 personnes furent stérilisées aux Etats-Unis.

En Allemagne, les Nazis furent élus au gouvernement et Hitler devint chancelier le 30 janvier 1933. La même année, on vota une Loi sur la stérilisation eugénique. Elle prit effet le 1er février 1934 et, au cours des trois années suivantes, 225 000 personnes furent stérilisées, dont la moitié avait été jugée «faibles d'esprit». La stérilisation n'était que le commencement du programme eugéniste nazi.

LA SOLUTION FINALE: LE GÉNOCIDE

Voici quelques points de repère dans l'histoire de la politique nazie du génocide:

1905 Création de la Société allemande «pour l'hygiène de la race».

1908 Le mariage entre Allemands et Africains est interdit dans la colonie allemande d'Afrique de l'Ouest.

1913 Eugen Fischer, professeur à l'Université de Fribourg en Brisgau, publie un livre, *Die Rehobother Bastards und das Bastardierungsproblem beim Mensch* (ou *Les métis de Rehoboth et le problème de l'hybridation chez l'homme*). Il y étudie les familles d'une ville de la colonie allemande d'Afrique de l'Ouest, Rehoboth, où l'un des parents est allemand et l'autre africain. Voici l'une de ses conclusions:

> «[...] Voici ce que nous savons avec une absolue certitude: toutes les nations européennes [...] qui ont reçu du sang de races inférieures – et seuls des rêveurs peuvent nier que les Nègres et les Hottentots sont inférieurs – ont payé cet apport d'éléments inférieurs par un déclin intellectuel et culturel».

1918 L'Allemagne perd la Première Guerre mondiale. Elle perd par conséquent ses colonies africaines et leurs «nègres» «inférieurs».

1920 Adolf Hitler fonde le parti nazi. Deux mille personnes sont présentes à son intronisation à la Hofbräuhaus de Munich. Ainsi que Hitler le rapporta plus tard dans son livre *Mein Kampf*, il y avait à son goût trop peu de fonctionnaires de haut rang présents. Mais au moins il y avait le chef de la police munichoise, Polizeipräsident Ernst Pöhner, qui avait, aux yeux de Hitler, les qualités d'un bon Allemand: il détestait les juifs et les communistes.

1923 Hyperinflation en Allemagne. Un journal coûte 200 marks en avril, 2 000 en juillet; 1 500 000 le 1er septembre; 4 000 000 le 1er octobre; 25 000 000 le 15 octobre; 2 000 000 000 le 2 novembre; 8 000 000 000 le 8 novembre.

Le 9 novembre, à Munich, les Nazis essaient de prendre le pouvoir, mais ils sont arrêtés par la police. Le parti nazi est déclaré illégal.

1924 Hitler est mis en prison; là, il lit le cours universitaire des professeurs Baur, Fischer et Lenz, *Menschliche Erblichkeitslehre und Rassenhygiene* (ou *Génétique humaine et hygiène des races*). Il écrit la première partie de son livre *Mein Kampf* où il développe ses idées racistes et eugénistes. Il en écrira la seconde partie en 1926. Pendant la période du nazisme, un exemplaire de *Mein Kampf* était distribué à chaque couple, en souvenir de son mariage. Jusqu'en 1941, plus de sept millions de volumes furent imprimés. Voici quelques citations tirées de ce livre[10]:

«[...] l'Etat nazi a le devoir de faire ce que chacun a négligé dans ce domaine. Il doit placer la race au centre de la vie publique. Il doit assurer le maintien de la pureté raciale. Il doit déclarer l'enfant le bien le plus précieux d'un peuple. Il doit veiller à ce que seuls ceux qui sont sains procréent.
[...] L'Etat doit préserver un avenir millénaire devant lequel le désir et l'égoïsme individuels ne devront compter pour rien et se plier.
[...] Un état qui, en ces temps de contamination raciale, prend soin de ses meilleurs éléments raciaux, gouvernera un jour le monde. [...]

1927 La Société *Kaiser Wilhelm*, l'institution scientifique allemande la plus en vue, établit un nouvel «Institut d'anthropologie, de génétique humaine et d'eugénisme» à Berlin; il est placé sous la direction d'Eugen Fischer, celui-là même qui avait écrit en 1913 le livre *Les Métis de Rehoboth* et qui croyait en la supériorité génétique des races européennes.

1928 Aux élections du 20 mai, le parti nazi obtient seulement 2,6% des voix.

1929 C'est le début de la Grande Récession dans le monde entier. Des millions de gens sont au chômage en Allemagne.

1930 Aux élections qui ont lieu le 14 septembre, le parti nazi obtient 18% des voix.

1932 Aux élections du 6 novembre, le parti nazi obtient 33% des voix.

1933 Hitler est nommé chancelier d'Allemagne le 30 janvier. Aux élections du 5 mars, le parti nazi obtient 44% des voix.

Le 24 mars, le Parlement approuve, par 441 voix contre 94, une loi qui donne les pleins pouvoirs à Hitler. La dictature nazie se met en marche.

Le 7 avril est votée une loi qui supprime à tous les juifs et demi-juifs leur emploi auprès de l'Etat.

Le 14 juillet, on vote une loi qui autorise la stérilisation des débiles mentaux congénitaux, des schizophrènes, des maniaco-dépressifs, des épileptiques et des alcooliques.

En 1933, les premiers camps de concentration sont construits. Jusqu'en 1945, il y en aura plus de 100. Les camps de concentration ont été construits pour mettre à l'écart du peuple les ennemis de l'Etat. La ségrégation touchait les ennemis politiques, les communistes et les socialistes, les membres des races inférieures, juifs

[10] Tiré de l'édition de 1941 de *Mein Kampf.*

et tsiganes, les criminels et les éléments asociaux, tels que les meurtriers, les voleurs et les vagabonds. Les camps de concentration étaient aussi utilisés pour entraîner les S.S. de Himmler à être durs et brutaux, à torturer psychologiquement et physiquement ces «Untermenschen» (sous-humains) qu'étaient les prisonniers des camps de concentration. Les détenus étaient aussi employés pour des «expériences scientifiques» sans égards pour leur vie. Finalement, les camps de concentration devinrent des usines de mise à mort où allaient se mettre en œuvre les politiques racistes.

1935 On vote une loi qui interdit aux juifs le mariage ou les relations sexuelles avec des Allemands.

1939 L'Allemagne déclenche la Seconde Guerre mondiale en attaquant la Pologne le 1er septembre. Le même jour, Hitler signe une «Loi d'euthanasie» qui permet à des médecins désignés de décider quelles personnes atteintes de maladies incurables peuvent être «euthanasiées». Une cinquantaine de professeurs et de médecins reçoivent le droit de décision et, en l'espace de quelques mois, 75 000 patients sont condamnés à mort.

1941 Le 31 juillet, l'utilisation de gaz toxique mortel commence dans le camp de concentration de Bernburg. 70 237 malades mentaux sont mis à mort jusqu'en septembre de la même année.

Le 3 septembre, on essaie le Zyklon B (acide prussique) dans le camp de concentration d'Auschwitz.

Le 16 novembre, Rosenberg, ministre du territoire occupé de l'Est, annonce dans une conférence de presse la «solution finale de la question juive».

1942 La première chambre à gaz est construite à Auschwitz. Dans ce camp de concentration, la capacité de tuer atteignit 34 000 unités par jour. Höss, commandant d'Auschwitz de 1942 à l'automne 1944, confesse que, pendant son commandement, deux millions et demi de gens ont été mis à mort à l'aide de gaz toxique.

Le 1er novembre, le professeur Eugen Fischer prend sa retraite et quitte la direction de l'Institut d'anthropologie, de génétique humaine et d'eugénique. C'est le professeur von Verschuer qui lui succède.

Le 16 décembre, Himmler ordonne que les tsiganes et les demi-tsiganes soient envoyés à Auschwitz.

1943 Le Docteur Josef Mengele, ancien assistant scientifique du professeur Verschuer, devient médecin à Auschwitz.

1944 Mengele fait parvenir à l'institut du professeur von Verschuer du matériel «scientifique» pour être analysé: des yeux de tsiganes mis à mort, des organes d'enfants mis à mort, des squelettes de juifs mis à mort, du sérum de jumeaux infectés avec le typhus.

1945 L'Allemagne capitule. Cinq à six millions de juifs ont été mis à mort. Le nombre de tsiganes mis à mort n'est pas connu. Le nombre de psychopathes, d'asociaux ou d'homosexuels mis à mort est inconnu. Combien furent tués parmi le demi-million d'opposants allemands au nazisme envoyés dans les camps, on ne le sait pas. Les anthropologues et les psychiatres qui pratiquaient pendant le régime disent avoir ignoré ces crimes. Peu ont été condamnés, certains se sont suicidés. La plupart ont continué leur carrière scientifique. En face de l'ancien Institut Kaiser Wilhelm pour l'anthropologie, la génétique humaine et l'eugénique (Inhestrasse 22, D-14195 Berlin, Allemagne), on a placé, il y a quelques années et à la demande expresse des étudiants, une plaque commémorative; elle rappelle que son dernier directeur, le professeur von Verschuer a

«obtenu le poste de professeur de génétique à l'Université de Münster en Allemagne et a gardé ce poste jusqu'en 1965, moment de sa retraite».

Cinquante ans après la fin de la guerre, beaucoup de gens se demandent comment cela a pu se produire et qui plus est, au nom de la science et d'un monde meilleur. Est-ce qu'il y avait des raisons génétiques que cela se produise en Allemagne, ou bien étaient-ce des raisons sociales, éducatives et culturelles? Est-ce que quelque chose de semblable pourrait se passer de nouveau? Ou est-ce que quelque chose de pire pourrait arriver maintenant que nous avons une meilleure connaissance de la génétique?

EUGÉNISME PAR ÉCONOMIE

Ce qui suit est tiré de *A Eugenics Catechism* (*Un Catéchisme d'Eugénique*), publié en 1926 par la Société américaine d'eugénique[11]:

«Question. Combien coûte la ségrégation?
Réponse. On a évalué que l'isolement à vie des parents Juke aurait coûté 25 000 dollars à l'Etat de New York.
Question. Cela représente-t-il une économie réelle?
Réponse. Oui. On a estimé que l'Etat de New York avait dépensé jusqu'en 1916 plus de 2 000 000 de dollars pour les descendants de cette famille.
Question. Combien cela aurait-il coûté de stériliser le premier couple?
Réponse. Moins de 150 dollars.

La famille Juke avait fait l'objet en 1877 d'une étude de Richard Dugdale. Il s'agissait d'une grande famille de criminels, de prostituées et d'inadaptés sociaux, dont l'histoire fut étudiée sur sept générations. Cette étude fut utilisée par les gens favorables à l'eugénique comme une preuve du caractère inné de tous les types de comportements asociaux, bien que l'auteur lui-même eût princi-

[11] D. Kevles, 1985.

palement attribué le comportement des membres de la famille Juke à la dégradation de leur milieu. Après les crimes nazis, personne ne voulait plus utiliser le mot «eugénisme», mais on souligna l'aspect financier des maladies dont la cause était génétique. En 1974, un article publié dans *Fortune* citait un ancien statisticien du Service de Santé américain (*Office of the American Surgeon General*), qui aurait dit que si on réduisait de moitié le nombre des patients souffrant de la trisomie 21, on économiserait 18 milliards de dollars; que le programme de diagnostic et de conseil aux femmes, sur une base volontaire, ne coûterait que 5 milliards pour une période de plus de 20 ans. L'article concluait que l'avortement volontaire de la moitié des fœtus atteints de trisomie 21 était par conséquent une bonne affaire.

L'interruption volontaire de grossesse fut légalisée en 1967 en Angleterre, en 1973 aux Etats-Unis et en 1975 en France. En 1982, il y a eu 1,5 million d'interruptions volontaires de grossesse aux Etats-Unis (principalement pour des raisons non médicales) et la même année, trois millions de bébés sont nés. Dans un pays où on a refusé la vie à un tiers des fœtus, jusqu'à quel point l'opinion publique est-elle encore si éloignée d'accepter que l'avortement puisse être rendu obligatoire pour des raisons d'économie? Si le dépistage et l'avortement prescrits par l'état sont moins chers que les soins donnés à ceux qui ont des anomalies génétiques dépistables par des techniques de biologie moléculaire, alors pourquoi n'y aurait-on pas recours?

Le problème de l'eugénisme n'a pas encore été résolu par notre société. C'est pourquoi il est important que ce sujet soit discuté aussi souvent que possible. Malgré les crimes de l'époque nazie, il y a encore des gens qui sont d'accord avec Hermann Müller, lequel a reçu un Prix Nobel pour son travail sur les mutations, et qui écrivait en 1954: «Le fait que le soi-disant eugénisme du passé ait fait fausse route à ce point [...] n'est pas plus un argument contre l'eugénisme que l'échec de la démocratie dans la Grèce antique n'est un argument valable contre la démocratie en général.»[12]

[12] D. Kevles, 1985

Chapitre 16

SCIENCE, TECHNOLOGIE ET SOCIÉTÉ

La science et la technologie ont transformé la société au cours de ces trois derniers siècles. L'interaction entre la science et la technologie, d'une part, et les autres aspects de la vie humaine, tels que l'économie, la philosophie, l'art, la religion ou les systèmes politiques, d'autre part, est extrêmement complexe. Lorsque nous parlons ici de vie humaine, nous n'utilisons plus le mot vie dans son acceptation restreinte de vie biologique. Si les êtres humains ont un corps semblable en bien des points à celui des autres animaux, ils ont des sentiments, des passions et des rêves; ils sont créatifs, ils sont capables de bâtir des sociétés, de se poser des questions sur leur origine et sur le sens de la vie. Quelques religions croient en outre que les êtres humains ont une âme.

Dans ce chapitre, nous aimerions esquisser quelques exemples d'interaction entre la science, la technologie et la société, afin de pouvoir mieux discuter les problèmes éthiques soulevés par les connaissances en génétique que nous avons acquises à travers des découvertes scientifiques et techniques.

DIFFÉRENCE ENTRE SCIENCE ET TECHNOLOGIE

Dans le monde occidental, la science (en latin, *scientia* de *scire*: savoir) est née en Grèce au sixième siècle avant Jésus-Christ; ses origines coïncident avec les origines de la philosophie. En fait, il n'y avait pas grande différence entre ces deux activités. Souvent, les scientifiques étaient aussi des philosophes; ils se posaient des questions sur la nature, sur l'origine de l'univers et des êtres humains. Les scientifiques désiraient comprendre notre monde, savoir si une harmonie se cachait derrière les choses et s'il se trouvait des principes capables d'expliquer ce qu'ils observaient. Ce qui poussait la plupart d'entre eux vers l'activité scientifique, c'était le plaisir même de connaître. Il y avait des exceptions, par exemple Archimède (287-212 av. J.-C.): lorsqu'il découvrit que des volumes identiques de métaux différents ont des masses différentes, il avait entrepris sa recherche parce que son protecteur, le roi Hiéron de Syracuse, voulait être certain que l'orfèvre en faisant sa couronne ne trichait pas et qu'il ne cacherait pas de l'argent sous l'or de la surface. Pythagore (560-480 av. J.-C.) de son côté étudiait la géométrie pour lui-même. Selon la légende, lorsqu'il trouva le théorème qui porte son nom, il était si heureux d'avoir découvert une harmonie mathématique dans la Nature qu'il sacrifia une centaine de vaches aux dieux. Son œuvre fut reprise par d'autres et culmina avec le travail d'Euclide (322-285 av. J.-C.), dont les mathématiques sont encore utilisées aujourd'hui.

Alors que Démocrite (460-370 av. J.-C.) proposait ses idées sur la composition de la matière, d'autres philosophes s'interrogeaient sur l'univers. Eudoxe de Cnide (400-347) désirait connaître la forme et la taille de la terre. Il conclut que la terre était sphérique et il calcula sa circonférence. Aristarque de Samos (310-230 av. J.-C.) avançait l'idée que le soleil était fixe et que la terre tournait autour. Plus tard, Ptolémée (90-170 ap. J.-C.) s'opposa à cette façon de voir. Aristote (384-322 av. J.-C.), quant à lui, s'intéressait non seulement à la physique et aux mathématiques, mais aussi à la biologie. Il entreprit avec ses disciples la première classification des plantes et des animaux.

Il semble que toutes ces études se firent sans beaucoup d'intérêt pour leurs applications. On rapporte que ces premiers savants grecs ne s'intéressaient pas à la technique; cela pourrait en partie expliquer l'extrême lenteur du progrès de la science pendant les deux mille ans qui suivirent.

La science moderne démarra en Italie avec Galilée (1564-1642), qui eut le premier l'idée de soumettre l'hypothèse à la vérification par l'expérience. Il contrôla ses hypothèses sur l'accélération en faisant une série d'expériences sur un plan incliné. Il observa la lune avec un télescope et conclut qu'elle n'était pas une sphère parfaite, comme l'école de Ptolémée l'avait cru pendant mille cinq cents ans, mais une planète avec des montagnes et des vallées. Nous verrons que ces observations, et les conclusions qu'il en tira, précipitèrent Galilée dans un grave conflit avec le pouvoir temporel de son époque, en la personne du Pape Urbain VIII.

Le savant français Antoine Lavoisier (1743-1794) fonda une nouvelle science, la chimie. Il énonça la loi de la conservation de la matière: la matière ne peut pas se créer ni être détruite au cours d'une réaction chimique, mais elle est seulement transformée d'une substance chimique dans une autre. L'expérience qu'il fit est simple. Il fit brûler une chandelle dans un récipient fermé, posé sur une balance. Pendant la combustion de la chandelle, le poids du récipient et de son contenu ne changea pas. Au contraire, si le récipient demeurait ouvert, le poids diminuait. Dans le premier cas, ce que la bougie perdait en poids se retrouvait dans la fumée, de sorte que le poids total de la jarre, de la bougie et de la fumée, à la fin de l'expérience, était égal au poids de la bougie et de la jarre au début de l'expérience. Si la jarre était ouverte, la fumée s'échappait et, ainsi, le poids de la jarre et de la bougie brûlée était inférieur au poids initial. Lorsque ce principe naturel fondamental fut établi, d'autres savants le développèrent; plus tard, on formula le concept de la molécule; plus tard encore, les règles qui président à la construction des molécules furent découvertes.

On peut dire que la biologie des temps modernes a pris son essor en 1677 avec la découverte de l'existence des microbes par le Hollandais Anton Van Leeuwenhoeck (1632-1723), lequel fut le premier à construire une sorte de microscope rudimentaire. La classification, déjà tentée par Aristote et d'autres, fut menée à bien par le Suédois Linné (1707-1778). Linné donna des noms latins à une grande quantité de plantes et d'animaux, et il les classa en recherchant la similitude parmi les différences. D'autres jalons encore marquent la route de la biologie: la théorie de l'évolution, proposée par Darwin (1809-1882) et fondée sur le mécanisme de la sélection naturelle, ainsi que l'éclosion de la génétique avec les observations de Mendel (1822-1884), que nous avons décrites précédemment.

Ce bref survol de quelques découvertes essentielles de la physique, de la chimie et de la biologie, qui s'arrête au milieu du XIXe siècle, a deux objectifs. D'une part, nous avons voulu attirer l'attention sur le contraste entre les savants de la Grèce Antique, qui avaient peu d'intérêt pour l'expérimentation, et les savants européens des XVIIe et XVIIIe siècles, qui voyaient dans la vérification expérimentale le point crucial du développement de nouvelles idées. D'autre part, il nous semble important de souligner que les savants de l'Antiquité et ces savants plus récents avaient un but identique: comprendre la Nature. Ils ne manifestaient pas de réel intérêt à la transformer. Le mariage de la science et de la technique n'avait pas encore eu lieu.

La technologie, qui avait déjà pris un bon départ avec l'invention de la roue et qui n'a pas cessé de se perfectionner depuis l'âge du bronze, est mue par le désir humain de construire des choses. Pour ce genre d'activité humaine, la connaissance empirique compte plus que la connaissance scientifique. Même la révolution industrielle anglaise du XVIIIe siècle ne fit à ses débuts qu'un usage limité des principes de la science. Ce furent l'expérience de tous les jours, le bon sens, l'art et l'artisanat, ainsi que la connaissance empirique qui rendirent possibles les réalisations dans le domaine de la mécanique.

C'est vers le milieu du XIXe siècle, avec le développement des technologies de l'électricité et de la chimie, que la relation entre la science et la technologie commença à changer. Les connaissances en chimie furent utilisées par l'industrie pour la conservation des aliments, ainsi que pour produire diverses matières: des engrais pour l'agriculture, des colorants, des fibres pour l'habillement, des produits chimiques pour la photographie. Les connaissances en électricité trouvèrent de nombreuses applications: éclairage électrique, télégraphe, téléphone, radio, locomotive; et plus tard, machine à laver, réfrigérateur, etc. L'industrie de l'électronique se développa à partir de l'industrie électrique, produisant télévisions, ordinateurs, et amenant l'automatisation de nombreuses activités industrielles. A leur tour, les connaissances de la biologie furent progressivement utilisées dans des applications pratiques; c'est ainsi qu'en 1982, on a mis sur le marché une insuline humaine produite dans des bactéries: à cette date, une technologie nouvelle et efficace, la biotechnologie, a pris son envol pour de bon et elle est maintenant solidement établie.

Toute cette avancée technologique récente aurait été impossible sans connaissances scientifiques. Mais, réciproquement, le développement de la science exige à son tour des améliorations dans le domaine technique: il faut des instruments plus compliqués pour récolter de nouveaux résultats et des ordinateurs plus performants pour les analyser. On construit des instruments gigantesques pour parfaire notre connaissance de la matière. Des instruments, tel que le synchrotron européen de Genève, peuvent occuper plusieurs kilomètres carrés et leur fonctionnement nécessiter des centaines de personnes et des millions de francs. En 1994, Le Sénat américain a d'ailleurs décidé de stopper la construction d'une nouvelle machine géante, le supercollisionneur supraconducteur (*Superconductivity Super Collider*): le budget pour 1994 aurait été de 640 millions de dollars, alors que le projet avait déjà coûté 517 millions de dollars en 1993.

En biologie également, les scientifiques réclament plus d'argent, et ils exigent des instruments de plus en plus compliqués et coûteux. Pour ses quelques centaines de plantes de pois, il n'a fallu à Mendel qu'un jardin et un jardinier. Le Programme de séquençage du génome humain, qui est en bonne voie de réalisation, se propose de déterminer la séquence de tous les chromosomes humains. Il coûtera trois milliards de dollars et, sur le plan scientifique, il est douteux qu'il nous apporte autant de connaissances que les découvertes de Mendel. La science ne fera son apparition dans ce programme que lorsque quelqu'un aura trouvé comment donner un sens à ces trois milliards de bases; tout cela nécessitera encore beaucoup plus de temps et d'argent, ainsi que la participation de beaucoup plus de gens.

Les concepts de recherche fondamentale (ou science pure) et de technologie pure sont faciles à définir, car ils recouvrent les deux cas extrêmes. La recherche fondamentale s'occupe de décrire les phénomènes et de découvrir des lois naturelles; des lois qui peuvent expliquer une multitude de faits apparemment différents, obéissant pourtant à un nombre restreint de principes fondamentaux. A l'opposé, la technologie se préoccupe de produire quelque chose qui puisse être utile – et, dans notre société actuelle, quelque chose qui puisse se vendre.

La loi de la gravitation universelle découverte par Newton est un exemple typique de recherche fondamentale. Cette loi peut expliquer la chute de la célèbre pomme sur la tête du savant et elle peut aussi expliquer le mouvement des planètes autour du soleil. Elle explique pourquoi nous pouvons sauter plus haut sur la lune que sur la terre. Elle représente une loi naturelle, qui est valable partout dans l'univers – jusqu'à ce qu'on trouve une exception! La construction de la bombe atomique ou les premiers pas sur la lune sont au contraire des exploits purement techniques. Les travaux de Mendel sur le pois, en 1865, qui ont mené à la découverte des gènes, sont de la science pure. La fabrication d'insuline humaine produite dans des bactéries, suivie de sa commercialisation en 1982, est une magnifique réussite technologique.

Il y a un clivage net entre les deux extrêmes, la science et la technologie. Il devient toutefois difficile de préciser les limites de chacune, lorsque l'activité humaine les associe dans une mixture, souvent désignée par l'expression «science appliquée».

Il est important de comprendre la différence qu'il y a entre la science et la technologie. Dans le chapitre qui vient, nous allons défendre l'idée que la science, au sens strict, est neutre sur le plan moral (pour autant qu'elle ne porte pas atteinte à des êtres humains). Les applications technologiques, quant à elles, peuvent être utilisées soit d'une bonne, soit d'une mauvaise manière: elles sont donc soumises aux lois éthiques.

LA SOCIÉTÉ S'INTÉRESSE-T-ELLE À LA SCIENCE OU À LA TECHNOLOGIE?

Il y a quelques années, les journaux rapportèrent que, dans une petite ville d'un pays que nous ne nommerons pas, le maire voulait construire une villa sur le sommet d'une colline. Pour rendre sa maison plus attrayante, il voulait détourner le cours de la rivière, afin qu'elle coule à proximité. L'ingénieur responsable du projet lui fit remarquer que cela était impossible à cause de la loi de la gravitation universelle. Le jour suivant, le maire convoqua une réunion spéciale du Conseil municipal et, à l'unanimité, il fut accepté d'abroger la loi de la gravitation universelle.

Il pourrait bien s'agir de quelque malicieux et anachronique poisson d'avril journalistique, néanmoins cette histoire illustre à merveille les relations qui existent parfois entre la politique et la science.

La plupart des scientifiques s'intéressent à la science pour deux raisons principales. D'une part, ils aimeraient comprendre l'univers simplement par plaisir et, d'autre part, ils sont également convaincus qu'à long terme, la connaissance scientifique résoudra quelques-uns des problèmes majeurs du monde. Le grand public comprend mal la science. C'est une difficulté que C. P. Snow discute dans son livre *The two Cultures*, publié en 1956. Lord Snow avait étudié la physique à l'Université de Cambridge dans le début des années trente et il avait par ailleurs publié une série de romans à succès. Il connaissait donc bien, à la fois, le monde scientifique et le monde littéraire. Pendant la Seconde Guerre mondiale, il fut engagé dans l'administration comme responsable du recrutement et du déploiement des physiciens. Lui et ses collègues ont ainsi interrogé environ trente mille scientifiques. Il écrit:

«Nous avons pu découvrir dans une certaine mesure ce qu'ils avaient lu et à quoi ils avaient réfléchi. Je dois avouer que même moi qui les aime beaucoup, je fus un peu secoué [...] Comme on peut s'y attendre, certains, parmi les scientifiques de tout premier ordre, ont eu et ont beaucoup d'énergie et d'intérêts en dehors de leur activité professionnelle, et nous en avons rencontrés qui avaient lu tout ce dont parlent les hommes de lettres. Mais c'est très rare. La plupart des autres, lorsqu'on les sondait sur leurs lectures, confessaient modestement «eh bien! J'ai essayé un peu de Dickens» un peu comme si Dickens était un écrivain extraordinairement ésotérique, compliqué et douteusement gratifiant.»

L'inverse était aussi vrai. Lord Snow écrit:

«Un bon nombre de fois, j'ai assisté à des réunions de gens qui, selon les normes de la culture traditionnelle, sont censés être très cultivés et qui ont exprimé, avec un très grand plaisir, leur incrédulité face à l'analphabétisme littéraire des scientifiques. Une ou deux fois, j'ai été piqué au vif et j'ai demandé à la ronde combien de personnes pouvaient me décrire la seconde loi de la thermodynamique. La réponse était froide: elle était également négative. Pourtant, j'avais demandé l'équivalent scientifique de: *Avez-vous lu un passage de Shakespeare ?* [...]
Maintenant, je crois même que si j'avais posé une question encore plus simple – telle que *Que voulez-vous dire par masse ?* ou *accélération ?* ce qui est l'équivalent scientifique de *Savez-vous lire ?* –, guère plus d'un sur dix parmi ces hommes si cultivés n'aurait eu le sentiment que nous parlions le même langage.»

Nous-mêmes avons fait l'expérience que la plupart de nos amis ne savent pas la différence entre gènes et chromosomes, entre lignée germinale ou lignée somatique. S'ils ne sont pas des scientifiques, leur connaissance du formalisme mathématique le plus simple n'est guère meilleure. Une question de base, comme «donner le résultat de 10^4 divisé par 2», les désoriente. Ils pensent qu'il s'agit d'une question scolaire, qui n'a pas cours dans la vie, oubliant que si nous voulons résoudre des problèmes globaux, nous devons être capables de comprendre un langage mathématique simple.

Dans son ouvrage récent *Science and Anti-Science*, Gerald Holton, professeur de physique et d'histoire des sciences à l'Université de Harvard, décrit l'analphabétisme scientifique larvé qui existe aux Etats-Unis. Il écrit:

«Il y a une littérature étendue sur ce sujet; ici, il nous suffira de nous référer à un rapport que le Conseiller scientifique du Président a transmis au Congrès. Aux Etats-Unis, le niveau des connaissances scientifiques du public est tel que la moitié des adultes questionnés ne savaient pas que la terre mettait une année pour tourner autour du soleil. (Comme nous le savons par d'autres enquêtes, moins de 7% des adultes peuvent être considérés comme cultivés dans le domaine scientifique, et ceci selon un barème des plus généreux; seulement 13% ont un niveau minimum de compréhension de ce qu'est la science; et 40% ne sont pas d'accord avec l'affirmation «l'astrologie n'est pas du tout une science».) En particulier, l'enseignement est une profession en crise [...] Nous sommes en train de perdre 13 enseignants en mathématiques et en sciences pour une personne qui entre dans la profession.»

Nous ne sommes pas sûrs que la situation soit meilleure en Europe.

Mais ce qui étonne plus d'un scientifique, c'est la méconnaissance très répandue de la nature de la science, ainsi que la méconnaissance de la différence entre science et technologie. On entend souvent poser la question: «Pourquoi les scientifiques ne concentrent-ils pas leurs efforts sur la bonne science au lieu de faire aussi de la mauvaise science?», comme si la bonne science ne découvrait que des lois qui sont bonnes pour l'humanité et la mauvaise science, à l'opposé, des lois qui nuisent aux humains ou qui pourraient leur nuire! Nous reviendrons sur ce point au dernier chapitre.

La majorité des politiciens ne comprennent pas la logique interne qui préside au développement de la science, cela crée un point supplémentaire de friction entre les diverses communautés scientifiques et le gouvernement de leurs pays respectifs. Les scientifiques savent que la curiosité, de même que la chance de faire par hasard des découvertes intéressantes, sont deux forces majeures dans l'avancement de la science. La découverte de la pénicilline et celle des enzymes de restriction nous ont déjà servi d'exemples. La découverte des rayons X par Röntgen (1841-1923) illustre aussi cet aspect de la recherche. Actuellement, les appareils à rayons X sont largement utilisés; pourtant, nous doutons fort qu'un ordre du *Kaiser* à Röntgen, tel que «Inventez-moi une machine pour que je puisse voir mes os!», ait pu produire les mêmes résultats. Trop de politiciens croient que si une découverte déterminée peut se faire en dix ans à l'aide d'un budget annuel d'un million de dollars, elle ne nécessitera qu'une année s'ils investissent d'un coup dix millions de dollars. Cela pourrait être vrai pour une réalisation technique, où il s'agit de combiner des lois connues. Ce n'est certainement pas vrai dans le domaine de la science pure qui exige la découverte de lois inconnues, alors même qu'elles n'existent peut-être pas.

Grâce à la technologie, il a été possible de séquencer le génome du VIH responsable du SIDA en une année. Pourtant presque dix ans plus tard, nous ne savons pas encore grand-chose sur l'action de ce virus et encore moins sur la façon de soigner cette maladie. Ainsi que Bernard Fields de l'Ecole de médecine de Harvard l'écrivait dans le journal scientifique *Nature*, en mai 1994, dans un article intitulé *AIDS: time to turn to basic science (SIDA: il est temps de revenir à la recherche fondamentale)*:

> «Le succès dans le contrôle de l'épidémie de SIDA surgira vraisemblablement dans des domaines qui ne sont pas en relation avec la recherche appliquée des programmes orientés sur le SIDA. [...] Nous devons accorder à la possibilité que les chercheurs fassent une découverte heureuse par hasard (et à la réorientation raisonnée de la science) une chance de participer à la lutte contre le SIDA.»

Retournons à la question posée au début de cette section: «La société s'intéresse-t-elle à la science ou à la technologie?». Nous croyons que la société se préoccupe actuellement davantage de technologie que de science. La technologie fascine et impressionne les gens plus que la science. Des millions de téléspectateurs ont vu Neil Amstrong alunir. Nous n'avons jamais entendu parler d'une émission scientifique télévisée qui attirerait ne serait-ce qu'une fraction de ce nombre de spectateurs. Il est facile d'évaluer à quel point les gens se soucient peu de la science pure simplement en examinant les fonds accordés à la recherche scientifique fondamentale. En 1994, le Congrès américain a voté un budget, pour la science et pour la technologie, qui dépassait de peu 68 500 millions de dollars. Cette somme se répartissait ainsi: plus de 35 000 millions pour la recherche technologique de la Défense, 12 500 millions pour la technologie et la science appliquée, 8 500 millions pour la recherche spatiale de la NASA (aussi presque complètement technologique) et pas plus de 12 500 millions pour la recherche fondamentale: c'est-à-dire une dépense de seulement 50 dollars par personne et par année pour la recherche fondamentale. Pourtant, les Etats-Unis se trouvent parmi les pays qui possèdent la meilleure recherche scientifique fondamentale, et on y observe un excellent soutien de la part du public.

Il semble que, dans l'ensemble du monde, le soutien à la science n'existe que dans le seul espoir d'obtenir encore davantage de progrès techniques et non pas dans celui de découvrir comment l'univers est fait.

Nous conclurons cette section avec une dernière citation de C. P. Snow:

> «Dans notre société (c'est-à-dire dans la société occidentale développée), nous avons perdu jusqu'à la prétention à une culture commune. Des personnes, du niveau culturel le plus élevé que nous connaissions, ne peuvent plus communiquer entre elles sur le plan de leur principal domaine intellectuel. C'est grave pour notre vie créatrice et intellectuelle et, par-dessus tout, pour notre vie ordinaire. Cela nous conduit à mal interpréter le passé, à mal juger le présent et à renier nos espoirs pour l'avenir. Il devient difficile pour nous ou impossible d'agir à bon escient.»

GALILÉE OU
LA PHYSIQUE DE
L'ÉGLISE CATHOLIQUE
ROMAINE

Galilée est le fondateur de la science moderne, mais ce qui l'a rendu tout aussi célèbre, c'est son combat pour la liberté d'esprit: liberté de conserver sa propre vision du monde et d'étudier avec son propre esprit plutôt que d'accepter la dictature du pouvoir politique. A cette époque, le pouvoir politique était aux mains de l'Eglise catholique romaine. L'Eglise imposait sa vision de la vie et de la société par tous les moyens, y compris, face aux hérétiques, par le bûcher. Les difficultés de Galilée ont eu leur source des siècles auparavant, très précisément au IIe siècle ap. J.-C, au moment où Ptolémée écrivit son ouvrage traitant de l'univers. Cet astronome égyptien avait été convaincu par ses calculs que tous les phénomènes astronomiques, comme l'alternance du jour et de la nuit, la rotation de la lune ainsi que le mouvement des étoiles, pouvaient s'expliquer simplement, si on supposait que la terre était le centre fixe de l'univers et que tous les corps célestes se mouvaient autour d'elle. Cette conception avait été généralement adoptée, notamment par l'Eglise.

L'astronome polonais Nicolas Copernic (1473-1543) était toutefois convaincu que le soleil était le centre de l'univers et que la terre tournait autour de lui, ainsi que les autres corps célestes. Il craignait de publier ses démonstrations et ses calculs depuis qu'il savait que l'Eglise traitait les hérétiques comme des criminels de la pire espèce. Son livre *De revolutionibus orbium caeles-*

tum (*Du mouvement des corps célestes*) fut publié en 1543, l'année de sa mort; il était dédié au Pape. Ce livre eut tôt fait de convaincre les savants de pousser plus avant leurs recherches, ce qui conduisit l'astronome allemand Johann Képler (1571-1630) à proposer des lois qui devaient plus tard servir de base à Isaac Newton (1642-1727) pour formuler sa Loi de la gravitation universelle.

Mais c'est Galilée qui prouva expérimentalement le premier que Copernic avait raison. En 1609, il obtint d'un artisan hollandais un télescope rudimentaire et, après l'avoir amélioré, il commença à observer la lune et les étoiles. Il remarqua que la Voie Lactée était une vaste agglomération de nombreuses petites étoiles. Il vit que Jupiter possédait quatre lunes tournant autour de lui. Galilée publia ses premières observations, en latin, en 1610.

Galilée se rendit compte qu'un nouvel instrument pourrait l'amener à faire des observations en contradiction avec la théorie de Ptolémée et les interprétations de la Bible en vogue à cette époque. Il en vint peu à peu à penser qu'il serait plus fructueux d'acquérir des connaissances sur l'univers par l'observation et par le raisonnement, plutôt que par la lecture de la Bible. Il avait de nombreux bons amis dans l'Eglise, qui avaient eux-mêmes des esprits scientifiques bien formés; certains étaient même cardinaux. Il espérait convaincre ces hommes d'Eglise que si la Bible présentait certainement le meilleur enseignement sur le plan religieux et moral, elle n'était pas le summum des traités de physique. Galilée espérait ainsi obtenir la liberté scientifique.

Après des années de discussion, il obtint la permission de publier ses découvertes dans le célèbre livre *Dialogo sopra i due massimi sistemi* (*Dialogue au sujet de deux nouvelles sciences*), qui fut publié à Florence en 1632. Le livre était écrit en italien, parce que Galilée souhaitait toucher la population instruite dans son ensemble et non pas les érudits seuls. Mais, bien que l'œuvre de Galilée eût été imprimée avec l'autorisation papale, une opposition, issue du sein même de l'Eglise catholique, réussit à convaincre le Pape Urbain VIII d'intenter un procès au savant. A l'âge de 70 ans, Galilée fut condamné pour hérésie et obligé de se rétracter:

«J'ai été trouvé coupable d'hérésie, en particulier parce que j'avais soutenu, et cru, que le soleil est le centre du monde et qu'il est immobile, et que la terre n'est pas au centre, mais se meut [...] Je maudis mes erreurs et mon hérésie, et je les déteste.»[1]

---

[1] tiré de L. Geymonat, traduit par les auteurs.

Ainsi, Galilée perdit sa bataille pour la liberté de la science, liberté qui permet d'utiliser son propre esprit au lieu de croire le dogme. La publication du livre de Galilée fut interdite; et elle resta interdite pendant deux cents ans, jusqu'en 1822. Ce n'est que tout récemment que le Pape a reconnu publiquement que l'Eglise s'était autrefois trompée.

En 1933, c'est-à-dire exactement trois cents ans après la rétractation forcée de Galilée, le pouvoir politique allemand imposa sa censure, non en interdisant certains livres, mais en les brûlant. D'ailleurs, il existe encore aujourd'hui des gens qui essaient d'imposer leurs idées à la science. Le combat engagé par Galilée pour libérer la science de l'idéologie n'est pas encore gagné.

LYSSENKO ET LA GÉNÉTIQUE SOVIÉTIQUE

Trofim Dennissovitch Lyssenko était un agronome qui, par suite de son influence politique, entrava le développement de la génétique en URSS pendant trente-cinq ans. L'histoire débute en 1929. L'Union soviétique est sous le régime communiste depuis onze ans. Staline a succédé à Lénine. Au cours des deux hivers précédents, 1927-1928 et 1928-1929, des millions d'hectares de blé ont péri. Staline décide qu'il faut moderniser l'agriculture et impose la collectivisation aux paysans. A cette époque, l'agriculture soviétique était tout à fait traditionnelle; le servage avait été aboli moins de septante ans auparavant.

C'est au cours de ces années de désastre que le jeune Lyssenko présenta une série d'idées pour améliorer le rendement du blé, en accord avec le premier Plan quinquennal du gouvernement soviétique. Sa première idée fut la vernalisation: il exposa que tremper les graines dans l'eau et les soumettre au froid permettrait que le blé d'hiver soit semé au printemps, en évitant ainsi les conditions hivernales très dures. Ce n'était pas une idée originale: des recherches avaient eu cours auparavant, également ailleurs qu'en Union soviétique. Malheureusement, la vernalisation diminuait le rendement plutôt qu'elle ne l'augmentait. Lyssenko appliqua le même procédé à des variétés de blé de printemps, en prétendant que cela raccourcissait leur temps de maturation et augmentait leur rendement. Comme Staline croyait que la pratique était plus importante que la théorie, on demanda aux paysans d'introduire la vernalisation immédiatement, sans essais préalables. Cette technique fut la source de nombreux problèmes, le traitement était difficile à appliquer, il conduisait souvent à la perte des graines et rendait les semailles beaucoup plus difficiles. Malgré tout, vu que Lyssenko avait de bons appuis politiques, on demanda aux paysans de poursuivre la vernalisation. Dans un discours donné en présence de Staline, Lyssenko disait:

«Dites-moi, camarades, n'y a-t-il pas eu une lutte de classe sur le front de la vernalisation? Dans les fermes collectives, il y avait des koulaks et des agitateurs qui n'arrêtaient pas de murmurer [...] aux oreilles des paysans: 'Ne trempez pas les graines. Cela les détruirait'. C'est ainsi que cela s'est passé, tels étaient les murmures, telles étaient les tromperies des koulaks et des saboteurs, lorsque, au lieu d'aider les fermiers des collectivités, ils accomplissaient leur travail destructeur, à l'intérieur et à l'extérieur du monde scientifique; un ennemi de classe est toujours un ennemi, qu'il soit un scientifique ou non[2].»

On rapporte que Staline a crié «Bravo, camarade Lyssenko, bravo» à la fin du discours.

Lyssenko croyait que les plantes pouvaient être rééduquées pour se développer d'une manière déterminée, tout juste comme le peuple pouvait être rééduqué par le gouvernement soviétique. On cite aussi ces paroles qu'il a prononcées en 1935:

«Lorsque nous proposons une mesure qui n'est encore fondée que sur la théorie, telle que «rafraîchir le sang» des variétés des plantes cultivées les plus importantes (par des croisements entre variétés), avons-nous le droit de perdre deux ou trois ans à faire subir à cette méthode des tests préliminaires sur des petits champs expérimentaux, dans diverses stations de recherche agronomique? Non, nous n'avons pas le droit de perdre une seule année. Dans le cas présent, nous procéderons de la même manière que nous l'avons fait quand nous avons mis au point la méthode de vernalisation pour le blé, ainsi que pour les pommes de terre, et que nous l'avons en même temps répandue au sein des masses[3].»

Lyssenko devint directeur de l'Institut de génétique de Moscou en 1940. Il essaya pendant la Seconde Guerre mondiale de persuader les paysans sibériens d'utiliser du blé d'hiver, mais peu de paysans, heureusement, furent convaincus. En 1945 la dernière idée de Lyssenko fut mise en pratique; elle coûta des milliards de roubles à l'Union soviétique. Cela coïncidait avec le début du grand plan de Staline pour la transformation de la nature. Un des plans visait à transformer le climat de la steppe en plantant une grande forêt. Lyssenko décida d'économiser du temps et de l'argent en plantant les jeunes plants de chênes avec une forte densité. On observe habituellement que les jeunes arbres qui grandissent très près les uns des autres sont en compétition et s'étiolent, finissant souvent par dépérir. Fidèle à l'idéologie marxiste, Lyssenko croyait que la compétition naissait seulement entre des espèces différentes et il était certain que des individus de la même espèce s'entraideraient. Il s'ensuivit que, sur les millions d'arbres plantés entre 1948 et 1951, moins de 5% survécurent.

La génétique «bourgeoise», que Lyssenko avait triomphalement abolie en 1948 en Union soviétique, se révéla correcte. Après

[2] tiré de Z. Medvedev, 1969.

[3] tiré de D. Joravsky, 1970.

la mort de Staline, survenue en 1953, le pouvoir et l'influence de Lyssenko commencèrent à décliner, mais ce n'est qu'en 1964 qu'il fut destitué de ses fonctions à l'Institut de génétique. Le mal qu'il causa à l'agriculture et à la société soviétiques est presque inimaginable. Espérons que l'histoire de Lyssenko restera très longtemps une mise en garde pour les politiciens et pour les idéologues.

À QUEL POINT LES HOMMES DE SCIENCE SONT-ILS LIBRES AUJOURD'HUI ?

Une parabole moderne nous aidera à aborder cette question. Isabelle Moreau, docteur en biologie moléculaire, est assise dans son salon et observe ses plantes vertes. Elle voit que toutes les racines descendent et que les tiges montent tout en s'inclinant vers la lumière de la fenêtre. Elle se renseigne auprès de ses collègues et apprend que ces phénomènes sont connus depuis longtemps: elle a tout bonnement observé des tropismes (en grec, *tropos*: tourner), réponses de la plante à la gravité et à la lumière. Elle se rend compte qu'on ne comprend pas encore ces phénomènes, qui ont déjà fasciné Darwin autrefois.

Isabelle décide d'étudier ce qui rend la plante sensible à la lumière ou à la gravité, et la manière dont les racines ou les tiges peuvent réagir en se courbant. Pour ce faire, elle a besoin d'un espace pour y cultiver quelques plantes, d'une chambre noire où la lumière peut être fournie à certains moments et à certaines intensités, puis d'une source lumineuse et de filtres. Autrement dit, il lui faut de l'argent et un laboratoire équipé du matériel nécessaire. En premier lieu, il faut qu'elle cherche l'argent. Elle décide d'envoyer une demande à l'agence gouvernementale qui accorde les crédits pour la recherche scientifique. Elle doit poser sa candidature en expliquant ce qu'elle veut faire, comment elle va s'y prendre et pourquoi elle considère que c'est important. Il faut aussi qu'elle puisse convaincre ceux qui octroient les fonds qu'elle a des chances de mener à bien son projet. Le mieux, c'est de montrer qu'elle a déjà travaillé avec succès sur ce sujet, ou sur des thèmes voisins, et qu'elle a publié ses résultats dans des journaux scientifiques réputés. Si elle a l'ambition de réussir en tant que scientifique, elle connaît certainement déjà la règle actuelle numéro un: publie ou péris (*publish or perish*). Si elle occupe déjà un poste, il se peut qu'elle ait été nommée pour une période déterminée, habituellement de deux à cinq ans. A la fin de cette période, un conseil quelconque de l'institution où elle travaille, université ou institut de recherche, décidera si elle est assez brillante pour être nommée à un poste permanent. Normalement, si elle occupe un poste permanent, son salaire est assuré, mais il reste tout de même nécessaire qu'elle fasse des demandes de bourse pour obtenir l'argent indispensable à sa recherche.

Isabelle cherche des avis sur les chances que son projet concernant les tropismes végétaux soit accepté. Elle saisit assez rapidement qu'on accorde plus volontiers des crédits dans certains domaines scientifiques que dans d'autres, et que certains articles ont plus de chance d'être acceptés pour la publication que d'autres; en bref, elle découvre que la mode touche aussi bien la science que les autres sphères de l'activité humaine. Peut-être que pour la première fois de sa vie, elle prend conscience que la liberté scientifique est relative. D'ailleurs, les chances qu'elle a de recevoir sa bourse ne dépendent pas seulement de son succès scientifique antérieur ou de la qualité de ses idées ou du fait que son sujet soit plus ou moins à la mode, mais aussi de la quantité d'argent allouée à ceux qui octroient les bourses.

Ce dernier point se décide au niveau politique: tant d'argent pour la physique, tant d'argent pour la biologie, et ainsi de suite; puis, un comité, habituellement formé de scientifiques reconnus, décide des sommes distribuées à la médecine, à la biotechnologie, à la botanique, etc. Un autre comité décidera quelle somme d'argent, à l'intérieur de la botanique, ira à la recherche en physiologie végétale (dont l'étude des tropismes fait partie) ou au génie génétique des plantes. En dernier ressort, Isabelle va-t-elle recevoir les fonds nécessaires pour son projet ou non? La décision finale sera certes légèrement influencée par des scientifiques faisant eux-mêmes de la recherche, mais ceux-ci n'exerceront qu'une infime influence, si tant est qu'ils le puissent, sur la politique générale de financement de la recherche.

De plus en plus, les agences gouvernementales qui financent les projets définissent des politiques exigeant que la science soit directement applicable. Nous entrons dans une époque où le «Roentgen, faites-moi une machine afin que je voie mes os!» est à l'ordre du jour. Lors de sa recherche de fonds, Isabelle fera bien de taire sa fascination pour les tropismes végétaux; elle aura intérêt à démontrer avec persuasion que la compréhension des tropismes peut permettre de pratiquer des cultures supportant mieux les dégâts de la grêle. Un dilemme la guette: il se peut qu'elle sente le poids de l'argument moral qui devrait la retenir de gaspiller l'argent des contribuables en travaillant sur un simple objet de curiosité, tout en sachant que c'est la curiosité naturelle qui a fait faire à la science ses bonds en avant les plus significatifs.

Même si Isabelle reçoit l'argent nécessaire à son projet et qu'elle obtient des résultats intéressants, elle n'est pas au bout de ses peines. Elle devra publier aussi vite que possible. Aux Etats-Unis notamment, la lutte pour publier avant les autres se mesure en jours: le scientifique qui publie le 9 avril 1994 est meilleur que celui qui publie des résultats semblables le 11 avril 1994, et il obtiendra davantage d'argent pour continuer sa recherche. Mais qui va décider si Isabelle peut publier dans une revue renommée? Les éditeurs de ces périodiques demandent en général à deux ou trois spécialistes de donner leur opinion sur l'article. Normalement, le jugement des pairs est honnête, mais cela ne gâte rien d'envoyer le manuscrit, prêt à être publié, à un éditeur qui soit un ami; les clans sont aussi importants en science.

Ce court récit illustre les limites de la liberté scientifique. Dans un pays politiquement libre, la limitation principale est le coût de la science moderne. Les décisions portant sur le montant et sur le type de recherches auquel doit aller l'argent sont influencées par les politiciens, par les groupes de pression de l'industrie, par des hommes de science éminents ou par des scientifiques qui connaissent des personnes éminentes. Dans le cas du génie génétique, le processus de prise de décision est rendu plus compliqué par le fait que la plupart des comités chargés des décisions sont en relation avec des compagnies de biotechnologie. C'est trop souvent l'intérêt personnel direct qui dicte le choix de la science à la mode. Il y a vingt ans, la recherche sur le cancer était à la mode; ces dix dernières années, la recherche sur le SIDA l'a été. Actuellement, le Programme du génome humain représente beaucoup d'argent et bientôt viendra le tour du génie génétique des plantes.

Ces projets comportent un aspect problématique: on ne peut pas demander qu'ils soient nécessairement de bons placements financiers. Bien entendu, lorsqu'il s'agit de réagir rapidement à une situation donnée, on ne peut espérer trouver une bonne solution que dans la mesure où l'on dispose déjà des connaissances fondamentales suffisantes. Néanmoins, l'investissement dans la recherche fondamentale est non seulement un investissement qui a peu de chance de se révéler rentable durant la carrière d'un politicien, mais c'est un investissement qui ne profitera pas forcément à l'économie du pays qui l'aura consenti.

Même si un gouvernement éclairé décide de mettre des fonds significatifs à disposition de la recherche fondamentale, il est peu probable que cela suffise à satisfaire la curiosité de tous les scientifiques. Il faudra continuer d'appliquer des jugements de valeur à leurs propositions, bien qu'avec un assez faible espoir d'objectivité. La meilleure solution serait peut-être de réunir dans une loterie toutes les demandes qui peuvent passer le cap d'un premier tri avec la mention «plausible» et de tirer au sort celles qui vont être financées.

Charles Darwin a publié en 1859 *The Origin for Species by Means of Natural Selection or Preservation of Favoured Races in the Struggle for Life (L'origine des espèces au moyen de la sélection naturelle ou la conservation des races favorisées dans la lutte pour la vie).* Ce livre a bouleversé notre conception de la vie sur terre.

Darwin n'était pas le premier à penser qu'il y avait eu une évolution, ainsi qu'il le reconnaît dans son livre, mais il était le premier à présenter, d'une façon claire et convaincante, un mécanisme susceptible d'expliquer comment cela pouvait s'être passé.

Il avait été frappé par le grand nombre de différences présentes au sein des races des animaux domestiques, de même qu'au sein des variétés des plantes cultivées, et il avançait que, si l'humanité avait pu sélectionner des plantes de blé à haut rendement, des chevaux de course plus rapides et plus grands que leurs parents arabes ou des poires au goût sucré bien supérieures à celles que cultivaient les Romains, la Nature avait certainement pu faire de même.

Darwin écrivait, en 1859:

> «[...] si des variations utiles à un être vivant quelconque apparaissent, assurément les individus qui ont ces caractéristiques auront une meilleure chance d'être conservés dans la lutte pour la vie; et à cause du puissant principe de l'hérédité, ils auront tendance à produire des descendants ayant les mêmes caractéristiques. C'est ce principe de conservation que j'ai nommé, pour être bref, Sélection Naturelle[4].»

Le plus étonnant, c'est que Darwin ne connaissait pas l'existence des gènes.

Aujourd'hui, il est facile de parler de l'évolution en termes moléculaires. Au cours de la réplication de l'ADN, des erreurs se produisent, bien que très rarement: ce sont les mutations. Chez les bactéries, une mutation a lieu en moyenne pour dix millions de bases répliquées. Chez les humains, le taux est compris entre 1 pour 1 000 et 1 pour 1 000 000; cela dépend du type de cellules. Parfois, la modification d'un gène, bien qu'elle se fasse au hasard, peut donner un avantage sélectif à un organisme. Un avantage sélectif signifie que, dans un milieu particulier, l'organisme mutant se développe mieux que celui qui est non mutant. Les premières expériences en laboratoire qui démontrent ce phénomène ont été faites, dans les années 40, par Max Delbrück et Salvador Luria, deux fondateurs de la biologie moléculaire.

Ils réussirent à isoler une souche d'*E. coli* résistante au phage T1 (virus qui infecte des bactéries). Une fois compris, le mécanisme paraît simple; nous allons l'expliquer. Avant de tuer une

---

[4] Darein, 1859.

bactérie, le virus doit se fixer, sur la paroi externe de la bactérie, à une protéine spécifique. Au sein d'une population nombreuse d'*E. coli*, il peut arriver que quelques bactéries aient subi par hasard une mutation au niveau du gène codant pour la protéine à laquelle le virus s'attache. Le gène est muté de manière telle que la protéine n'est pas produite; le virus ne peut pas se fixer sur la bactérie et, ainsi, il ne peut pas la tuer. Dans un milieu où il y a de nombreux virus, seules ces bactéries mutantes peuvent se développer; on dit qu'elles ont un avantage sélectif. Elles forment une population de bactéries résistantes au phage T1.

Si, à partir de ce phénomène et d'autres observations simples, on extrapole la complexité de l'évolution de la vie sur la terre, on peut commencer à comprendre l'évolution en termes moléculaires. Les deux forces motrices sont, d'une part, la lente modification de l'ADN et, d'autre part, la sélection ultérieure des individus les mieux adaptés à la survie et à la reproduction dans un milieu particulier.

On peut aussi comparer les diverses séquences d'acides aminés d'une protéine déterminée, isolée à partir d'espèces différentes: cette étude apporte d'autres preuves de l'évolution. Les différentes «versions» de la même protéine se ressemblent davantage quand elles proviennent d'espèces jugées très voisines que si elles proviennent d'espèces très éloignées. Prenons pour exemple le lysozyme. C'est une enzyme digestive, donc une protéine. Le lysozyme de l'espèce humaine diffère de celui des babouins au niveau de 14 acides aminés sur les 130 qui le composent; mais le lysozyme de l'espèce humaine présente 33 différences avec le lysozyme du rat et 64 différences avec le lysozyme du cheval: cela nous indique que sur le plan génétique, les êtres humains ressemblent un peu aux babouins, ressemblent un peu moins aux rats et beaucoup moins aux chevaux. Ce ne sont pas des preuves aux yeux des créationnistes et d'autres fondamentalistes religieux: ceux-ci affirment que si Dieu l'a voulu, il a pu créer ces séquences d'acides aminés dans l'état où nous les trouvons. Grâce à un *Deus ex machina*, il est possible de tout expliquer sans rien apprendre.

L'évolution est une théorie. Il est impossible de prouver en détail qu'elle a eu lieu, mais il est certain que nous avons des occasions d'observer l'évolution en train de se dérouler, à l'échelle de la vie humaine, devant nos yeux: dans l'émergence de microbes résistants aux antibiotiques, par exemple. Max Delbrück, partisan convaincu de l'évolution, est l'un des premiers généticiens à avoir proposé que, pour comprendre la génétique humaine, on étudie d'abord la génétique d'*E. coli*. Il était persuadé, à juste titre, qu'au niveau moléculaire, ce qui était vrai pour la bactérie était en grande partie également vrai pour l'être humain ; et il est bien sûr beaucoup plus facile d'étudier les bactéries que les êtres humains. Max Delbrück a fait à cette occasion un bon usage de la théorie de l'évolution.

On trouve par ailleurs des gens célèbres qui firent un mauvais usage de la théorie de l'évolution. Vu que la lutte pour la vie intervenait dans l'évolution, les adeptes du darwinisme social croyaient qu'il était moralement acceptable de se battre contre d'autres gens, de les conquérir et de les anéantir, sous prétexte que c'est une loi naturelle que le plus apte survive. L'idéologie nazie fut fondée sur cette vision des choses. C'est un exemple typique de l'utilisation abusive d'une théorie scientifique dans le but de justifier une conduite immorale.

Nombre de sociétés humaines ont mis en place des codes sociaux qui visent à protéger les droits de chaque individu, qu'il soit faible ou fort. Ces droits constitutionnels sont défendus par les lois et soutenus par les forces de la police. Mais ce qui est le plus important, c'est que ces droits sont acceptés par la majorité des citoyens comme faisant partie de leur culture. Cette situation est le résultat de l'évolution sociale, évolution qui se déroule sans modifications des gènes.

Le fait que l'évolution biologique soit une théorie très plausible n'enlève rien à l'importance de l'évolution sociale de l'humanité. En fait l'évolution sociale peut, en modifiant le milieu dans lequel nous vivons tous, avoir une forte influence sur l'évolution biologique. L'évolution sociale, dont font partie la science et la technique, permet de nos jours de soigner le diabète avec l'insuline ; elle augmente l'espérance de vie des diabétiques et leur capacité à faire des enfants. Cependant, l'extermination des baleines, la destruction des forêts et la pollution de l'atmosphère, qui découlent toutes de notre évolution sociale, pourraient provoquer l'extinction future de nombreuses espèces.

Plus récemment une nouvelle manière de mal utiliser la théorie de l'évolution a surgi. On affirme qu'il ne saurait être mauvais d'employer le génie génétique pour modifier le génome des animaux et des plantes, puisque c'est exactement ce que la nature fait au cours l'évolution. Cet argument est dangereux. Werner Arber, de l'Université de Bâle, a calculé que, durant les quatre milliards d'années de la vie sur la terre, le temps écoulé suffisait tout juste pour que soient modifiées par mutation, et ensuite confrontées à la sélection naturelle, toutes les combinaisons possibles de seulement cent bases au sein de chaque espèce. Si nous gardons présent à l'esprit que le génome humain a trois milliards de bases, nous pourrions presque dire que l'évolution vient à peine de commencer. Le temps a été trop court pour que le blé produise, en évoluant, un gène pour la fixation de l'azote, comme en possèdent certaines bactéries. En réalité, ce qui distingue une espèce, c'est son incapacité à échanger du matériel génétique avec une autre espèce. Le génie génétique peut réussir en une année ce que l'évolution est incapable de faire. Notre évolution sociale nous apporte le pouvoir d'accélérer l'évolution biologique d'une manière dont jamais personne n'avait rêvé par le passé. Un rêve accessible, mais peut-être aussi un cauchemar.

LA BIOLOGIE EN TANT QU'IDÉOLOGIE

La Biologie en tant qu'Idéologie: sous ce titre Richard Lewontin nous incite à la réflexion; professeur de zoologie à l'Université de Harvard, il écrit:

«Les gens gagnent leur vie en faisant de la science et, par conséquent, les forces dominantes de la société, sur le plan social et économique, déterminent dans une large mesure ce que la science fait et comment elle le fait. Plus que cela, ces forces ont le pouvoir de tirer de la science, et de se les approprier, les idées qui conviennent particulièrement bien pour conserver et prolonger la prospérité des structures sociales dont elles font partie. Ainsi, d'autres institutions de la société ont une influence sur la science, à la fois sur ce qui se fait et sur l'opinion qu'on en a, et elles tirent de la science des concepts et des idées qui les soutiennent et les font paraître naturelles et légitimes. C'est de ce double processus – d'une part, l'influence et le contrôle de la société sur ce que les scientifiques font et disent; d'autre part, l'utilisation de ce que les scientifiques font et disent pour continuer de soutenir les institutions de la société – dont nous voulons parler, lorsque nous évoquons la science en tant qu'idéologie.»

A propos de Galilée et de Lyssenko, nous avons déjà vu deux exemples de contrôle politique exercé sur ce que font et disent les hommes de science. Mais comment les institutions de la société trouvent-elles un soutien dans ce que disent et font les hommes de science?

La Déclaration d'Indépendance américaine disait le 4 juillet 1776:

«Nous avons tenu pour évidentes ces Vérités, à savoir que tous les hommes sont créés égaux, qu'ils ont été dotés par leur Créateur de certains droits inaliénables, parmi lesquels la Vie, la Liberté et la Poursuite du Bonheur.»

Le droit de tout citoyen américain de voter, sans que soit tenu compte de sa race, de sa couleur ou de sa condition antérieure d'esclave, ne fut introduit dans la constitution qu'en 1869. Par ailleurs, le terme «hommes» dans le texte de la déclaration de 1776 veut dire «humains de sexe mâle», puisque le droit de vote des femmes ne fut pas introduit dans la constitution des Etats-Unis avant 1920. Il a donc fallu quatre-vingts treize ans pour reconnaître les droits politiques d'hommes de races différentes et cent quarante-quatre ans pour reconnaître l'égalité entre femmes et hommes, et cela dans le pays le plus démocratique des temps modernes. L'inégalité existe et elle est condamnée dans presque toutes les sociétés. Dans les sociétés capitalistes, elle est institutionnalisée sous forme de «méritocratie». La méritocratie récompense ceux qui font les métiers difficiles; en principe, ce n'est pas une mauvaise chose: après tout, personne ne souhaite emprunter un pont construit par un mauvais ingénieur ou consulter un médecin ignorant. Mais que répondre à quelqu'un qui demande pourquoi de si nombreux médecins sont fils de médecins ou, d'une façon générale, pourquoi les enfants ont le plus souvent le même genre de métiers que leurs parents. Existe-t-il des gènes pour expliquer ce phénomène? Sommes-nous déterminés génétiquement et les professions actuelles sont elles exercées par ceux que la lutte pour la vie a sélectionnés au cours de l'évolution?

Savoir à quel point l'intelligence est innée (transmise héréditairement) est un débat déjà ancien (chap. 15). Arthur Jensen, professeur de psychologie à l'Université de Californie, à Berkeley, est un adepte contemporain de l'idée que l'intelligence est innée. Il est convaincu que l'intelligence, telle qu'elle est mesurée par les tests de Q.I., est due aux gènes à 80%. Il a commencé à étudier les différences d'intelligence entre les races en 1968. Dans quelques-unes de ses nombreuses publications, il affirme que ses résultats montrent clairement que les Noirs américains ont un résultat de Q.I. inférieur en moyenne de 10 points par rapport aux Blancs américains. Il en conclut que les Noirs américains sont moins intelligents. Il a écrit récemment:

«Entre 1960 environ et 1975, la recherche pédagogique aux Etats-Unis a été dominée par une philosophie politique à la recherche de théories et de projets qui fussent en accord avec l'esprit du temps, et la majorité de ces théories se révélèrent fausses.
Comment se fait-il que des sujets de recherche qui paraissent vitaux pendant dix ans soient abandonnés pendant la décennie suivante? Normalement, dans le domaine scientifique, on répondrait que, soit la question a trouvé une solution satisfaisante, soit on a découvert que cette question particulière était sans signification sur le plan scientifique. Mais je pense qu'il serait difficile de soutenir de manière convaincante, que l'une de ces deux hypothèses convient dans le cas d'une recherche de la nature du déficit de Q.I. des Noirs américains, avec tout son contexte éducationnel et socio-économique. Si je n'ai rien fait de plus sur ce sujet, je pense que j'ai au moins rendu de nombreux psychologues, et d'autres chercheurs en sociologie, conscients que notre approche scientifique du sujet est inadéquate. J'ai montré que la différence noir-blanc dans les tests cognitifs n'est

pas un artefact de mesure; elle ne se limite pas aux tests verbaux et scolaires; elle n'est pas associée avec des catégories particulières de contenu informationnel des tests, mais est davantage en relation avec la complexité des opérations mentales exigées par les objets; elle ne peut pas être expliquée en termes de statut socio-économique et peut être distinguée psychométriquement des différences de classes sociales à l'intérieur des groupes raciaux; elle ne peut pas être expliquée en termes d'explications environnementalistes les plus en vogue, à peine remises en question dans les années soixante (par exemple, prise en charge scolaire inégale, attente du maître, malnutrition, absence du père, déprivation verbale, niveau des aspirations); et elle n'est pas réduite d'un niveau appréciable, corrélativement ou durablement, par aucune forme d'intervention éducationnelle actuellement connue.
Quant à la question d'une composante génétique dans la différence possible entre les populations noire et blanche [...], depuis 1969, j'ai toujours considéré que c'était une hypothèse raisonnable, pour des raisons que j'ai expliquées dans le détail par ailleurs. Compte tenu de tous les faits disponibles dont j'ai eu connaissance, je pense qu'il est très plausible que des facteurs génétiques jouent un rôle important dans la différence actuelle entre les populations noire et blanche. Mais la plausibilité est bien loin du statut de fait scientifique. Dans le domaine de la science, faire passer une hypothèse à l'état de fait bien établi est beaucoup plus difficile et cela doit être soumis à des critères, souvent de nature très complexe et technique, beaucoup plus rigoureux que ceux que la plupart des non-spécialistes de la branche scientifique concernée sont capables d'apprécier. Jusqu'à présent, il n'y a guère de 'preuve' empirique susceptible de consolider cette hypothèse génétique plausible, que la génétique quantitative[5] pourrait considérer comme une preuve définitive.»

On trouve l'une des meilleures critiques contre cette sorte d'études «génétiques» dans le livre *Not in our Genes* (trad. française: *Nous ne sommes pas programmés*) de Steven Rose, Richard Lewontin et Leon Kamin. Ils y défendent, entre autres, l'idée que les tests de Q.I. ne mesurent pas l'intelligence:

«Comment savons-nous que les tests de Q.I. mesurent 'l'intelligence'? D'une façon ou d'une autre, au moment de la préparation du test, il doit y avoir un critère, préexistant, de ce qu'est l'intelligence, au moyen duquel on peut évaluer les résultats des tests. Les gens qui sont généralement tenus pour intelligents doivent se classer tout en haut et ceux qui sont visiblement 'stupides' doivent avoir de mauvais résultats, sans quoi le test sera rejeté. Le test original de Binet, et son adaptation en anglais, avait été prévu pour correspondre aux notions *a priori* que les enseignants et les 'psychologues' avaient de l'intelligence. Ces tests furent remaniés et standardisés, en particulier par les soins de Terman et Burt, de sorte qu'ils devinrent des pronostiqueurs valables des performances scolaires. On supprima, par exemple, les questions qui faisaient la différence entre les filles et les garçons, puisque les tests n'étaient pas destinés à faire ressortir cette distinction. Les différences entre classes sociales, ou entre divers groupes ethniques ou races, n'ont pourtant pas été éliminées, précisément parce que ce sont ces différences que les tests sont supposés mesurer.»

---

[5] Dans S. Mogdil et C. Mogdil, 1987

Même si des tests de ce type sont aptes à mesurer l'intelligence, les résultats présentés ne peuvent pas nous dire si l'intelligence est due au milieu ou aux gènes. Il est bien connu que, en moyenne, les conditions de vie des Noirs américains sont différentes de celles des Blancs américains. James Flynn, de l'Université d'Otago, rapporte des résultats de tests de Q.I. proposés entre 1952 et 1982, par les responsables militaires hollandais, à des jeunes gens de 18 ans. Les informations de Flynn montrent que le Q.I. des adolescents hollandais a gagné en moyenne 20 points au cours de ces trente années. Flynn fait le commentaire suivant:

«Ces énormes gains ne peuvent pas être dus à des facteurs génétiques: il serait impossible que les écarts de reproduction dus à un brassage entre les classes sociales aient été assez grands pour élever la moyenne du Q.I. en une seule génération.
Globalement, les résultats hollandais montrent que des facteurs environnementaux inconnus provoquent une augmentation massive du Q.I. Cette affirmation pourrait être contestée: lorsque nous découvrons des facteurs à l'œuvre, ne pourrait-il pas s'agir de choses aussi familières que la nutrition, la télévision ou une plus large exposition à des stimuli de toutes sortes? Cette objection passe à côté de l'essentiel: quand Archimède a voulu impressionner Hiéron et lui démontrer la force d'un levier, il a choisi un bateau en cale sèche, lourdement chargé de passagers et de marchandises et, en serrant dans ses mains l'extrémité d'un moufle, il l'a délicatement tiré jusqu'à la mer aussi facilement que si le bateau avait navigué toutes voiles dehors. Cela n'apporterait aucune information de dire qu'Archimède utilisait quelque chose de familier, à savoir ses muscles: car sans la connaissance du principe du levier, ce qu'Archimède pouvait faire de ses muscles, à ce moment-là, était tout à fait inexplicable. Si des facteurs environnementaux, qui ont toujours été considérés comme secondaires – tout au moins dans les sociétés avancées comme les Etats-Unis ou la Hollande –, peuvent élever la moyenne du Q.I. d'une façon aussi significative, cela ne sert à rien de souligner leur aspect familier. Il nous faut expliquer le fait qu'ils ont une puissance que nous n'avions pas suspectée jusque-là; nous devons trouver le facteur X qui a amplifié leur force[6].»

Les commentaires de Jensen sur ces travaux sont les suivants:

«Flynn semble considérer les différences observées dans les résultats du test au cours de plusieurs décennies comme le reflet de différences réelles du niveau de l'intelligence elle-même. Cela serait plausible dans le cas de changements relativement faibles et graduels. Mais un changement sur trois décennies (1952-1982) d'un tel ordre de grandeur – dans cette étude hollandaise, il s'agit d'environ 20 points sur le Q.I. – réduit pratiquement à l'absurde l'utilisation que Flynn fait de ces données. Cela suggère un artefact majeur, mais encore inconnu[7].»

Lorsque les faits ne s'adaptent pas à un modèle, on les nomme des artefacts. S'agit-il de science ou d'idéologie?

---

6 dans S. Mogdil et C. Mogdil, 1987.

7 dans S. Mogdil et C. Mogdil, 1987.

Cette controverse s'appuie sur une fausse prémisse: l'aspect trompeur du gâteau aux pommes. Cela a un sens de demander quelle part du gâteau est faite de pommes et quelle part est faite de pâte, même s'il s'agit dans les deux cas des ingrédients essentiels. Demander quelle part de l'intelligence est innée et quelle part est déterminée par le milieu est un tout autre problème. Retournons une fois de plus à la maladie héréditaire de la phénylcétonurie (chap. 10). Non soignée, cette maladie entraîne un retard mental, elle a donc un effet grave sur l'intelligence. Si on compare ceux qui ont une phénylcétonurie non traitée avec des bien portants, il ne fait aucun doute qu'il est valable de conclure que la différence d'intelligence observée a une cause héréditaire. Mais si les bébés atteints reçoivent dès le début un régime alimentaire spécial, leur développement est normal. Si nous comparions deux catégories de personnes atteintes de phénylcétonurie entre elles, celles qui ont reçu le régime spécial et celles qui ne l'ont pas reçu, nous devrions cette fois conclure, tout aussi correctement, que c'est le milieu, sous forme d'un régime alimentaire, qui a été la seule cause des différences d'intelligence. Nos deux conclusions opposées sont toutes deux valides: chacune pour une population déterminée d'individus, dans un milieu déterminé. La même chose est vraie pour n'importe quelle étude plus large de l'intelligence; ce dont il faut être conscient en tout premier lieu, c'est qu'il y a beaucoup de réponses différentes à la question «l'intelligence est-elle transmise héréditairement (innée) ou déterminée par le milieu (acquise)?», et qu'il est vain de donner une réponse unique, qui ne saurait être valable pour un autre groupe de personnes ou une autre catégorie d'environnements.

LEQUEL EST LE GÈNE DU BONHEUR ?

Presque chaque mois, on nous parle d'un nouveau gène dont on prétend qu'il influence quelque aspect du comportement ou qu'il le détermine. Nous avons déjà parlé de la phénylcétonurie, une maladie génétique qui cause une arriération mentale si elle n'est pas traitée dès la naissance à l'aide d'un régime alimentaire approprié. Nous avons aussi décrit la trisomie 21 et le syndrome du X fragile. En décembre 1993, un article scientifique a été publié au sujet d'un gène dont la mutation engendrait l'agressivité. A peu près au même moment, un autre auteur prétendait dans son compte rendu avoir localisé, sur le chromosome X, le ou les gènes probablement responsables de l'homosexualité masculine.

Le grand public s'y perd, il est désorienté et accepte avec difficulté le fait qu'un comportement humain puisse être fortement influencé par des gènes. Sitôt qu'une cause génétique est mêlée à quelque chose, on présume que ce quelque chose est dès lors déterminé à jamais. Nous avons essayé de montrer dans ce livre que si l'existence d'un gène influence un état, cela ne veut pas dire que cet état ne peut pas être modifié. Dans de nombreux cas, la phénylcétonurie entre autres, il y a moyen de circonvenir le gène défectueux. Même si les gènes ont leur importance dans le comportement, cela signifie d'autant plus de liberté pour les êtres humains.

Voici une autre histoire. Un jeune couple écoute un concerto de Vivaldi. Leur bambin de 4 ans entre dans le salon et il tend l'oreille avec plaisir. Après quelques minutes, les questions pleuvent. *Qui joue de la musique*? *Pourquoi je vois pas les musiciens*? *C'est quoi une flûte*? Les parents expliquent patiemment que la musique vient du tourne-disque, qui utilise un disque et des circuits électriques, avec beaucoup de fils. L'enfant demande ce qui se passe quand les fils sont cassés. Les parents expliquent que la musique s'arrête. *Alors, les fils font de la musique*, pense l'enfant. *C'est quel fil le violon*? *C'est quel fil la flûte*?

Cette histoire pourrait nous aider à comprendre une petite partie du grand mystère du comportement humain. Il est généralement admis que le cerveau exerce une fonction importante dans le comportement humain, mais le problème c'est que personne ne sait comment le cerveau travaille et même son architecture est très mal connue. Un certain nombre de détails de sa structure paraissent admis par tout le monde. Il est fait de cellules, appelées neurones. Il y a dans le cerveau humain entre 10^{11} et 10^{12} neurones, c'est-à-dire un million fois un million. Chaque neurone est relié à d'autres neurones et communique avec eux par des signaux chimiques et électriques. Une seule cellule peut être reliée avec un grand nombre d'autres neurones (jusqu'à 1 000) par des prolongements cellulaires semblables à des fils électriques. Les points de contact entre deux neurones sont les synapses. Le nombre de connexions possibles entre les neurones est immense. On pourrait comparer la manière dont est connecté le réseau des neurones au câblage d'un ordinateur. Le câblage des neurones est-il déterminé génétiquement? Nous sommes obligés de reconnaître que nous ne le savons pas, mais il est probable que non.

De nombreux faits montrent que le cerveau est plastique. D'abord, chacun d'entre nous perd chaque jour 200 000 neurones; ces cellules meurent et ne sont pas remplacées parce que les neurones du cerveau adulte ne peuvent plus se diviser. Cette perte quotidienne de neurones doit être en quelque sorte compensée par les autres neurones. Un autre fait va en outre à l'encontre d'une détermination génétique précise de la connexion des neurones: comment le petit nombre de gènes humains, environ 100 000, pourrait-il déterminer le schéma de montage de 10^{14} (ou 100 000 000 000 000) synapses? Chaque gène devrait pouvoir diriger 1 000 000 000 connexions entre les neurones. Beaucoup de neurobiologistes proposent plutôt un autre modèle: les gènes sont utilisés pour faire des neurones en bonne santé mais les neurones établissent entre eux les bonnes connexions, en partie au hasard et en partie en fonction de l'information provenant du milieu.

Cette dernière hypothèse résulte d'observations faites au cours d'expériences menées avec des singes, auxquels on a couvert un œil pendant les 14 jours suivant leur naissance. Après cette période, la partie du cerveau responsable de la vision a été analysée. Le singe répondait aux stimuli visuels vus avec l'œil qui avait toujours été ouvert, mais il ne pouvait pas répondre aux stimuli reçus par l'œil couvert pendant les 14 premiers jours de sa vie. On interprète ces résultats en faisant l'hypothèse que les connexions entre les neurones du cerveau sont influencées par le milieu, à savoir la lumière dans ce cas.

Nous pouvons en conclure que, si un gène est défectueux, le câblage du cerveau peut être mal fait et un retard mental peut s'ensuivre. Un comportement «normal» exige le câblage correct de neurones sains; le câblage n'étant toutefois pas déterminé par les gènes. Personne ne peut dire actuellement si – ni surtout comment – l'environnement physique et l'interaction continue avec d'autres membres de la société humaine peuvent influencer, modifier ou détruire nos synapses, voire même changer la manière dont notre cerveau travaille.

Peut-être que nous trouverons des gènes qui nous rendent malheureux s'ils sont défectueux, mais il est certain que les gènes ne sont pas seuls responsables de notre bonheur.

BREVETER LA VIE

Il y a quelques années, les manchettes des journaux du monde entier exhibèrent des expressions telles que «Les gènes sont une marchandise», «Qui est le propriétaire des gènes du cerveau?» et «Breveter la vie».

Parmi les événements qui ont fait naître l'inquiétude du public au sujet du génie génétique, il faut retenir l'octroi en 1988, pour la première fois dans le monde, d'un brevet pour une souris génétiquement transformée. Ce brevet fut accordé au président du *Harvard College*, la célèbre université américaine, et à ses membres pour une onco-souris (*Oncomouse*), c'est-à-dire une souris ayant reçu un gène qui produit un cancer (oncogène). Il y a des dizaines d'oncogènes impliqués dans la formation du cancer chez l'homme (chap. 12) et chez l'animal. Cette souris transformée avait un type déterminé de cancer et il en va de même pour tous ses descendants. Cette souris transformée était utile comme système-modèle dans l'étude de ce cancer particulier.

Depuis très longtemps, les recherches pharmaceutique et médicale utilisent des animaux comme systèmes-modèles. Lorsqu'on produit un nouveau médicament potentiel pour le traitement d'une maladie, on détermine sa toxicité en l'essayant d'abord sur les animaux. L'efficacité du médicament contre la maladie peut ensuite être testée sur un modèle animal, s'il en existe un bon. Si les tests sur les animaux s'avèrent favorables, les essais cliniques sur les humains peuvent commencer. Il faut donc un modèle animal pour chaque maladie, sans quoi les médicaments devraient être testés directement sur les patients humains, mais une telle façon de procéder soulèverait de nombreux problèmes éthiques.

Les modèles animaux les plus souvent employés sont les souris, ainsi que d'autres petits mammifères. Mais toute maladie humaine n'a pas forcément son équivalent chez la souris. Certains cancers humains ne sont pas connus chez la souris pas plus que la mucoviscidose ou le SIDA. Les ingénieurs généticiens ont donc commencé à transformer le génome de la souris afin qu'elle puisse contracter certaines maladies humaines. L'*Oncomouse* de Harvard en était le premier exemple.

Le public eut une réaction très vive; il mettait en question le droit des scientifiques à «créer» des animaux pourvus de maladies humaines. Certains ont soutenu que «soumettre les poissons de la mer, les oiseaux du ciel et toute bête qui remue sur la terre[8]» faisait partie intégrante de la culture humaine. Mais où établir la limite? S'il est possible de transformer une souris, il devrait également être possible de transformer les êtres humains: voilà ce qui inquiète beaucoup de gens.

On avait déjà déposé des brevets pour des transformations d'organismes vivants longtemps auparavant: le tout premier brevet a été accordé en 1981 pour une bactérie transformée. Cette bactérie était génétiquement transformée pour qu'on puisse l'utiliser à dépolluer les marées noires. La bactérie transformée pouvait se nourrir des hydrocarbures, tout en ne laissant derrière elle que de l'eau et du dioxyde de carbone. Quant aux brevets sur des gènes humains, on a commencé à s'y intéresser sitôt après que le brevet

---

[8] Genèse 1:28

de la souris à oncogène ait été accordé. Le tableau 9.4 montre quelques produits fabriqués par génie génétique, allant de l'insuline (1982) utilisée pour le traitement du diabète jusqu'au facteur VIII utilisé pour soigner l'hémophilie. Beaucoup de ces substances sont simplement des protéines que le corps humain produit dans les conditions normales. Si la protéine vient à manquer dans l'organisme, une maladie apparaît; on peut la soigner en injectant la protéine concernée dans le sang. Les protéines utilisées dans le traitement sont produites par des bactéries d'*E. coli*, qui ont reçu le gène humain correspondant. Quelqu'un a d'abord dû isoler ce gène et, une fois cette étape achevée, la séquence du gène a été brevetée parce qu'elle représentait une utilité potentielle pour l'industrie pharmaceutique. Il y a principalement trois manières possibles pour le détenteur du brevet de gagner de l'argent avec un gène humain cloné. Le gène peut être utilisé pour produire une substance médicale comme l'insuline, pour diagnostiquer une maladie causée par un seul gène défectueux, ou pour effectuer une thérapie génique. En 1993, l'Institut national de la Santé des Etats-Unis et le Conseil de la recherche médicale du Royaume-Uni ont essayé de faire breveter un millier de gènes humains. Tout en ignorant à quoi ces gènes pouvaient bien servir, ils faisaient le pari que, d'une manière ou d'une autre, certains d'entre eux pourraient rapporter de l'argent. On refusa de leur accorder le brevet parce que la fonction de ces gènes n'était pas déterminée.

La controverse la plus vive jamais suscitée jusqu'à présent par la prise de brevets dans le cadre du génie génétique s'est déchaînée en 1994, lorsque des chercheurs de l'Ecole vétérinaire de l'Université de Pennsylvanie, à Philadelphie, ont réussi à modifier un gène dans la lignée germinale d'un mammifère. Si c'est dans la lignée germinale qu'on modifie un gène, cela signifie que le gène sera transmis aux descendants. Cette technique exige que le testicule d'un animal mâle soit prélevé et que toutes les cellules du testicule qui produisent les spermatozoïdes soient éliminées, puis remplacées par des cellules transformées génétiquement en laboratoire. On replace ensuite le testicule dans l'animal. L'animal peut dès lors transmettre le gène modifié à ses descendants.

Bien que les expériences aient été menées sur les souris, l'espoir était que cette technique puisse permettre de «créer» de nouveaux animaux domestiques: des porcs qui donnent du meilleur saucisson, des vaches qui produisent plus de lait et des moutons offrant de la laine plus belle. L'inquiétude du public fut très vive, car il était aussi possible d'appliquer cette technique à l'espèce humaine, ainsi que les auteurs eux-mêmes le précisaient dans leur demande de brevet. Le brevet n'a toujours pas été accordé.

Est-ce le début d'un nouvel eugénisme scientifique planifié ou est-ce un bond en avant vers une thérapie génique efficace?

Chapitre 17

SCIENCE, TECHNOLOGIE ET ÉTHIQUE

EN 1597, le philosophe anglais Francis Bacon écrivait «*Nam et ipsa scientia potestas est*, car la science est en soi un pouvoir». C'est vrai; en nous donnant le savoir, la science met un pouvoir entre nos mains: ce savoir nous permet d'appliquer des lois et des principes, d'innover et d'obtenir des produits technologiques inédits.

Toute activité humaine est soumise à des lois éthiques. Ai-je le droit de renverser un piéton sous prétexte qu'il se trouve devant ma voiture et que je suis pressé? Non, c'est un crime! Devrais-je aider une personne qui se trouve en danger de mort et l'emmener dans ma voiture jusqu'à l'hôpital le plus proche? Oui, c'est un devoir. L'automobile est le produit de diverses technologies, issues de la mécanique, de la chimie ou de l'électricité et, en soi, elle est neutre; ce sont nos actions, notre manière d'utiliser la voiture, qui obéissent à des impératifs moraux.

Toute nouvelle science amène avec elle une nouvelle technologie. On peut alors utiliser cette nouvelle technologie d'une bonne ou d'une mauvaise manière. Toute nouvelle science, accompagnée de son cortège de nouvelles techniques, est ainsi la source de problèmes éthiques nouveaux. Nous devons en premier lieu les identifier, ensuite déterminer qui est responsable de quoi. Au cours du XXe siècle, le développement des sciences, spécialement celui de la génétique, a rendu possibles de nombreux rêves, mais cette avancée a parallèlement fait surgir divers problèmes éthiques: les résoudre risque d'être un cauchemar. Il faut à tout prix éviter ce qui est arrivé après la Seconde Guerre mondiale et que nous nommons le syndrome allemand de 1945: après que des millions de personnes furent mises à mort dans les camps de concentration, de trop nombreux citoyens allemands ont pu dire soit qu'ils n'avaient rien su de l'Holocauste soit qu'ils avaient simplement suivi les ordres.

Le premier devoir d'une citoyenne et d'un citoyen responsables est de s'informer sur les possibilités offertes par la science et la technologie, ainsi que sur leurs dangers potentiels. Leur deuxième obligation morale est de participer à la prise de décision d'une façon documentée, en agissant personnellement à un niveau local ou plus large, et sur le plan politique le cas échéant. Ne sommes-nous pas tous embarqués sur le même bateau, la planète!

DÉMOCRITE EST-IL RESPONSABLE DE LA BOMBE ATOMIQUE?

Qui est responsable de l'utilisation mauvaise ou abusive du pouvoir que nous procurent la science et la technique? Les débats autour de cette question sont nombreux, et les controverses quelquefois déroutantes. Nous aimerions présenter notre propre façon de penser sur ce sujet, en considérant deux exemples: la bombe atomique, puis la discrimination qui guette ceux qui portent des gènes défectueux.

Démocrite a été le premier à supposer que le monde était fait de particules; il affirmait qu'il existait quatre sortes d'atomes différents. Galilée a fondé la science moderne et la branche de la physique qu'on appelle la mécanique. Henry Becquerel a reçu le Prix Nobel en 1903, pour sa découverte en 1896 de l'existence de la radioactivité. Max Planck (Prix Nobel en 1918) a découvert que l'énergie n'existe pas sous une forme continue, mais qu'elle se libère par petits paquets, les quanta. Albert Einstein (Prix Nobel en 1921) a montré que la matière et l'énergie étaient convertibles l'une dans l'autre. Niels Bohr (Prix Nobel en 1922) a imaginé, en 1913, le premier modèle de l'atome, comportant un noyau formé de protons et de neutrons, autour duquel les électrons gravitent comme des planètes autour du soleil. James Chadwick (Prix Nobel en 1935) a découvert l'existence des neutrons en 1930. Otto Hahn (Prix Nobel en 1944) a publié avec Fritz Strassmann, le 6 janvier 1939, un article démontrant que, sous le choc d'un neutron, le noyau d'uranium pouvait se fractionner en libérant une grande quantité d'énergie.

Trois semaines plus tard, le 28 janvier 1939, un correspondant écrivait dans le New York Times:

> «Les scientifiques américains ont pris connaissance aujourd'hui d'un nouveau phénomène physique – l'explosion d'atomes libérant une énergie de 200 000 000 volts. Lors d'une réunion organisée par la Fondation Carnegie de Washington et par l'Université George Washington, les physiciens théoriciens ont annoncé que le Dr Fermi de l'Université de Rome avait expliqué que cela avait été accompli par le Dr Hahn de Berlin.
> Ils ont dit qu'il était trop tôt pour discuter des applications possibles de cette énergie de 200 000 000 volts, trente fois plus forte que le radium, mais ils ont souligné que le radium est actuellement l'arme la plus efficace contre le cancer. Comme pour le radium, il pourrait, selon eux, s'écouler vingt ou vingt-cinq ans avant que ce phénomène puisse être utilisé dans le domaine pratique, et il se pourrait même qu'il ne soit pas du tout utilisable.»

Quant aux prédictions concernant le temps nécessaire pour appliquer cette découverte dans un domaine pratique, il est intéressant de voir à quel point elles étaient fausses: en effet, une nouvelle situation politique se chargea de tout bousculer. La Seconde Guerre mondiale commença en 1939 et, en 1941, les Etats-Unis entrèrent en guerre, sitôt après l'attaque surprise de leur flotte par le Japon à Pearl Harbor. En 1942, le président Roosevelt fit démarrer le Programme Manhattan dans lequel des milliers de physiciens et de techniciens furent employés pour chercher à mettre en pratique la découverte de Hahn, afin de fabriquer une bombe atomique. Le 6 août 1945, un bombardier américain larguait une bombe atomique sur Hiroshima, détruisant presque complètement la ville et tuant ses habitants. Trois jours plus tard, une seconde bombe atomique fut lâchée sur Nagasaki et, le même jour, le Japon se rendit.

Dans son autobiographie, Otto Hahn écrit:

> «J'étais indiciblement horrifié et déprimé. L'idée de l'immense souffrance de femmes et d'enfants innocents, innombrables, m'était presque insupportable [...] Après une longue soirée de discussions, de tentatives d'explication et de reproches envers moi-même, j'étais si agité que Max von Laue et les autres s'inquiétèrent sérieusement à mon sujet[1].»

Werner Heisenberg écrit qu'ils craignaient effectivement que Hahn ne se suicide.

Nous pouvons bien comprendre les sentiments d'Otto Hahn, mais qui est le véritable responsable de la bombe atomique? Démocrite, ou les scientifiques qui ont accumulé la connaissance fondamentale, Hahn compris? Les scientifiques qui ont construit la bombe? Le président Roosevelt qui a lancé le Programme Manhattan? Le président Trumann qui a donné l'ordre de bombarder Hiroshima et Nagasaki? Les pilotes des bombardiers?

On justifia la mise en route du Programme Manhattan par la crainte que l'Allemagne nazie n'achève la première une bombe atomique et ne l'utilise pour dominer le monde libre. Pour justifier l'utilisation de la bombe, on évoqua le fait que le Japon refusait de se rendre et causait de nombreuses victimes parmi les soldats américains; on prétendit qu'il s'agissait d'un acte de légitime défense.

Notre propos ici n'est pas d'examiner si ces justifications sont acceptables sur le plan moral ou non, par contre, nous sommes persuadés qu'il est totalement absurde de donner une responsabilité morale quelconque aux savants qui ont réuni les connaissances fondamentales, Démocrite et Hahn compris.

Dans les lignes qui suivent, nous aimerions examiner un problème analogue posé par la génétique. Gregor Mendel a découvert les lois fondamentales de la génétique en 1865. Thomas Morgan

---

[1] *Ma Vie*, Otto Hahn.

(Prix Nobel en 1933) a montré, en 1908, que des mutations spontanées se produisaient chez la mouche du vinaigre. Un de ses étudiants, Hermann Müller (Prix Nobel en 1946), a découvert en 1927 que les rayons X pouvaient modifier les gènes et, quelquefois, les détruire. Oswald Avery, Colin McLeod et Maclyn McMarty ont finalement montré, en 1944, que l'information génétique est inscrite dans l'ADN. En 1953, James Watson (Prix Nobel en 1962) et Francis Crick (Prix Nobel en 1962) ont proposé la structure en double hélice de l'ADN, qui permet de comprendre comment l'information génétique peut être dupliquée et transmise des parents à leurs descendants. En 1956, Salvador Luria (Prix Nobel en 1969), Mary Human, Giuseppe Bertani et Jean Weigle étudièrent la restriction d'hôte et la modification, ce qui allait aboutir à la découverte des enzymes de restriction. La première enzyme de restriction fut découverte en 1970 par Hamilton Smith (Prix Nobel en 1978 avec Werner Arber et Daniel Nathan). En 1977, Alan Maxam et Walter Gilbert (Prix Nobel en 1980), ainsi que Frederick Sanger (second Prix Nobel en 1980), mirent au point deux manières différentes de déterminer la séquence de la molécule d'ADN. En 1990, le Programme du génome humain, dont le but est de séquencer le génome humain en 15 ans, a démarré sous la direction de James Watson. De nombreux gènes humains ont déjà été clonés; dans certains cas, cela permet de déterminer si une personne a un gène défectueux susceptible de la rendre malade de nombreuses années plus tard.

Le dépistage génétique (par analyse de l'ADN), qui repose sur les connaissances fondamentales accumulées par de nombreux chercheurs, comporte deux aspects.

D'une part, comme nous l'avons décrit dans le chapitre 11, les techniques de la biologie moléculaire peuvent être utilisées pour dépister les couples où les deux partenaires sont porteurs d'un gène défectueux; on peut alors les conseiller, de sorte qu'ils puissent ensuite décider s'ils veulent avoir des enfants ou non; c'est ce qui se fait dans le cas du gène de la mucoviscidose, par exemple.

Mais d'autre part, le dépistage génétique peut servir à exclure les porteurs d'un gène défectueux, par exemple quand ils souhaitent obtenir un travail ou une assurance maladie. Aux Etats-Unis, 30% déjà de toutes les personnes désireuses de contracter une assurance maladie voient leur demande refusée pour des motifs médicaux. Si la part des techniques génétiques s'accroît dans le domaine médical – et le Programme du génome humain est un outil technologique imposant –, il deviendra possible de dépister de nombreux gènes parmi les 5 000 dont l'altération cause une maladie. Henry Greely a écrit dans *Code of the Codes* (ou *Le Code des Codes*), un livre édité par Daniel Kevles et Leroy Hood:

«Les conséquences de la révolution génétique pour l'assurance maladie individuelle sont simples: les gens dont on sait qu'ils présentent un risque plus élevé de maladie génétique se verront refuser l'assurance, ou bien on inclura dans leur contrat d'assurance des réserves excluant les maladies les plus importantes pour eux. Ce problème n'est pas nouveau ni particulier aux maladies génétiques. Il y a longtemps que des millions d'Américains ne peuvent pas contracter une assurance maladie individuelle à cause d'un passé médical comportant une maladie coûteuse quelconque, telle que diabète, pression sanguine trop haute, cancer, obésité grave, SIDA, par exemple. La révolution génétique ne va pas changer le fond du problème, mais elle augmentera le nombre de personnes concernées.»

Le même problème existe au niveau de l'emploi. Les employeurs pourraient exercer une discrimination à l'encontre des gens qui vont tomber malades ultérieurement. Récemment, on a voté une loi aux Etats-Unis (*The American with Disabilities Act*) pour protéger les gens qui risquent d'avoir des frais médicaux élevés, mais ainsi que Greely l'écrit fort justement:

«La discrimination à l'emploi, sur la base de différences de race ou de sexe, est illégale depuis l'entrée en vigueur de l'Article VII en 1964 (*Title VII of the Civil Rights Act*), mais rares sont ceux qui oseraient affirmer qu'elle a été éliminée. La législation qui interdirait une discrimination basée sur les risques de santé, génétiques ou autres, sera probablement encore plus difficile à faire respecter que l'Article VII, au vu des moyens nombreux et subtils que les employeurs ont été capables d'utiliser pour exercer une discrimination contre les personnes à haut risque.»

Le problème existe et ce sont les techniques issues de la génétique et de la biologie moléculaire qui l'ont engendré.

Qui est responsable de la discrimination basée sur les connaissances génétiques? Mendel? Ou n'importe lequel des généticiens ayant accumulé toutes ces connaissances fondamentales? Les directeurs des compagnies d'assurance, ou bien leurs actionnaires? Le public en général, qui est heureux de maintenir ses primes d'assurances les plus basses possibles? Les employeurs qui exercent une discrimination? Les gens qui seront mieux payés, s'ils n'ont pas de gènes défectueux? Une fois de plus, il est certainement absurde de blâmer – comme on le fait trop souvent – les scientifiques qui ont élaboré le savoir fondamental.

La société peut utiliser le savoir scientifique pour entreprendre quelque chose dans un but déterminé, et le même savoir peut être employé à bon ou à mauvais escient. Les connaissances scientifiques qui rendent possible la fission de l'atome d'uranium et la libération d'une grande quantité d'énergie nucléaire ont été mises à profit non seulement pour faire une bombe atomique, mais aussi pour produire de l'électricité. Actuellement, 17% de l'électricité mondiale est produite dans des réacteurs nucléaires. En principe, la bombe était une mauvaise application de la recherche fondamentale et le réacteur nucléaire est une bonne application. En réalité, les choses sont plus compliquées.

Nous laisserons les historiens décider s'il était bien ou mal d'utiliser la bombe atomique au-dessus d'Hiroshima et de Nagasaki. Quant à nous, nous ne voyons pas grande différence du point de vue moral à ce qu'une personne soit tuée par une bombe atomique, par une bombe conventionnelle ou d'un coup de couteau. La différence importante c'est que les bombes atomiques permettent d'anéantir en un instant un million de gens. Par ailleurs, certains affirment que l'existence de la bombe atomique a permis d'installer la plus longue période de paix en Europe depuis deux mille ans.

La production d'électricité par des réacteurs nucléaires a tout d'abord été considérée comme un bon moyen de résoudre la crise énergétique de l'humanité. A la suite de Tchernobyl, de plus en plus de gens se demandent si la sécurité des réacteurs nucléaires est aussi parfaite que l'industrie nucléaire le prétend, et si nous pouvons réellement trouver une solution pour gérer en toute sécurité l'entreposage des déchets radioactifs.

Nos connaissances en génétique nous placent devant le même dilemme. En clonant et en séquençant certains gènes humains, il est possible de produire des substances utiles dans le domaine médical, ainsi que de soigner des malades par thérapie génique. En clonant et en séquençant exactement les mêmes gènes, il est possible de conseiller les porteurs éventuels de gènes défectueux. Par contre, toujours en clonant et en séquençant exactement les mêmes gènes, il est possible d'exercer une discrimination envers les personnes qui ont la malchance de porter des gènes défectueux, de les stigmatiser et de les placer dans une situation encore plus pénible. Il est impossible de mener une recherche scientifique qui n'apporte que des bienfaits.

Le scientifique a l'obligation morale d'informer le grand public sur les différentes utilisations possibles, bonnes ou mauvaises, de la science. Les décisions portant sur la manière d'utiliser le savoir scientifique sont indépendantes de ce savoir même, et elles devraient être prises indépendamment. Nous devrions tous avoir à cœur de mieux nous renseigner sur ce que les scientifiques découvrent; nous devons mieux comprendre comment le savoir scientifique peut se transformer en technologies, comment les technologies nouvelles risquent d'être mal employées et comment les dérapages pourraient être évités. C'est le prix que nous devons payer pour avoir goûté à l'arbre de la connaissance, ainsi que la Genèse nous le rappelle. Stopper la recherche scientifique est tout à la fois impossible et imprudent. Ralentir le «progrès» technologique pourrait être extrêmement judicieux.

LA SCIENCE EST INDISPENSABLE, LA TECHNOLOGIE NE L'EST PAS TOUJOURS

On a tendance, particulièrement depuis quelques années, à unir aussi étroitement que possible la recherche fondamentale (science pure) et la recherche appliquée. On affirme que si les universités travaillent en étroit contact avec l'industrie, il sera alors possible de mettre au point plus rapidement des produits technologiques nouveaux, tels que médicaments, tests de diagnostic ou nouvelles variétés de plantes. Davantage de technologie signifie davantage d'argent; le pays qui aura une meilleure technologie aura moins de chômage, de sorte que davantage de technologie constitue une amélioration pour chacun. Cette tendance à coupler la recherche fondamentale avec la technologie est très nette dans les domaines de la génétique et du génie génétique. De nombreux professeurs d'université, avec ou sans Prix Nobel, ont mis sur pied une firme de biotechnologie, ou sont devenus consultants pour des firmes de biotechnologie.

Nous pensons que cette tendance est inadéquate et dangereuse; nous allons essayer de montrer pourquoi. Depuis la fin de la Seconde Guerre mondiale, le dogme, tacitement accepté par les politiciens des pays occidentaux, est que la paix sociale n'est possible que s'il y a une augmentation continue du produit national brut (PNB). Le PNB par personne, à l'échelle mondiale, s'est élevé annuellement de 3% entre 1950 et 1970 et, depuis, d'environ 1 à 1,6%. Les hommes politiques prétendent – ils souhaitent être réélus – que nous vivons mieux d'année en année. Le revers de la médaille, c'est la dégradation de l'environnement. Il y avait 2,5 milliards d'êtres humains en 1950 et 5,3 milliards en 1990; le volume de l'économie mondiale a approximativement quintuplé pendant ces quarante années. Cinq fois plus d'activité économique signifie une énorme augmentation de la pollution de l'air et de l'eau; cela signifie aussi qu'on a utilisé beaucoup plus de matières premières, et beaucoup plus d'énergie.

Les pays riches s'enrichissent et les pays pauvres s'appauvrissent. En 1960, les 20% des gens les plus riches du monde se partageaient 70% du revenu global; en comparaison, les 20% des gens les plus pauvres se partageaient 2,3% de ce même revenu. En 1989, la première valeur avait grimpé de 70% à 82%, et la seconde avait chuté de 2,3% à 1,4%. Même au sein des pays les plus riches, la différence entre riches et pauvres est en train de s'accroître.

La mise en pratique de ce dogme a eu pour conséquence le maintien d'une stabilité sociale relative, mais elle a considérablement accru la dégradation de notre milieu et, en même temps, l'écart entre les riches et les pauvres. Il est temps de repenser l'ensemble de la stratégie, de ramener la croissance économique à zéro, ou même à une valeur négative, et de chercher une meilleure répartition des richesses entre les habitants d'un même pays, aussi bien qu'entre pays différents. La répartition équitable des richesses n'est pas un problème scientifique, mais un problème politique. Le mouvement communiste a essayé de le résoudre pendant une centaine d'années, mais les résultats ont été si pitoyables que de nombreuses dictatures communistes se sont écroulées ces dernières années. Quoi qu'il en soit, nous avons intérêt à vivre en paix les uns avec les autres, et avec notre environnement planétaire.

C'est une tâche qui exigera beaucoup de sagesse, cependant dès l'instant où nous décidons de nous engager dans cette voie, la science peut nous indiquer la technologie appropriée pour atteindre le but que nous nous proposons. La connaissance scientifique est indispensable, parce qu'elle nous révèle comment le monde est fait et ce qui est faisable. Il ne faut pas oublier cependant que les lois de la nature ne peuvent être ni modifiées ni créées de toutes pièces par les hommes politiques; nous ne devons pas oublier non plus qu'une technologie peut se révéler désastreuse, même si elle a initialement été mise en route avec une bonne intention.

Les exemples de technologies qui ont mal tourné ne manquent pas. On a accueilli avec enthousiasme l'introduction du DDT dans la lutte contre les insectes, en particulier contre ceux qui transmettent l'agent de la malaria. Le DDT s'est néanmoins révélé indésirable, puisqu'il s'accumule le long de la chaîne alimentaire jusqu'à devenir dangereux pour la santé des animaux et des humains. Il a été utilisé avant que ses propriétés n'aient été suffisamment explorées. Quant aux chlorofluorocarbones (CFC), ce sont d'excellents composés chimiques pour les réfrigérateurs; toutefois, après leur introduction et après la généralisation de leur emploi, on s'est aperçu qu'ils détruisent la couche d'ozone qui entoure notre planète et la protège contre les rayons ultraviolets du soleil. De façon analogue, les réacteurs nucléaires paraissaient offrir une excellente solution au problème de l'énergie jusqu'au moment où ils se sont montrés moins fiables qu'on l'avait supposé; de plus, il a aussi fallu reconnaître que l'élimination des déchets radioactifs qu'ils produisent est pratiquement impossible. La liste pourrait être beaucoup plus longue, mais nous espérons avoir déjà fait ressortir l'essentiel: même si une nouvelle technique est introduite avec les meilleures intentions du monde, elle peut devenir une menace.

Toutes les nouvelles technologies sont-elles réellement nécessaires? Notre siècle est le siècle de la science et celui d'une utilisation sans discernement de la technique. Puisque nous avons appris que l'usage de la technologie peut avoir des conséquences catastrophiques, nous devrions être plus prudents. Nous ne devrions pas utiliser des substances chimiques dont l'effet sur le vivant est inconnu. Avant de libérer dans le milieu des substances qui pourraient s'avérer toxiques ou susceptibles de provoquer des maladies, il est nécessaire d'élargir notre connaissance de la biologie.

C'est le moment où jamais de penser sérieusement aux conséquences possibles de toute technologie nouvelle. James Watson, en tant que directeur du Programme du génome humain, a très sagement décidé de consacrer 3% de l'argent accordé à mettre sur pied un groupe de travail, ELSI (de ***E**thical, **L**egal, and **S**ocial **I**mplication*), étudiant les répercussions éthiques, légales et sociales de ce programme. Le mandat du programme américain d'ELSI était, en 1989, d'apporter une réponse à cinq questions d'ordre général[2]:

- Quelles inquiétudes concernant la société et les individus le Programme du génome humain fait-il surgir?
- Quelles questions spécifiques appartenant au vaste domaine de l'éthique et de la loi doivent-elles être posées?
- Quelles leçons pouvons-nous tirer des expériences antérieures?
- Quelles sont les politiques de rechange; le pour et le contre dans chaque cas?
- Comment pouvons-nous informer le grand public, le faire participer et favoriser un large débat?

Il est aussi encourageant que quelques hommes politiques commencent à réfléchir sérieusement sur la manière de rompre avec l'attitude actuelle fondée sur le mythe de l'expansion économique. Dans son livre *The Earth in the Balance* (*Sauver la Planète Terre*, dans sa version française), Albert Gore, par exemple, présente un plan Marshall global pour sauver notre planète, sur le modèle du plan Marshall qui relança la reconstruction de l'Europe après la guerre. Il propose une stratégie en cinq points:

- La stabilisation de la population du globe.
- La création rapide et le développement de technologies appropriées respectant le milieu, en particulier dans les domaines de l'énergie, du transport, de l'agriculture, de la construction des habitations et de la production industrielle.

---

[2] tiré de R. Cook-Deegen, 1994.

- Une vaste réforme des «règles du jeu», en matière d'économie, à l'aide desquelles nous évaluons l'impact de nos décisions sur l'environnement.
- La négociation, puis l'acceptation d'une nouvelle génération d'accords internationaux.
- L'établissement d'un plan de coopération pour l'éducation à l'environnement au niveau mondial.

Pour atteindre ces objectifs, il est nécessaire d'entreprendre beaucoup plus de recherche fondamentale. Les hommes politiques et le public en général devraient considérer désormais la recherche fondamentale comme un investissement pour l'avenir. La science pure crée un capital de connaissances, qui reste à disposition et qu'on peut utiliser au moment opportun.

ÉTHIQUE ET BIOLOGIE MODERNE

Les principaux problèmes éthiques soulevés par la biologie moderne sont:

- La recherche sur l'embryon humain.
- Le mauvais usage du dépistage génétique.
- La dissémination dans l'environnement de micro-organismes, de plantes ou d'animaux transgéniques.
- La modification de gènes dans la lignée germinale humaine.

Nous allons examiner ces points tour à tour.

La recherche sur l'embryon humain a fait l'objet d'un large débat il y a quelques années. Dans certains pays elle est interdite, dans d'autres pas. Le problème principal est dû au manque de consensus sur une question humaine fondamentale: quand l'embryon humain devient-il un être humain? Il s'agit d'une question éthique essentielle parce qu'un être humain a des droits humains, y compris le droit à la vie. L'Eglise catholique et de nombreux autres groupes religieux s'opposent avec force à l'avortement. Pour ces personnes, la vie débute avec la fécondation de l'ovule, et l'avortement est par conséquent un meurtre; pour elles, la recherche sur l'embryon humain est absolument inacceptable.

Les Etats-Unis ont depuis 1973 des lois libérales sur l'avortement. La Cour Suprême a décidé en 1973 (dans l'affaire Roe contre Wade) que n'importe quelle femme a le droit, sans aucune restriction, d'avorter pendant les 3 premiers mois de sa grossesse. Il y a environ 1,5 million d'avortements légaux par année aux Etats-Unis. S'il en est ainsi, pourquoi une petite partie de ces millions de fœtus ne pourraient-ils pas être utilisés pour la recherche au lieu d'être incinérés? C'est ce qui est en effet autorisé aux Etats-Unis, mais d'autres pays ne le permettent pas. Il s'agit cependant d'un problème éthique, avec lequel la connaissance scientifique n'a pas grand-chose à voir. Sur le plan biologique, un ovule fécondé ne présente rien de plus particulier qu'un ovule non fécondé. La vie est une continuité.

Le dépistage génétique est un sujet qui animera les controverses pendant longtemps encore. Savoir s'il faut permettre le dépistage génétique chez les embryons est l'un des aspects du problème. Dans beaucoup de pays, on a mis en place depuis longtemps un programme général de dépistage de la trisomie 21, par la recherche de l'anomalie chromosomique responsable. Les techniques récentes d'analyse de l'ADN vont rendre possible le dépistage de nombreuses anomalies et maladies. Le dépistage génétique chez le nouveau-né soulève lui aussi des problèmes éthiques. Dans certains états des Etats-Unis, dont la Pennsylvanie, chaque nouveau-né est soumis au dépistage de toute une série de maladies, y compris la myopathie de Duchenne, maladie entraînant une mort précoce (entre vingt et trente ans) et pour laquelle il n'existe pas de traitement connu.

Nous pensons qu'il s'agit d'une pratique très néfaste, non seulement parce que cela peut causer un immense chagrin à des parents qui n'ont pas demandé de connaître l'avenir de leurs enfants, mais aussi parce que ces informations risquent d'être mal utilisées par les compagnies d'assurance et les employeurs. Ces renseignements pourraient stigmatiser et marginaliser ceux qui ont la malchance d'avoir un gène défectueux. Dans une société qui se montre souvent très méfiante à l'égard de ceux qui sont différents, le passeport génétique peut représenter un gros handicap. Le président Lincoln n'aurait peut-être pas été élu, si ses adversaires politiques avaient pu crier sur les toits qu'il portait le gène défectueux du syndrome de Marfan: cet état est provoqué par la présence d'un gène dominant autosomique et se caractérise par des anomalies oculaires, squelettiques et cardio-vasculaires. Par contre, il faut procéder à certains tests génétiques (ou même simplement biochimiques), comme dans le cas de la phénylcétonurie dans la mesure où il existe un traitement efficace pour prévenir la maladie. Des spécialistes éminents de génétique humaine pensent qu'il faudrait limiter les tests obligatoires aux maladies génétiques qui peuvent être traitées; nous partageons cet avis. Le dépistage génétique chez les adultes soulève un autre genre de problèmes. Les tests de ce type ne devraient jamais être faits sur la requête d'un tiers, mais toujours à la demande de la personne ou avec son consentement; en outre, les résultats devraient être confidentiels: c'est le seul moyen de s'assurer qu'il n'y aura pas de discrimination contre les porteurs de gènes défectueux.

Si des organismes génétiquement transformés (ou transgéniques) s'échappent dans l'environnement, il se peut qu'ils provoquent des problèmes écologiques inattendus. Nous avons déjà évoqué cette éventualité, dans le chapitre 8, à propos des plantes génétiquement transformées. Il ne faut pas oublier que la manière dont nous réalisons des combinaisons de gènes dans les organismes vivants serait inaccessible à la variation et à la sélection naturelles. Comment pouvons-nous savoir si un organisme transformé risque de bousculer l'équilibre écologique d'un milieu particulier? La bactérie génétiquement fabriquée pour absorber les hydrocarbures souillant la mer pourrait-elle devenir pathogène pour les poissons en quelques années? Est-ce que cette pathogénicité pourrait apparaître lentement, un peu comme l'effet du DDT, et prendre de l'ampleur pour tourner ensuite à la catastrophe? Il faut tenir compte d'un autre aspect de la dissémination des organismes transgéniques: c'est qu'il s'agit d'être vivants; lorsque des substances chimiques montrent des effets indésirables, il suffit d'abandonner leur utilisation; les êtres vivants, eux, peuvent se reproduire: il ne suffirait pas de mettre fin à leur utilisation. Les seuls organismes qui ne devraient pas représenter une menace sont ceux qui ne peuvent pas survivre sans notre aide. Nous ne savons cependant pas si les milliers d'organismes qui ont déjà été transformés ont tous, sans exception, cette propriété. La transformation des génomes connaît un développement si explosif que nous n'avons pas une vue d'ensemble de la situation.

La dernière question est la plus encombrante de toutes. Devrions-nous ou ne devrions-nous pas tenter de modifier des gènes – ou même d'en ajouter – dans la lignée germinale humaine, c'est-à-dire dans les cellules de notre corps qui produisent les ovules et les spermatozoïdes? Des modifications dans la lignée germinale peuvent se transmettre héréditairement. Nous devons préciser qu'il n'est actuellement pas encore possible de transformer génétiquement les cellules germinales humaines, essentiellement pour des raisons techniques. Mais ce qui est impossible aujourd'hui peut être possible dans une année ou dans cinq ans. Il est très difficile de faire des prédictions dans le domaine de la science, c'est pourquoi il est nécessaire de discuter le problème maintenant. De nombreux chercheurs du domaine de la thérapie génique pensent que le fait de modifier les cellules somatiques ne représente pas une forme optimale de thérapie génique, mais qu'il vaudrait mieux modifier directement la lignée germinale, si c'était techniquement faisable. Pour ce qui est des gènes hérités, c'est peut-être correct; cependant, de nombreux gènes défectueux affectant les êtres humains apparaissent à la suite de mutations nouvelles et «guérir» les patients de gènes nouvellement mutés ne sera peut-être pas aussi simple qu'on pourrait l'imaginer.

Beaucoup de gens redoutent qu'une technique, utilisée au départ pour traiter les maladies génétiques en modifiant la lignée germinale, puisse petit à petit servir à d'autres choses. Ce n'est pas immoral d'avoir des enfants aux yeux bruns, alors pourquoi ne pourrions-nous pas introduire le gène des yeux bruns; ou inactiver un ou deux gènes pour qu'une fillette ait des cheveux blonds? Pourquoi, chez un garçon, ne pas introduire le gène qui augmenterait la taille de dix centimètres? Être résistant à l'alcool serait une bonne chose: ajoutons aussi le bon gène! Et que penser des gènes de l'intelligence, du courage, du succès sportif, de la résistance à l'aflatoxine, et du gène du bonheur? Voulons-nous changer l'humanité? Qui peut alors décider quels gènes devrait posséder un futur être humain? La mère, ou le père, ou les parents, ou l'état, ou un comité d'experts?

Nos nouvelles acquisitions en génétique font surgir des questions si neuves et si essentielles pour chacun de nous, qu'il est extrêmement difficile de savoir comment y apporter des solutions.

Il est certainement important que les comités d'experts donnent leur avis, mais ils ne devraient pas prendre des décisions politiques. Il ne faut pas négliger non plus le fait que de nombreux scientifiques sont étroitement liés à l'industrie biotechnologique, de sorte que leur opinion risque de manquer d'objectivité. Par ailleurs, la profession médicale n'est pas une gardienne de la morale, et encore moins une institution politique. On sait que dans certains pays, à certaines époques, la profession médicale n'a pas su sauvegarder de hautes valeurs morales. Trop de médecins allemands ont été d'accord de participer au programme d'eugénisme nazi. Moins connu demeure le fait que l'Association des psychiatres américains a considéré l'homosexualité comme une maladie mentale jusqu'en 1974.

La mise sur pied d'un programme autorisant la modification génétique de la lignée germinale humaine, même dans un but thérapeutique, nécessite un débat ouvert à un très large public. La décision ne peut pas être laissée à des experts ou à la profession médicale. Il s'agit d'un problème politique, mais devrait-on l'abandonner aux hommes politiques? Certains enjeux sont trop importants pour être confiés à des gens dont le premier souci est souvent leur propre réélection plutôt que l'avenir de la société.

Les décisions concernant des questions éthiques aussi importantes devraient-elles être prises par voie démocratique directe? Devrions-nous utiliser un référendum général, de type suisse, pour trancher un tel sujet? Le grand avantage de cette forme de démocratie est que chacun peut participer au long débat public qui précède le référendum. Encore mieux: personne ne peut dire qu'il n'a aucun pouvoir en la matière. Pourtant, sera-t-il jamais possible que la majorité des citoyens soient suffisamment informés pour pouvoir voter avec bon sens? Après tout, les exemples ne manquent pas où c'est la majorité qui a exercé une tyrannie. Le moment est-il peut-être venu pour une nouvelle forme de démocratie, dans laquelle les décisions ne seraient prises que par ceux qui ont pu remplir avec succès un questionnaire mettant leurs connaissances à l'épreuve!

Nous terminerons avec une dernière citation de la Bible:

> «Le SEIGNEUR Dieu dit: 'Voici que l'homme est devenu comme l'un de nous par la connaissance de ce qui est bon ou mauvais! Maintenant, qu'il ne tende pas la main, pour prendre aussi de l'arbre de vie, en manger et vivre à jamais!' Le SEIGNEUR Dieu l'expulsa du jardin d'Eden pour cultiver le sol d'où il avait été pris. Ayant chassé l'homme, il posta les chérubins à l'orient du jardin d'Eden avec la flamme de l'épée foudroyante pour garder le chemin de l'arbre de vie.»
>
> (Genèse 3:22-24)

Il appartient maintenant à nous tous de décider si, alors que nous avons mangé le fruit de l'arbre de la connaissance, nous désirons retourner dans le Jardin d'Eden pour cueillir le fruit de l'arbre de vie, et changer les gènes humains dans l'espoir de vivre à jamais.

BIBLIOGRAPHIE DE L'OUVRAGE ORIGINAL EN ANGLAIS

General reading

Bayer, R. *Homosexuality and American Psychiatry.* Princeton University Press, Princeton, USA. 1987.

Berckow, R. (Ed.-in-Chief), *The Merck Manual of Diagnosis and Therapy.* Merck, Sharp and Dohme Research Laboratories, Rahway, USA. Fifteenth edition 1987.

Bodmer, W. and McKie, R., *The Book of Man. The Quest to Discover Our Genetic Heritage.* Little, Brown and Company, London, UK. 1994.

Carson, R., *Silent Spring.* Houghton Miflin, USA. 1962.

Cook-Deegen, R., *The Gene Wars. Science, Politics and the Human Genome.* W.W. Norton and Company, New York, USA. 1994.

Culver, K., Blaese, M. and Anderson, F., Gene Therapy – A New Practice in Medicine. In *1993 Yearbook of Science and The Future.* Encyclopaedia Britannica, London, UK. 1992.

Darwin, C., *The Origin of Species by Means of Natural Selection or The Preservation of Favoured Races in the Struggle for Life.* First published 1859. Penguin Books, London, UK, edition published 1985.

Davies, R. and Ollier, S., *Allergies – The Facts.* Oxford University Press, Oxford, UK. 1989.

Dixon, B., *Power Unseen. How Microbes Rule the World.* W.H. Freeman, Oxford, UK. 1994.

Fisher, Richard B., *Edward Jenner. 1749-1823.* André Deutsch, London, UK. 1991.

Geymonat, L., *Galileo Galilei.* Einaudi, Torino, Italy. 1969.

Gore, A., *Earth in the Balance. Ecology and the Human Spirit.* Plume, New York, USA. 1993.

Grosser, A., *L'Allemagne de Notre Temps. 1945-1970.* (Modern Germany, 1945-1970.) Fayard, France. 1970.

Hahlbrock, K., *Kann unsere Erde die Menschen noch ernähren? Bevölkerungsexplosion – Umwelt – Gentechnik.* (Can our earth still feed mankind? Population explosion – Environment – Genetic engineering.) Piper, München, Germany. 1991.

Hahn, D. (Ed.), Otto Hahn. *Begründer des Atomzeitalters.* (Founder of the atomic age.) List Verlag, München, Germany. 1979.

Hippokrates, *Von der Heiligen Krankheit und Andere Ausgewalte Scriften.* (The Holy Disease and other chosen writings.) Translated Wilhelm Capelle. Editions Rencontre, Lausanne, Switzerland. 1955.

Hitler, A., *Mein Kampf.* (My struggle.)

Holton, G., *Science and Anti-Science.* Harvard University Press, Cambridge, USA. 1993.

Huxley, A., *Brave New World.* First published 1932. Edition by Harper Collins Publishers Inc., New York, USA. 1992.

Johnson, I., Human Insulin from Recombinant DNA Technology. *Science 219*, 632 – 639, 1983.

Johnson, O. (Exec. Ed.), *The 1994 Information Please Almanac.* Houghton Mifflin Company, Boston, USA. 1994.

Jones, S., *The Language of the Genes. Biology, History and the Evolutionary Future.* Harper Collins, London, UK. 1993.

Joravsky, D., *The Lysenko Affair.* The University of Chicago Press, Chicago, USA. 1970.

Kelves, D. J., *In the Name of Eugenics. Genetics and the Uses of Human Heredity.* Alfred A. Knopf, New York, USA. 1985.

Kelves, D. J. and Hood, L. (Eds.), *The Code of Codes. Scientific and Social Issues in the Human Genome Project.* Harvard University Press, Cambridge, USA. 1992.

Langbein, K., Martin, H.-P. and Weiss, H., *Bittere Pillen. Nutzen und Risiken der Arzneimittel. Ein kritische Ratgeber.* (The bitter pill. The benefits and risks of medicine. A critical assessment.) Kiepenheuer und Witsch, Köln, Germany. 1993.

Lewontin, R. C., *Biology as Ideology.* The Doctrine of DNA. Harper Collins, New York, USA. 1991.

Medvedev, Z. A. (translated by Michael I. Lerner), *The Rise and Fall of T. D. Lysenko.* Columbia University Press, New York, USA. 1969.

Micklos, D. A. and Freyer, G. A., DNA Science. *A First Course in Recombinant DNA Technology.* Cold Spring Harbor Press, Cold Spring Harbor, USA. 1990.

Miling, E. (Archbishop of Lusaka), *Credere per Guarire.* (Believe to heal) Edizioni Mediterranee, Rome, Italy. 1991.

Modgil, S. and Modgil, C. (Eds.), *Arthur Jensen. Consensus and Controversy.* The Falmer Press, New York, USA. 1987.

Müller-Hill, B., *Murderous Science: Elimination by Scientific Selection of Jews, Gypsies and Others, Germany 1933-1945.* (translated G.R.Fraser) Oxford University Press, New York, USA. 1988.

Nossal, G. J. V. and Coppel, R. L., *Reshaping Life. Key Issues in Genetic Engineering.* Cambridge University Press, Cambridge, UK. Second edition, 1989.

Rose, S., Lewontin, R. C. and Kamin, L. J., *Not in Our Genes. Biology, Ideology and Human Nature.* Penguin Books, London, UK. 1984.

Shelley, M., *Frankenstein or The Modern Prometheus.* First published 1818. Penguin Books, London, UK, edition published 1985.

Simmel, J. M., *Doch mit den Clowns kamen die Tränen.* (With the clowns come tears) Knaur, München, Germany. 1990.

Snow, C. P., *The Two Cultures.* Cambridge University Press, London, UK. 1956.

Starke, L. (Ed.), *State of the World 1994.* A Worldwatch Institute Report on Progress Towards a Sustainable Society. W.W. Norton and Company, New York, USA. 1994.

Unternährer-Rosta, S., Dalle Carbonare, B., Manzoni, C. and Ryser, S., *Gentechnik – worum gebt es?* (Genetic engineering – where is is going?) Editiones Roche, Basel, Switzerland. 1993.

Varmus, H. and Weinbeg, R. A., *Genes and the Biology of Cancer.* Scientific American Library, New York, USA. 1993.

Weatherall, M., *In Search of a Cure. A History of Pharmaceutical Discovery.* Oxford University Press, Oxford, UK. 1990.

More advanced texts

Agrios, G. N., *Plant Pathology.* Academic Press, San Diego, USA. Third edition 1988.

Alberghina, L., Frontali, L. and Sensi, P., *Progress in Biotechnology.* Elsevier, Amsterdam, Netherlands. 1994.

Alberts, B., Bray, D., Lewis, J., Raff, M., Roberts, K., and Watson, J. D., *Molecular Biology of the Cell.* Garland Publishing Inc., New York, USA. 1983.

Brock, T. D. and Madigan, M. T., *Biology of Microorganisms.* Prentice-Hall International Inc., Englewood Cliffs, USA. Sixth edition 1991.

Davis, B. D., Dulbecco, R., Eisen, H. N. and Ginsberg, H.S., *Microbiology.* J. B. Lippincott Company, Philadelphia, USA. Fourth edition 1990.

Dowling, J. E., *Neurons and Networks – An Introduction to Neuroscience.* Harvard University Press, Cambridge, USA. 1992.

Goodfellow, P. (Ed.), *Cystic Fibrosis.* Oxford University Press, Oxford, U.K. 1989.

Ledbetter, M.C. and Porter, K.R., *Introduction to the Fine Structure of Plant Cells.* Springer-Verlag, Berlin. 1970.

McKusick, V. A., *Mendelian Inheritance in Man – Catalogs of Autosomal Dominant, Autosomal Recessive and X-Linked Phenotypes.* Johns Hopkins University Press, Baltimore, USA. 1992.

Neidhardt, F. C. (Ed. in Chief), *Escherichia coli and Salmonella typhimurium. Cellular and Molecular Biology.* American Society for Microbiology, Washington, USA. 1987.

Russo, V. E. A., Brody, S., Cove, D. J. and Ottolenghi (Eds.), *Development. The Molecular Genetic Approach.* Springer-Verlag, Berlin, Germany. 1992.

Sambrook, J., Fritsch, E. F. and Maniatis, T., *Molecular Cloning. A Laboratory Manual.* Cold Spring Harbor Press, Cold Spring Harbor, USA. Second edition 1989.

Vogel, F., Motulsky, A., *Human Genetics.* Springer Verlag, Berlin, Germany. 1986.

Watson, J., Gilman, M., Witkowski, J. and Zoller, M., *Recombinant DNA.* W. H. Freeman, New York, USA. 1992.

Weatherall, D. J., *The New Genetics and Clinical Practice.* Oxford University Press, Oxford, UK. Third edition 1991.

BIBLIOGRAPHIE DE LA VERSION FRANÇAISE

(1994). «La génétique humaine.» Dossier *Pour la Science* (dossier hors-série – avril 1994): pp. 4-129.

(1995). «Les maladies émergentes.» Dossier *Pour la Science* (dossier hors-série – octobre 1995): pp. 4-129.

Anderson, F. (1995). «La Thérapie génique.» *Pour la Science* (217): pp. 80-93.

Campbell, N. A. (1995). *Biologie.* Bruxelles, De Boeck, p. 1190.

Carson, R. (1968). *Printemps silencieux.* Paris, Plon, p. 319.

Cavenee, W., White R. (1995). «Anomalies génétiques et Cancers.» *Pour la Science* (211): pp. 60-68.

Darwin, C. (1908). *De l'Origine des Espèces par Sélection naturelle, ou des Lois de Transformation des Etres organisés.* Paris, Flammarion, p. 650.

Dawkins, R. (1996). «La Loi des Gènes.» *Pour la Science* (219): pp. 72-78.

de Duve, C. (1987). *Une Visite guidée de la Cellule vivante.* Paris, Belin, p. 437.

de Duve, C. (1990). *Construire une Cellule, essai sur la nature et l'origine de la vie.* Bruxelles, De Boeck, p. 351.

de Wit, H. C. D. (1994). *Histoire du Développement de la Biologie.* Lausanne, Presses polytechniques et universitaires romandes, 3 volumes.

Dorst, J. (1965). *Avant que nature meurt.* Neuchâtel, Delachaux et Niestlé, p. 422.

Drouard, A. (1995). «Aux sources de l'eugénisme français.» *La Recherche* (277): pp. 648-654.

Ferné, G., Ed. (1993). *Science, pouvoir et argent. La recherche entre marché et politique. Sciences en société.* Paris, Editions Autrement.

Geymonat, L. (1992). *Galilée.* Paris, Seuil, p. 350.

Gore, A. (1993). *Sauver la Planète Terre.* Paris, Albin Michel, p. 349.

Gould, S. J. (1993). *La Foire aux Dinosaures, réflexions sur l'histoire naturelle.* Paris, Seuil, p. 475.

Gould, S. J. (1994). *Un Hérisson dans la Tempête, essai sur des livres et des idées.* Paris, Grasset, p. 286.

Greene, W. (1993). «Le Sida et le système immunitaire.» *Pour la Science*: pp. 90-98.

Huxley, A. (1963). *Le Meilleur des Mondes*, Paris, Plon, p. 433.

Jacob, F. (1970). *La Logique du Vivant, une histoire de l'hérédité.* Paris, Gallimard, p. 354.

Kevles, J. D. (1995). *Au Nom de l'Eugénisme: génétique et politique dans le monde anglo-saxon.* Paris, Presses Universitaires de France, p. 582.

Lewontin, R. C., S. Rose, *et al.* (1985). *Nous ne sommes pas programmés: génétique, hérédité, idéologie.* Paris, Edition La Découverte, p. 396.

Mac Kusick, V. A. (1994). *Mendelian Inheritance in Man: a catalog of human genes en genetic disorders.* Baltimore; London, Johns Hopkins University Press.

Medvedev, Z. A. (1971). *Grandeur et chute de Lyssenko.* Paris, Gallimard, p. 317.

Monod, J. (1970). *Le Hasard et la Nécessité, essai sur la philosophie naturelle de la biologie moderne.* Paris, Seuil, p. 197.

Pääbo, S. (1993). «L'ADN des fossiles.» *Pour la science* (194): pp. 28-35.

Passarge, E. (1995). *Atlas de poche de Génétique.* Paris, Flammarion, p. 406.

Shelley, M. (1994). *Frankenstein ou le moderne Prométhée.* Paris, Pocket, p. 265.

Simmel, J. M. (1990). *Et voici les clowns.* Paris, Albin Michel, p. 596.

Snow, C. P. (1968). *Les deux Cultures, suivies de supplément aux deux Cultures.* Paris, J. J. Pauvert, p. 153.

Stengers, I. (1991). *Les Affaires Galilée. Eléments d'Histoire des Sciences.* M. Serres. Paris, Bordas: pp. 223-249.

Suzuki, D., A. Grifiths, *et al.* (1991). *Introduction à l'Analyse génétique.* Bruxelles, de Boeck, p. 768.

Vogel, G. and H. Angermann (1994). Atlas de la Biologie. Paris, Librairie générale française, p. 641.

Watson, J., M. Gilman, *et al.* (1994). *ADN recombinant.* Bruxelles, De Boeck, p. 626.

GLOSSAIRE

A — Abréviation pour **adénine.**

acide aminé — «Brique» de construction des **protéines**.

acide désoxyribonucléique — Voir ADN

acide ribonucléique — Voir ARN

acides nucléiques — **Macromolécules,** nommées ainsi parce qu'elles ont été identifiées la première fois dans des noyaux; il s'agit de l'**ADN** et de l'**ARN**.

adénine — Une des quatre bases de l'**ADN** et de l'**ARN.**

adénome — **Tumeur** bénigne (non envahissante) issue d'une glande.

adénosine diphosphate ou **ADP** — Voir **adénosine triphosphate**

adénosine triphosphate ou **ATP** — Substance largement utilisée par les **organismes,** comme réserve d'énergie sous forme chimique. L'ATP se forme par addition d'un groupe phosphate à l'ADP, au cours d'un processus qui exige un apport d'énergie. A l'opposé, la transformation de l'ATP en ADP fournit de l'énergie, qui peut être utilisée par la cellule pour diverses réactions chimiques, par exemple la construction d'une **protéine**.

ADN — Acide désoxyribonucléique: la molécule chimique dans laquelle est inscrite l'hérédité. C'est une **macromolécule** contenant les **bases adénine**, **thymine**, **cytosine** et **guanine**, le sucre **désoxyribose**, des groupes **phosphate**; elle conserve (chez tous les organismes, à l'exception de quelques **virus**) l'**information génétique**, codée dans l'ordre des **bases** le long de ses deux brins (voir **règle de l'appariement des bases**).

ADN recombinant — **ADN** de plusieurs origines recombiné dans une seule molécule, soit à la suite d'un processus naturel, soit construit par génie génétique.

ADN-polymérase — Une enzyme importante dans la synthèse de l'**ADN**.

ADP — Abréviation pour **adénosine diphosphate**.

alanine — Un des vingt **acides aminés** qui constituent les **protéines**.

Alzheimer (maladie d') — Démence due à un processus dégénératif du système nerveux. La perte d'une certaine forme de mémoire est le signe le plus précoce.

anémie — Diminution du nombre des globules rouges du sang ou de la quantité d'**hémoglobine**.

anémie falciforme — **Anémie** caractérisée par la présence d'une **hémoglobine** anormale. Cette maladie est due à un **gène mutant**. Les individus ayant les deux copies du gène mutant sont gravement malades; les individus ayant une copie du gène mutant et une copie normale sont protégés contre la **malaria**.

anthrax — Maladie animale très contagieuse, causée par une **bactérie**, le *Bacillus anthracis.* L'anthrax peut aussi infecter l'homme, dont il attaque les poumons et la peau.

antibiotique — Au sens étymologique: contre la vie. Le terme d'antibiotique est surtout utilisé pour des substances qui, produites par des **bactéries** ou des champignons, sont capables de tuer ou d'empêcher la croissance d'autres **micro-organismes**.

anticorps — **Protéines** produites par des cellules sanguines spéciales, qui peuvent combattre les maladies en reconnaissant les molécules étrangères et en se liant à elles, par exemple aux molécules présentes à la surface des **virus** et des **bactéries**.

appariement des bases — Voir **règle d'appariement des bases**.

arginine — Un des vingt **acides aminés** qui constituent les **protéines**.

ARN — Abréviation pour acide ribonucléique. **Macromolécule** formée de 4 **bases, adénine, uracile, guanine** et **cytosine**, de sucre **ribose**, de **phosphate**. Chez certains **virus**, l'**information génétique** est conservée dans de l'ARN.

ARN messager — ARN produit par la **transcription** d'un **brin sens** d'**ADN**. Il est utilisé pendant la **traduction**, au moment de l'assemblage d'une **protéine**: il dicte la nature et l'ordre correct des **acides aminés** qui la forment.

ARN-polymérase — **Enzyme** intervenant dans la synthèse de l'ARN.

asparagine — Un des vingt **acides aminés** qui constituent les **protéines**.

aspartique (acide) — Un des vingt **acides aminés** qui constituent les **protéines**.

atome — Unité fondamentale d'un **élément chimique**. Un élément chimique est constitué d'atomes d'un seul type.

ATP — Abréviation pour **adénosine triphosphate**.

autosome — Chromosome qui n'est pas un **chromosome sexuel**.

azote (fixation de l') — Voir **fixation de l'azote**.

bactérie — **Organisme** procaryotique. Il y a beaucoup de types différents de bactéries, certaines sont bénéfiques, d'autres pathogènes, c'est-à-dire qu'elles provoquent des maladies.

base — Les bases dont nous parlons dans le cadre de ce livre sont des **composés chimiques** formés des **éléments** carbone, hydrogène, oxygène et azote, qui entrent dans la composition des **acides nucléiques**. L'**information génétique** est contenue dans l'ordre des bases de l'**ADN** ou de l'**ARN**.

biologie du développement — Branche de la biologie qui étudie le développement des organismes et la manière dont il est programmé.

biologie moléculaire — Etude de la vie au niveau des molécules.

blé d'hiver — Variété de blé qui doit être semée en automne, car le froid de l'hiver, après la germination, permet aux plantes de monter en

	épis l'année suivante, sans quoi elles restent en gazon. (C'est une variété bisannuelle de blé.)
blé de printemps	Variété de blé qui peut être semée au printemps et produire sa récolte l'été de la même année. (C'est une variété annuelle.)
boîte de Pétri	Petite boîte transparente, en verre ou en plastic, ronde et très plate, de 9 cm de diamètre en général, dans laquelle on cultive des micro-organismes.
bout collant	Nom familier donné à l'extrémité d'une chaîne de la **molécule** d'**ADN** qui a été coupée par une **enzyme de restriction**. On dit bout «collant», parce qu'il est prêt à s'associer avec un autre bout collant, coupé par la même enzyme de restriction et dont les **bases** sont correspondantes.
brin sens	Celui des brins de la double chaîne de l'**ADN** qui est utilisé par l'enzyme **ARN-polymérase** pour construire l'**ARN messager**.
C	Abréviation pour **cytosine**.
cancérogène	(Aussi **cancérigène**), qui provoque un cancer.
carcinome	**Tumeur** cancéreuse, c'est-à-dire envahissante.
carte factorielle	Carte qui indique la position des **gènes** le long d'un **chromosome**, elle est construite à partir de l'étude de la **liaison** entre les gènes portés par un même **chromosome**.
catalyseur	Substance qui permet à une réaction chimique de se dérouler plus rapidement.
cellule	L'unité fondamentale de tous les êtres vivants. Certains **organismes** ne sont formés que d'une seule cellule, tels les **bactéries**, les **protozoaires**. La plupart des plantes et des animaux sont formés de plusieurs millions de cellules de types différents, chacun spécialisé dans une fonction particulière.
cellule somatique	Cellules faisant partie du **soma**.
cellules (culture de)	Technique utilisée en laboratoire pour faire se développer les cellules hors de l'**organisme** dont elles proviennent.
chimiothérapie	Traitement d'une maladie avec des substances chimiques.
choléra	Maladie infectieuse très grave, causée par la bactérie *Vibrio cholerae* et caractérisée par une diarrhée aiguë, suivie de déshydratation pouvant entraîner la mort.
chromosome	Structure, dans le noyau des **eucaryotes**, qui est constituée par le matériel génétique, à savoir une longue molécule d'**ADN**; des **protéines** spéciales facilitent son empaquetage sous un très petit volume.
chromosome sexuel	Chromosome qui intervient dans la détermination du sexe d'un individu. Chez les êtres humains, le sexe est déterminé par les chromosomes sexuels X et Y: la paire de chromosomes X et X pour les femmes; la paire X et Y pour les hommes.
clone	Une certaine quantité d'**organismes** ou de **molécules** d'**ADN** tout à fait identiques.
cloner	Produire un clone.

code génétique Expression désignant la correspondance qui existe entre, d'une part, l'ordre des **bases** sur l'**ADN** et, d'autre part, l'ordre et la nature des **acides aminés** dans la **protéine** produite. Une suite de trois bases code pour un acide aminé.

codon Aussi nommé **triplet**. Suite de trois **bases** voisines dans la molécule d'**ADN**, ou d'**ARN messager** transcrit, qui détermine la mise en place d'un **acide aminé** déterminé dans la molécule de **protéine** en train d'être construite.

composé chimique Substance composée de plus d'un **élément** chimique.

coqueluche Maladie très contagieuse due à la bactérie *Bordetella pertussis*, caractérisée par une toux convulsive.

créationnisme Courant de pensée ancien qui est réapparu, en particulier aux Etats-Unis dès les années soixante, et qui s'appuie sur une lecture littérale du Livre de la Genèse pour expliquer l'apparition de la vie sur la terre et l'origine de l'homme.

cystéine Un des vingt **acides aminés** qui constituent les **protéines**.

cytoplasme La partie de la **cellule**, distincte du **noyau**.

cytosine Une des quatre **bases** de l'**ADN** et de l'**ARN**.

daltonisme Affection due à une **mutation récessive liée au sexe** (portée par le **chromosome X**), qui consiste en une impossibilité de distinguer certaines couleurs, le vert et le rouge en particulier. Vu qu'il s'agit d'une mutation liée au sexe, beaucoup plus de garçons sont atteints que de filles.

délétion **Mutation**. Modification de l'**ADN** qui comporte la perte d'une ou de plusieurs **bases**.

dépistage (par criblage) génétique Analyse de l'**ADN** permettant de mettre en évidence chez un individu un gène **mutant** avant que le **phénotype** correspondant soit visible.

diabète Maladie caractérisée par un niveau trop élevé de sucre, de **glucose** très précisément, dans le sang. Dans le **diabète insulinodépendant**, le patient a besoin d'un apport d'insuline régulier pour survivre; dans le cas de diabète non insulinodépendant, on n'administre pas forcément de l'insuline.

digestion Processus biologique, qui a lieu grâce à l'intervention d'**enzymes**, au cours duquel de grandes molécules sont fragmentées en **molécules** plus petites.

diphtérie Maladie contagieuse du système respiratoire, due à une bactérie, *Corynebacteriun diphteriae.* Non soignée, la diphtérie peut entraîner un arrêt cardiaque et la mort.

division de réduction Division de la **cellule**, qui réduit de moitié le nombre des chromosomes: une cellule ayant deux séries de **chromosomes** produit deux cellules ayant chacune une série de chromosomes. La division de réduction a lieu dans les cellules qui préparent les **gamètes**, aussi bien chez les plantes que chez les animaux et les humains.

dominant/e Voir **mutation** et **phénotype**.

dysenterie
Affection intestinale avec fièvre et diarrhée, due à la bactérie **Shigella dysenteria**; mal soignée, elle est souvent fatale aux jeunes enfants.

dystrophine
Une **protéine** du muscle. Si le gène qui code pour cette protéine est défectueux, l'individu est atteint de **myopathie** de Duchenne.

E. coli
Abréviation de ***Escherichia coli.***

électrophorèse
Technique utilisée pour séparer des fragments d'**ADN** de longueur différente. On applique un champ électrique à travers un gel sur lequel on a placé un mélange de molécules d'ADN.

enzyme
Protéine qui a une activité catalytique, c'est-à-dire qu'elle augmente beaucoup la vitesse d'une réaction chimique.

enzyme de modification
Enzyme qui reconnaît une séquence spécifique de **bases** sur l'**ADN** et les modifie en les **méthylant**, de sorte que les séquences ne peuvent plus être coupées par une **enzyme de restriction** qui reconnaît la même séquence-cible (**site de restriction**).

enzyme de restriction
Enzyme qui reconnaît une séquence spécifique de la **molécule** d'**ADN**, nommée **site de restriction**, et qui coupe l'**ADN** à cet endroit.

épilepsie
Désordre récurrent dans le fonctionnement du système nerveux, avec pertes de connaissance et modifications dans l'activité musculaire.

Escherichia coli
Espèce de **bactéries** qui a été et qui est encore beaucoup employée dans l'étude des mécanismes fondamentaux de la biologie et dans le **génie génétique**.

eucaryote
Organisme dont les **cellules** ont un **noyau** contenant l'**information génétique**, c'est-à-dire l'**ADN**, sous forme de **chromosomes**.

eugénisme (ou eugénique)
Science qui se fixe pour but l'amélioration de la race humaine au moyen de la **génétique**.

excision-épissage
Terme technique désignant le départ d'un **intron** après qu'il ait été coupé à ses deux extrémités, puis l'assemblage des fragments de l'**ARN messager** qui se forme.

facteurs de croissance
Petites **protéines** qui transmettent des signaux d'un type de cellules à un autre, entraînant souvent une modification dans l'activité d'un **gène**.

fièvre typhoïde
Maladie infectieuse causée par une **bactérie** *Salmonella typhi*, caractérisée par de la fièvre et des troubles digestifs graves.

fixation de l'azote
Processus qui transforme l'azote, présent dans l'air, en substances que les plantes vertes peuvent utiliser pour la construction de **molécules organiques** comme les **acides aminés**. Des **bactéries** capables d'accomplir ce processus vivent dans les racines des légumineuses (Trèfles, Pois, Haricots...). La culture de ces plantes permet de fertiliser le sol sans utiliser des engrais chimiques.

fongicide
Substance chimique qui inhibe le développement des champignons.

G — Abréviation pour **guanine**.

gamète — Cellule spéciale, soit ovule, soit spermatozoïde, qui transmet l'**information génétique** à la génération suivante. Lire aussi **soma**.

gel — Gelée faite avec certaines substances chimiques, utilisée pour les techniques de séparation des **molécules** par **électrophorèse**.

gène — Transmet l'**information génétique**. Généralement, un gène contient l'information génétique qui code pour la nature et l'ordre d'assemblage des **acides aminés** lors de la construction d'une protéine (région codante), et qui précise combien et quand il faut produire de cette **protéine** (promoteur).

gène mutant — **Gène** qui a subi une modification par suite d'une **mutation**, ce qui provoque par exemple le **daltonisme** ou la **phénylcétonurie** chez l'homme.

gène promoteur de croissance — Gène codant pour une **protéine** qui induit la division cellulaire.

gène sauteur — Nom familier du **transposon**.

gène suppresseur de tumeur — **Gène** codant pour une **protéine** empêchant les **divisions cellulaires** de se produire anormalement. La **mutation** de ce gène peut provoquer la formation d'une **tumeur**.

génétique — Etude de tout ce qui se rapporte à l'hérédité.

génie génétique — Ensemble des procédés qui permettent de modifier expérimentalement l'**information génétique**.

génome — Toute l'**information génétique** d'un **organisme** à un exemplaire. Par exemple pour l'espèce humaine un lot de 23 **chromosomes**.

germinale (lignée) — **Cellules** d'un **organisme** qui ont la potentialité de produire les **gamètes** et de transmettre ainsi leur **information génétique** à la génération suivante. Lire aussi **soma**.

glucose — Glucide (**sucre**) dont la formule est $C_6H_{12}O_6$.

glutamine — Un des vingt **acides aminés** qui constituent les **protéines**.

glutamique (acide) — Un des vingt **acides aminés** qui constituent les **protéines**.

glycine — Un des vingt **acides aminés** qui constituent les **protéines**.

gonorrhée — Infection grave des organes sexuels humains, par la bactérie *Neisseria gonorrhoea.*

grippe — Maladie du système respiratoire causée par des virus, le plus souvent **virus** de la grippe de type A et de type B.

hémoglobine — **Protéine** rouge, contenue dans les globules rouges du sang, et qui transporte l'oxygène des poumons aux organes.

hémophilie — Maladie causée par **une mutation récessive liée au sexe** (sur le chromosome X), qui touche la coagulation du sang par manque des protéines indispensables à la formation de caillots de sang. Le facteur de coagulation VIII manque dans l'hémophilie A, le facteur IX dans l'hémophilie B.

hépatite — Inflammation du foie, causée soit par des virus (type A ou B) soit par certaines drogues ou par l'alcool.

hérédité liée au sexe — Mode de transmission héréditaire d'un **gène** qui est placé sur le **chromosome X**: il est hérité différemment par les femmes et par les hommes.

histidine — Un des vingt **acides aminés** qui constituent les **protéines**.

hormone — **Molécule** sécrétée par une glande endocrine; elle est transportée par le sang; elle va jusque dans certaines cellules et transmet un signal.

hormone de croissance — Voir **somatotropine**.

hypercholestérolémie familiale — Affection due à une **mutation autosomique dominante**: le taux de cholestérol dans le sang est anormalement élevé, ce qui peut provoquer l'artériosclérose et la mort précoce.

information génétique — Information contenue dans la structure de **molécules**, qui est transmise de la cellule-mère aux cellules-filles lors de la division cellulaire ou des parents aux descendants. Pratiquement toute l'information génétique des **procaryotes** et des **eucaryotes** est contenue dans l'ordre des **bases** de l'**ADN**. Dans le cas de certains **virus**, elle est contenue dans l'ordre des bases de l'**ARN**.

introns — Séquences de **bases** dans l'**ADN**, dont la fonction est inconnue, et qu'on rencontre dans la plupart des gènes des **eucaryotes**. Les introns sont **transcrits** en ARN mais sont alors enlevés (excision), les fragments restants de l'ARN sont joints bout à bout (épissage) pour former l'**ARN messager**.

isoleucine — Un des vingt **acides aminés** qui constituent les **protéines**.

leucine — Un des vingt acides aminés qui constituent les protéines.

liaison chimique — Lien entre les **atomes** qui forment une **molécule**.

liaison génétique — Tendance des **gènes** placés sur une même **molécule** d'**ADN**, c'est-à-dire sur un même **chromosome**, à être hérités ensemble. La **recombinaison** empêche que les gènes soient toujours liés.

liaison hydrogène — Type de liaison chimique. Ce sont des liaisons hydrogène qui déterminent la place des **bases** dans les deux chaînes de l'**ADN** selon la **règle d'appariement**.

liée au sexe (hérédité) — Voir **hérédité liée au sexe**.

ligase — **Enzyme** intervenant dans l'assemblage de deux **molécules** d'**ADN**.

lipides — Ou corps gras. Groupe de composés chimiques, qui ne sont en général pas solubles dans l'eau. Dans les cellules, ils peuvent avoir des fonctions structurales et aussi servir de réserve.

lymphocytes T — Type de globules blancs qui participent à la défense de notre organisme contre les maladies en faisant des **anticorps**.

lysine — Un des vingt **acides aminés** qui constituent les **protéines**.

macromolécules — Molécules organiques très grandes, par exemple les **protéines** et les **acides nucléiques**.

maladie de Huntington — Maladie qui se développe à l'âge mûr chez des personnes qui possèdent une **mutation autosomique dominante** du **gène** HD

(HD, de l'anglais, *Huntington's disease*: maladie de H.). Elle se caractérise par des mouvements spasmodiques incontrôlés et une détérioration intellectuelle progressive.

maladie du légionnaire — Pneumonie (découverte en 1976), causée par *Legionnella pneumophila.*

maladie maniaco-dépressive — Etat psychologique oscillant entre des périodes d'excitation extrême et de dépression.

malaria — Maladie causée par un **protozoaire**. Elle se manifeste par de la fièvre, de l'anémie et des accidents circulatoires.

mélanome — **Tumeur** de la peau.

membrane cellulaire — Limite de la cellule. Elle sépare la cellule du milieu qui l'entoure, elle permet l'entrée et la sortie sélectives des substances chimiques; elle est formée de **phospholipides**.

méningite — Inflammation des enveloppes du cerveau et de la moelle épinière. Elle est due à une infection, soit par des **bactéries**, soit par des **virus**.

métabolisme — Construction, dégradation et remaniements des **molécules** à l'intérieur des cellules, accompagnés de gains ou de pertes d'énergie.

métastase — Amas de cellules cancéreuses, apparu suite à la dissémination de certaines cellules cancéreuses de la **tumeur** primitive.

méthionine — Un des vingt **acides aminés** qui constituent les **protéines**.

méthylation de l'ADN — Processus qui modifie la molécule d'**ADN** en ajoutant des groupes méthyl (CH_3) sur certaines de ses **bases**. La méthylation de l'ADN peut servir à contrôler l'utilisation d'un **gène**. Les **bactéries** ont des **enzymes de modification** qui méthylent des séquences-cibles d'ADN reconnues par les **enzymes de restriction**, les rendant ainsi résistantes aux coupures.

micro-organismes — Organismes visibles seulement au microscope optique ou électronique. Il s'agit entre autres des **bactéries**, des levures (plantes), des **protozoaires** (animaux).

microgramme — Millionième de gramme.

microlitre — Millionième de litre.

modèle animal — Espèce animale qui souffre d'une maladie identique à celle de l'espèce humaine, et qui peut par conséquent être utilisée pour étudier les méthodes possibles de traitement.

molécule — Unité constitutive d'une substance chimique, qui est faite d'un certain nombre des mêmes **atomes** ou d'atomes de sortes différentes; par exemple, une molécule d'oxygène est formée de deux atomes d'oxygène; une molécule d'ozone est formée de trois atomes d'oxygène. Une molécule d'**urée** est constituée d'un atome de carbone, d'un atome d'oxygène, de deux atomes d'azote et de quatre atomes d'hydrogène.

mucoviscidose — Maladie héréditaire qui touche le système respiratoire; elle est due à la **mutation autosomique récessive** du gène CFTR (CF provient du nom anglais de la maladie (*cystic fibrosis*).

mutagène — Qui cause des mutations. Certaines substances chimiques et les rayons UV sont mutagènes.

mutation — Le processus qui modifie l'**information génétique**. Une mutation peut résulter de la modification d'une seule **base** du gène (mutation **ponctuelle**), entraîner la perte d'une seule ou de plusieurs bases du gène (mutation **par délétion**) ou résulter de l'addition d'une seule ou de plusieurs bases dans le gène (mutation **par insertion**). Le terme de mutation signifie aussi parfois l'effet de la mutation, c'est-à-dire le **gène mutant**.

mutation autosomique dominante — Mutation d'un gène situé sur un **chromosome non sexuel**, responsable d'un **phénotype dominant**.

mutation autosomique récessive — Mutation d'un gène situé sur un **chromosome non sexuel**, responsable d'un **phénotype récessif**.

mutation par insertion — Modification dans l'**ADN** par l'insertion d'une ou de plusieurs bases. Les **transposons** provoquent des insertions.

mutation récessive liée au sexe — Mutation d'un gène situé sur le **chromosome sexuel X**, responsable d'un **phénotype récessif**: chez le mâle, le phénotype se manifeste en présence d'une seule copie du gène mutant récessif, puisque le mâle possède un **chromosome X** unique.

mutation spontanée — Mutation qui se produit sans l'intervention d'un **mutagène**.

myopathie de Duchenne — Aussi dystrophie musculaire de Duchenne. Affection très grave, **récessive liée au sexe**, et provoquant la faiblesse des muscles; les patients ont généralement besoin d'un fauteuil roulant dès l'âge de 12 ans.

nanisme hypophysaire — Taille anormalement petite due à un mauvais fonctionnement du lobe antérieur de l'hypophyse. Il s'agit principalement d'une déficience, déterminée génétiquement, dans la production de l'hormone de croissance (**somatotropine**). On peut maintenant traiter cette forme de nanisme en administrant de l'hormone de croissance.

neurone — Cellule nerveuse.

noyau — Dans les **cellules** des **eucaryotes**, compartiment de la cellule qui contient l'**ADN**.

nucléosome — Complexe de **protéines** et d'**ADN**, contribuant à l'empaquetage de l'ADN, qui produit le **chromosome**.

opéron — Modèle expliquant comment l'utilisation de l'information génétique est contrôlée dans la cellule. Voir **répresseur**.

oreillons — Maladie contagieuse causée par un **virus**, avec une inflammation des glandes salivaires et des douleurs dans l'oreille.

organisme — Etre vivant, plante ou animal, ou ensemble des organes formant un être vivant.

parasite — Organisme qui vit en association étroite avec un autre organisme auquel il nuit.

pathogène — Qui provoque une maladie.

peste — Maladie grave ou mortelle, causée par une bactérie, *Yersinia pestis*.

phage lambda — **Virus** qui infecte la **bactérie** ***Escherichia coli***.

phénotype — Réalisation d'un organisme, son apparence. Le phénotype est le résultat à la fois de l'effet de l'ensemble des gènes (génotype) et de l'effet du milieu dans lequel l'organisme s'est développé.

phénotype dominant — Se dit d'un phénotype, lorsqu'il apparaît si une seule copie du **gène mutant** est présente, c'est-à-dire que l'effet du gène mutant se manifeste même en présence d'une copie normale du même gène.

phénotype récessif — Se dit d'un phénotype, lorsqu'il n'apparaît que si les deux copies du gène mutant sont présentes, c'est-à-dire que l'effet du **gène mutant** ne se manifeste pas en présence d'une copie normale du même gène.

phénylalanine — Un des vingt **acides aminés** qui constituent les **protéines**.

phénylalanine hydroxylase — **Enzyme** contrôlant le niveau de la **phénylalanine** dans le sang. En l'absence de cette enzyme, suite à la **mutation** du gène PH, apparaît une maladie: la **phénylcétonurie**.

phénylcétonurie — Maladie due à la présence d'une **mutation autosomique récessive** du gène PH. La quantité de **phénylalanine** est trop élevée dans le sang et cela conduit à une arriération mentale, si le bébé ne reçoit pas, dès la naissance, un régime alimentaire spécial.

phospholipides — **Macromolécules**, constituées de **lipides** (ou corps gras) et de groupes phosphate formés d'oxygène et de phosphore. Ce sont les constituants principaux de la **membrane cellulaire**.

photosynthèse — Processus par lequel les plantes vertes et certaines **bactéries** utilisent l'énergie lumineuse du soleil pour synthétiser des **sucres**, à partir de dioxyde de carbone et d'eau.

plaque — Plage claire dans une culture de **bactéries**, qui correspond à une infection par un **virus**.

plasmide — Molécule circulaire d'**ADN**, présente dans les cellules bactériennes et qui code pour sa propre prolifération. Les plasmides peuvent aussi contenir une **information génétique** codant pour certains caractères, par exemple la résistance à un **antibiotique**. On utilise les plasmides en **génie génétique** pour **cloner** l'**ADN** en provenance de toutes sortes de sources.

Plasmodium falciparum — Agent de la **malaria**; c'est un **Protozoaire**.

poliomyélite — Parfois polio. Infection virale aiguë qui peut entraîner une paralysie définitive.

pollen — Contient les **gamètes** mâles, dans les plantes à fleurs.

polymérase — Voir **ADN-** et **ARN-polymérases**.

polymère — **Molécule** constituée de nombreuses petites molécules attachées les unes aux autres. Les **protéines** sont des polymères d'**acides aminés**. L'**ADN** et l'**ARN** sont des polymères de **bases**.

polymérisation en chaîne (réaction de) — Technique permettant d'obtenir des milliards de copies d'un fragment d'**ADN** déterminé, à partir d'un échantillon d'ADN.

procaryote — **Organisme** dont l'**ADN** n'est pas contenu dans un vrai noyau: les **bactéries** sont des procaryotes.

proline — Un des vingt **acides aminés** qui constituent les **protéines**.

promoteur — Séquence d'**ADN** associée avec la **région codante** du **gène**; elle est reconnue par les **protéines** qui contrôlent à quel moment le gène doit être utilisé.

protéines — **Polymère** constitué d'une chaîne linéaire d'**acides aminés**. L'ordre et la nature des acides aminés de la chaîne déterminent les propriétés de la protéine. Il y a vingt acides aminés qui entrent dans la composition des **protéines**.

protozoaires — Animaux formés d'une seule cellule, par exemple l'agent de la **malaria**, ***Plasmodium falciparum***.

psittacose — Pneumonie due à une bactérie, *Chlamydia psittaci*, affectant aussi bien les humains que certains oiseaux.

Q.I. — Abréviation de quotient intellectuel. Test qui essaie de mesurer l'intelligence des individus.

rage — Maladie infectieuse grave, causée par un **virus** et caractérisée par une irritation du système nerveux, qui peut conduire à la paralysie et à la mort. Le virus peut infecter un grand nombre d'animaux et les êtres humains.

récessif/-ve — Voir **mutation** et **phénotype**.

recombinaison génétique — Processus qui amène dans un seul organisme l'**information génétique** contenue dans deux organismes.

règle d'appariement des bases — L'**adénine** qui est sur un brin de l'**ADN** ne peut se lier qu'avec la **thymine** en face sur l'autre brin. Idem pour la **cytosine** et la **guanine**.

rein polykystique — Maladie provoquée par la présence d'une **mutation autosomique dominante**. C'est la maladie du rein génétiquement déterminée la plus courante et qui, la plupart du temps, entraîne rapidement la mort après la naissance.

répresseur — **Protéine** qui se fixe sur la **région du promoteur** d'un **gène** et empêche le gène d'être transcrit. En présence du bon signal, le répresseur cesse d'être attaché sur cette région et le gène entre en activité.

reproduction sexuée — Tout processus naturel qui produit un **génome** dérivé de plus que d'un seul génome parental.

rhinovirus — Membre d'un groupe de **virus** responsables du rhume commun.

ribosome — Complexe formé de **protéines**, au niveau duquel a lieu la **traduction** de l'**ARN messager** en protéine.

rougeole — Maladie infantile contagieuse due à un **virus**, caractérisée par de la fièvre et des rougeurs de la peau.

rubéole — Maladie contagieuse due à un **virus**; particulièrement dangereuse chez la femme enceinte pendant les premiers mois de la grossesse, car elle peut entraîner des malformations congénitales du fœtus ou un avortement naturel.

schizophrénie — Maladie mentale caractérisée par des troubles de la pensée, des sentiments et du comportement.

sels minéraux — Groupe de **composés chimiques** dont le sel de cuisine est un exemple. Ils sont en général solubles dans l'eau.

sérine — Un des vingt **acides aminés** qui constituent les **protéines**.

sexuée (reproduction) — Voir **reproduction sexuée**.

SIDA — Abréviation de syndrome d'immuno-déficit acquis; maladie causée par la prolifération du virus **VIH**, au cours de laquelle les défenses immunitaires de l'**organisme** sont détruites, ce qui met le patient à la merci d'un grand nombre d'infections.

soma — **Cellules** d'un **organisme** qui n'ont pas la potentialité de produire des **gamètes** et sont donc normalement incapable de propager l'organisme dont elles font partie.

somatique (cellule) — Cellule faisant partie du **soma**.

somatotropine — Hormone humaine qui assure un développement et une croissance normaux.

substance organique — Substance chimique produite par une cellule vivante. Ou bien substance chimique contenant du carbone.

sucres — Le vrai nom chimique de ce groupe de **composés organiques** est **glucides**: il y a beaucoup de sortes de glucides différents, y compris le **désoxyribose** (constituant de l'**ADN**), le **ribose** (constituant de l'**ARN**), le **glucose**, le fructose (présent dans les fruits), le lactose (présent dans le lait), le saccharose (notre sucre habituel), l'amidon (riz, pommes de terre...).

symbiose — Association entre deux **organismes** d'espèces différentes, qui profite à tous les deux.

synapse — Endroit où deux **neurones** communiquent.

syphilis — Maladie contagieuse, causée par la **bactérie** *Treponema pallidum*, généralement transmise par contact sexuel. Non traitée, elle a des conséquences très graves, telles que folie ou paralysie.

système immunitaire — Système complexe qui combat la maladie, chez l'homme et chez les animaux, en produisant des **anticorps**.

T — Abréviation pour **thymine**.

tétracycline — Un **antibiotique**.

thalassémie — **Anémie** causée par de l'**hémoglobine** anormale, résultant de la présence d'un **gène mutant**. Les individus qui possèdent une copie mutante et une copie normale du gène n'ont pas une anémie grave et sont protégés contre la **malaria**.

thréonine — Un des vingt **acides aminés** qui constituent les **protéines**.

thymine — Une des quatre bases de l'**ADN**.

traduction — Processus au cours duquel l'**information génétique codée** dans la suite des **bases** de la **molécule** de l'**ARN messager** est utilisée pour dicter l'ordre et la nature des **acides aminés** dans l'assemblage de la **protéine** en construction.

transcriptase inverse — **Enzyme** qui catalyse la synthèse d'**ADN** à partir d'**ARN**.

transcription — Processus, catalysé par l'**ARN-polymérase**, au cours duquel l'**ARN** est produit à partir du **brin sens** de l'**ADN**.

transformation Forme de la **reproduction sexuée** dans laquelle un **organisme** reçoit de l'**information génétique** sous forme de morceaux d'**ADN** et les utilise pour modifier son **génome**.

transposase **Enzyme** responsable du déplacement d'un **transposon**.

transposon Séquence d'**ADN** pouvant se déplacer dans le **génome**.

triplet Voir **codon**.

trisomie 21 (Autrefois mongolisme.) Affection complexe comportant un ensemble de caractéristiques dont, entre autres, un développement anormal sur le plan physique (en particulier des malformations cardiaques) et une arriération mentale. Elle est due, dans 95% des cas, à la présence d'un chromosome supplémentaire dans la paire 21, d'où son nom actuel.

tryptophane Un des vingt **acides aminés** qui constituent les **protéines**.

tuberculose Maladie grave causée par la **bactérie** *Mycobacterium tuberculosis*; elle touche surtout les poumons et les os; elle infecte aussi certaines espèces animales (la vache, entre autres).

tyrosine Un des vingt acides aminés qui constituent les protéines.

U Abréviation pour **uracile**.

uracile Une des quatre bases de l'**ARN**. L'uracile prend la place de la **thymine** dans l'ARN: l'ARN ne contient pas de thymine.

vaccine Infection virale, proche de la **variole**, mais peu grave, affectant la vache et l'homme. Les gens qui ont souffert d'une atteinte de la vaccine sont immunisés contre la variole.

valence Terme de la chimie pour désigner le nombre de **liaisons chimiques** qu'un atome peut avoir au sein d'une **molécule** avec les autres **atomes** de celle-ci.

valine Un des vingt **acides aminés** qui constituent les **protéines**.

variégations Taches colorées formant des motifs irréguliers et variables sur des fleurs ou des feuilles.

variole Très grave infection contagieuse, due à un **virus**, qui affecte l'homme et se caractérise par de la fièvre et des lésions de la peau; elle est souvent mortelle. Elle a été déclarée éradiquée à l'échelle mondiale, suite à des programmes de vaccination.

vecteur Ce terme désigne, en **biologie moléculaire**, une **molécule** d'**ADN**, habituellement issue d'un **virus** ou d'un **plasmide**, et qui sert à **cloner** de l'ADN.

vernalisation Processus physiologiques naturels que certaines plantes exigent pour pouvoir fleurir, par exemple quelques jours ou quelques mois de froid. On peut alors remplacer de longues périodes de froid par un traitement de courte durée à basses températures et en conditions humides. On a récemment cloné des **gènes** de la vernalisation.

VIH **V**irus de l'**i**mmuno-déficit **h**umain causant le **SIDA**.

virus **Parasites**, formés de **protéines** et d'un seul **acide nucléique**, qui ne peuvent se multiplier que dans une **cellule** vivante.

X fragile (syndrome du) Affection due à la présence d'une **mutation récessive** liée au **chromosome X**, et qui provoque un retard dans le développement mental.

zone pellucide Enveloppe entourant le jeune embryon des mammifères, y compris l'espèce humaine; elle est surtout constituée de **protéines**.

zygote Cellule unique formée par la fusion des deux **gamètes**, ovule et spermatozoïde, lors de la **reproduction sexuée** et qui produit l'embryon. On dit aussi parfois œuf (mais ce n'est pas très précis: l'œuf de poule n'est pas forcément fécondé!).

INDEX

C

D

H

I

J

K

P

Q

R

S

T

U

V

W

Z

Achevé d'imprimer sur les presses de la S N I Jacques et Demontrond - 25220 Thise / Besançon
en juin 1996 – *Imprimé en France*